昆虫家谱（标准版）

世界昆虫410科野外鉴别指南

INSECT GENEALOGY

张 巍 巍　著

重庆大学出版社

内容提要

本书为《昆虫家谱：世界昆虫410科野外鉴别指南》修订版。全书提供了410科昆虫的简便鉴别方法，这些方法源于作者在昆虫分类与野外识别领域的长期实践与探索，实用性极强。为便于读者理解，本书文字简明、通俗，生态照片特征分明，采用了世界最新昆虫分类体系（涉及广义昆虫4纲35目）。在选择物种方面，兼顾了常见昆虫类群与珍稀物种的平衡，收纳了原尾虫、缺翅虫、螳䗛、蛩蠊、捻翅虫等罕见物种的照片。全书照片多达1 500余幅，读者可以直观地进行野外昆虫对照识别。

本书是广大生物专业、植保专业人士不可多得的野外实习工具书，也非常适合昆虫爱好者和生态摄影爱好者作为参考用书。

图书在版编目（CIP）数据

昆虫家谱：世界昆虫410科野外鉴别指南：标准版 / 张巍巍著. —重庆：重庆大学出版社，2022.1

（好奇心书系，图鉴系列）

ISBN 978-7-5689-3018-5

I.①昆… II.①张… III.①昆虫—世界—图集 Ⅳ.①Q968.21-64

中国版本图书馆CIP数据核字(2021)第237310号

昆虫家谱（标准版）

世界昆虫410科野外鉴别指南

KUNCHONG JIAPU

SHIJIE KUNCHONG 410 KE YEWAI JIANBIE ZHINAN

张巍巍 著

策　划：鹿角文化工作室

责任编辑：梁 涛　　版式设计：周 娟 钟 琛 刘 玲

责任校对：王 倩　　责任印刷：赵 晟

*

重庆大学出版社出版发行

出版人：饶帮华

社址：重庆市沙坪坝区大学城西路21号

邮编：401331

电话：(023) 88617190　88617185（中小学）

传真：(023) 88617186　88617166

网址：http://www.cqup.com.cn

邮箱：fxk@cqup.com.cn（营销中心）

全国新华书店经销

重庆市联谊印务有限公司印刷

*

开本：889mm×1194mm 1/16　印张：22.25　字数：639千

2022年1月第1版　2022年1月第1次印刷

ISBN 978-7-5689-3018-5　定价：198.00元

爱虫爱得痴狂，研虫研得像样

“张巍巍”是个响亮的名字，全国以张巍巍为名者数以千计；如用百度搜索，一下子就可找到1 200多位各形各色的张巍巍；但如果把张巍巍和昆虫两个字一起搜索，那就只有本书作者——爱虫人张巍巍先生一位啦！

巍巍自幼爱虫，爱得如痴如醉，爱得入迷发狂！少年时期，他在我国昆虫学前辈中国农业大学杨集昆教授等的指导下开始采集标本、研习昆虫分类、收集昆虫邮品等；二十多年前为了能有更多的时间去采集昆虫标本，为了能有更多的机会接近自然，他毅然离开了曾经工作过几年的中国农业大学；为了收集世界昆虫邮品，他利用各种渠道，花光了当年所有的积蓄；近十年来，巍巍又把目光投向了昆虫生态摄影与科学普及工作。

巍巍爱虫，心无旁骛，无怨无悔，爱出了硕果，爱出了名堂！在昆虫集邮方面，他荣获了国内外多项大奖：他初中时就组编邮集参展，1987年其《蝶类世界》邮集获全国青少年专题集邮展览金奖；2000年其《昆虫》邮集获泰国第13届亚洲邮展金奖，他成为了我国第一个国际邮展专题集邮类金奖获得者。1995年他被选为亚洲国际邮展评审员，1997年成为国际集邮联合会评审员，现任国际集邮联合会青少年集邮委员会中国代表；2009年，他与南京农业大学王荫长教授合作的《邮票图说・昆虫世界》利用方寸珍品为我们展示了一个五彩缤纷的昆虫世界。

近年来，巍巍更因其昆虫摄影和科普作品而知名。2007年起，他单独或与同行们合作出版了多部印刷精美的昆虫学著作，如《常见昆虫野外识别手册》（2007）、《亲近奇异的昆虫》（2008）、《中国昆虫生态大图鉴》（2011）等，深受大家喜爱，好评如潮，特别是《中国昆虫生态大图鉴》还获得了重庆市科技进步二等奖、第三届中国出版政府奖提名奖、第四届中华优秀出版物奖图书提名奖。这些著作主要从物种层面上展示了昆虫的华美，书中涉及的昆虫从几十种、几百种到两千多种，但对于具有1 000万种的庞大昆虫家族而言仅仅是冰山一角；为了让大家更全面地了解丰富多彩的昆虫多样性，巍巍尝试从科级层面上介绍昆虫家族，这就是本书的动因所在。

大家知道生物分类的基本层次为“界门纲目科属种”，“科”是纲以下分类阶元的中间层次，其英文单词“family”译成汉语还有“家”之意，同一科的昆虫好比是同一家族的成员，它们具有明显的共同特征，一般比较容易根据外部形态与其他科的昆虫区分开来。狭义的昆虫纲有30目（或31目）1 100多个科，每个科所包括的种类从一种到几万种不等；由于昆虫种类众多，把所有昆虫快速准确地鉴定到科即便对于专门从事昆虫分类学研究的科技工作者也并非易事；好在绝大多数昆虫属于常见科，识别常见的科对了解昆虫的家族至关重要。巍巍在本书中介绍了昆虫纲常见的科410个，文笔简练，照片精美，可谓图文并茂，相得益彰。

中国是世界上昆虫多样性最丰富的国家之一，中国的昆虫估计在100万种以上，但目前已经命名者仅10万余种，在昆虫多样性及生物学、生态学等研究方面尚存在许多空白，发现与研究中国的昆虫多样性任重而道远！我们期待着将来能有更多的公众（特别是青少年）关注昆虫、研究昆虫、用手中的相机聚焦可爱的昆虫，记录下它们生命过程中的精彩瞬间！我们期待着巍巍的新作能引导大家更好地了解神奇的六足世界！

彩万志

中国农业大学昆虫学系教授

2013年11月12日

作者序

做一个不求甚解的爱虫人

我是一个收藏昆虫的人！

昆虫邮票、昆虫钱币、昆虫书籍、昆虫标本、昆虫琥珀化石……除此之外，还通过相机镜头“收藏”了数十万计的昆虫影像。

但，我不会试图了解清楚每一件藏品，特别是昆虫的“物种”名称。通常情况下，我知道个大概就行了，除非有特殊的目的或者需要用到它们的时候。因为我知道，一来是没有足够的精力，二来是没有面面俱到的能力，三来是没有到处求人鉴定却只是为了满足自己好奇心的勇气。

因为，我只想做一个不求甚解的爱虫人！

“正确”识别昆虫

前几天，有个朋友在网上问我：“如何分辨双尾虫和丝尾螋若虫？”这问题也太简单了！但想来想去，如果不了解特征，只对照图鉴，真的难以区别。顺手看了看百度百科里面的双尾虫图片，除了蠼螋，竟还有张甲虫的幼虫。

此外，把长喙天蛾当作蜂鸟、把蝶角蛉当作蜻蜓的新闻常常见诸各种媒体。试想，如果编辑、记者们了解昆虫基本的特征，即便是不认识，也会运用一下排除法吧。

经常有网友在微博里发给我一张图片以求鉴定到种，其目的仅仅是为了了解一下，“涨涨姿势”而已。这种事使我纠结了很长时间。如果是最常见的种类，或者是我最熟识的类群，自然不在话下。但是，多数的昆虫让我感到非常棘手。对不熟悉的类群随意鉴定到种，而且仅仅凭借一张照片，耗时费力不说，单单事情本身，简直就是“天方夜谭”！有的时候，如果没有第一时间看到的话，常常会有一些热心网友已经给出了鉴定结果，且非常“精准”地说出了种名！这个时候，我只想说，错误鉴定到“种”，真的不如正确鉴定到“科”。但博主们往往并不理解。

在此，我想郑重其事地告诉大家：作为普通爱好者，将一只不算常见的昆虫正确认识到“科”，真的是一件非常了不起的事情！

这本书是干什么用的？

每当看到一只奇怪的昆虫，人们往往脱口而出：它叫什么名字？

事实上，全世界已知昆虫种类超过100万种，长相奇异的昆虫比比皆是。那么，会不会有人可以认识大多数的昆虫呢？

答案是既否定又肯定的！

否定是不言而喻的，别说100万，就是1万种昆虫，能够把它们的特征搞清楚并正确识别出来，都是难以想象的！

近年来，我们陆续编写了《常见昆虫野外识别手册》《常见蝴蝶野外识别手册》《中国昆虫生态大图鉴》等大大小小的图鉴类书籍。这些书的特点在于，都是以物种作为认知的基础。重达六斤半的《中国昆虫生态大图鉴》收录了2 200多种昆虫，但用来分辨10万余种国产已知昆虫，只能是杯水车薪！并且，由于有些人对某些昆虫较为反感，有些昆虫国内研究力量薄弱，有些昆虫没有找到合适的专家进行合作编写，还有的就是有些过于常见的物种没能受到摄影师们的青睐，种种原因造成了一些最常见物种的缺失。

这，就是以“物种”作为鉴定目标所造成的遗憾！

那么，为什么答案可以是肯定的呢？就像你知道它们是一种动物，或者一种昆虫一样，这类答案无疑是正确的！只是，很难满足大多数人的“求知欲望”罢了。

本书要解决的，就是一个普通爱好者“识别”昆虫应该到什么程度的问题。昆虫共分三十几个目，如果你能谙熟它们的特征，将平常见到的绝大多数昆虫正确进行分目，并不是一件难事。至于常见科，也不过一两百个，记清楚最基本、最突出的特征，认个八九不离十，也是比较容易的。就算是昆虫学教授或者昆虫分类专家，平常也不会张嘴就是物种的名称，最常说的也就是“科”名了！因为这已经足够了，除非是他从事的专门研究。

本书通过1 500多幅照片，介绍了大多数在野外可以见到的广义的昆虫（六足总纲）的“科”，共计4纲35目410科。所采用的特征多是肉眼或者借助相机、放大镜能够看到的，看得见摸得着。那些生涩的专业术语，也尽量进行了回避。虽然，书中所介绍的那些特征也许已经不足以最准确地代表该类群的特点，但我们的目的其实仅仅在于“了解”和简单地识别，因为大多数人并不是昆虫学家，当然本书也不是只给专家用作鉴定使用的。

在每个科的下面，也试图尽量多地放置了形态迥异的不同种类的照片，使读者能够对该科昆虫有尽量多的了解。但限于篇幅，也只能是点到为止。限于作者的学识和国内外对于昆虫幼期的研究向来较为薄弱，故本书也以介绍成虫为主，偶尔穿插一些幼期的照片，并无过多的描述，仅供读者参考。

致 谢

单凭一个人的力量是不可能完成本书的，在编写的过程中，我一直心存感激，衷心感谢那些曾经帮助过我的老师和朋友们。

在本书各论的每一章节开篇，即介绍各个目（纲）的内容之前，我都借用了恩师杨集昆教授编写的《昆虫分目“科普诗”》。由于这些诗写作时间较为久远，其中的一些分类地位已经有所变动，无法适应当前的需要，因此斗胆参考原诗的风格，修改或重新草拟了8首，分别是：原尾纲、弹尾纲、双尾纲、石蛃目、衣鱼目、蛩蠊目、虱目、半翅目。如有不妥和谬误之处，还望各位读者和师友海涵并指正。

部分昆虫的鉴定得到了以下老师和朋友们的帮助：刘星月博士（蛇蛉目、广翅目、双翅目、啮虫目）、梁飞扬（啮虫目）、杨连芳教授和王备新博士（毛翅目）、张浩淼博士（蜻蜓目）、魏美才教授和李泽建博士（叶蜂）、刘晔（鞘翅目）、孟泽洪博士（头喙亚目）、计云（头喙亚目、鞘翅目）、韩辉林博士（蛾类）、张旭（小蜂、细蜂）、吴超（直翅目）、许浩（拟步甲等）、张加勇博士（衣鱼目、石蛃目）、常凌小（伪瓢虫科）、袁峰（蜜蜂）、陈睿博士（蚜虫）、刘炳荣博士（等翅目）、王宗庆博士（蜚蠊目）、白明博士（蛩蠊目）、李虎博士（异翅亚目）、张婷婷博士（水虻科）、王志良博士（象甲）、付新华博士（萤科幼虫），在此一并致谢。

杨星科研究员、刘晔先生和史宏亮博士审阅了鞘翅目的内容，对其中的错误进行了订正，并提出了最新的分类进展，使得本书更加接近目前的国际新动向。彩万志教授审阅了异翅亚目的部分内容，并提出了很多建设性的修改意见。刘星月博士审阅了脉翅目、广翅目、蛇蛉目、双翅目及啮虫目的内容，并纠正了部分错误之处。在此，一并表示感谢。

白明博士在德国工作期间，帮忙联系了他的德国同事Dr. Reinhard Predel，并得到允许在书中使用其在非洲纳米比亚拍摄的无比珍贵的螳螂目昆虫的生态照片；英国的Andy Murray先生在得知本书的情况后，欣然同意使用他拍摄的精美的原尾虫生态照片。这些原创的稀有昆虫照片，在国内书刊上都是难得见到的，甚至在世界范围内也可以说是罕见的。

我的诸多昆虫摄影师朋友提供了部分精美而又难得的昆虫照片，使得本书熠熠生辉，他们是：刘晔、王江、吴超、李元胜、倪一农、雷波、寒枫、郭良鸿、林义祥、周纯国、陈尽、姚望、刘明生、张宏伟、刘星月、李虎、郭宪、任川、张超、西叶、袁峰、唐志远、莫善濂。他们提供的照片都一一注明了拍摄者，未注明者则均为作者本人拍摄。

感谢倪一农、张志升、徐宏俊、侯勉、龙杰、曾强等在本书写作过程中提供珍贵标本或帮助，为本书得以顺利完成增色不少。

感谢彩万志教授慷慨应允为本书作序，感谢杨星科研究员、杨定教授、刘华杰教授、张继达老师和李元胜先生热情洋溢的推荐。

此外，本书得到了重庆市科学技术委员会“重庆市科委科技计划（科普类）项目”的资助，在此一并感谢。

最后，谨将此书献给我的父母和妻子、女儿，感谢他们多年来的默默支持和包容，没有他们的鼓励，也就没有此书的出版。

2013年10月17日晨于重庆家中

大尾天蚕蛾 *Actias maenas*，摄于马来西亚沙巴特鲁斯马迪山（Mt. Trusmadi）

目录
Contents

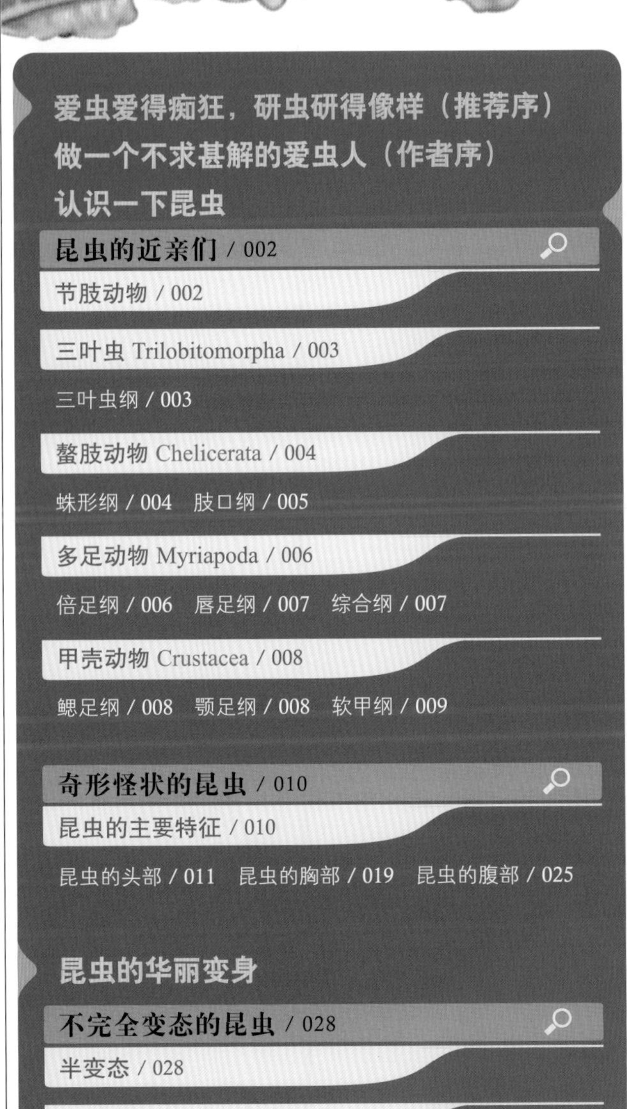

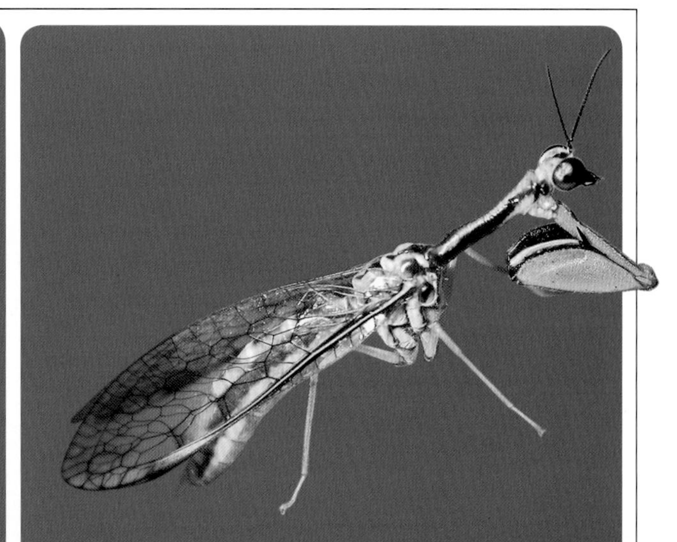

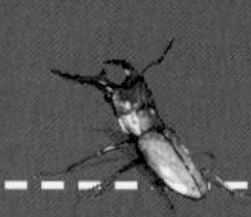

本书体例说明：目前六足总纲的分类系统，是将原来昆虫纲无翅亚纲中的原尾、弹尾、双尾3个目提升为纲。本书为简明结构，方便查阅，涉及这3个纲的都按昆虫纲各目的规格编排。

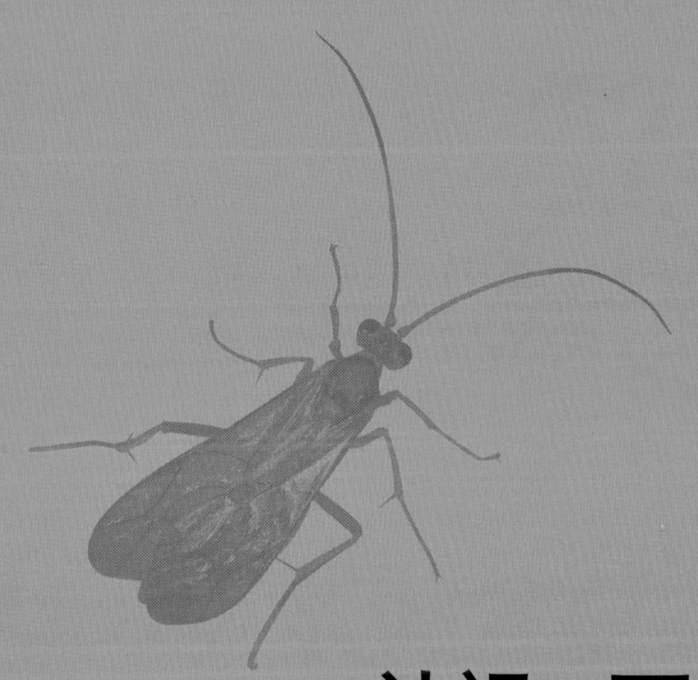

认识一下昆虫

在动物世界中，节肢动物门（Arthropoda）的种类最多、分布最广，这跟它们的身体结构、生理特性的高度特化密不可分。在无脊椎动物中，节肢动物也是登陆最成功的类群，占据了陆地的所有生境，成为真正的陆栖动物。

节肢动物

- 异律分节，身体分部，附肢分节；
- 发达坚厚的外骨骼，有蜕皮现象；
- 一般为雌雄异体，并且是雌雄异形，有性生殖；
- 陆生种类为体内受精，水生种类有体内和体外受精；
- 生殖方式多种多样，多为卵生，也有卵胎生、孤雌生殖、幼体生殖和多胚生殖等；
- 直接发育，间接发育有变态发育。

在动物世界中，节肢动物门（Arthropoda）的种类最多、分布最广，这跟它们的身体结构、生理特性的高度特化密不可分。在无脊椎动物中，节肢动物也是登陆最成功的类群，占据了陆地的所有生境，成为真正的陆栖动物。

节肢动物包括六大类，除了已经完全灭绝的三叶虫之外，还包括有爪动物（栉蚕）、螯肢动物（蜘蛛、蝎子、鲎、海蜘蛛）、多足动物（蜈蚣、马陆等）、六足动物（广义的昆虫）、甲壳动物（丰年虾、水蚤、马蹄虾、藤壶、鱼虱、介虫、蟹、虾等）。

三叶虫
Trilobitomorpha

三叶虫是已经完全灭绝的动物，在世界各地都发现过其化石，因此也是较为常见的。它们最早出现于寒武纪，在古生代早期达到顶峰，此后逐渐减少至灭绝。

三叶虫纲
Trilobita

大多数三叶虫是比较简单的、小的海生动物，它们在海底爬行，通过过滤泥沙来吸取营养。它们身体分节，由带沟将身体分为3个垂直的叶。在所有的化石动物中，三叶虫种类最为丰富，至今已经被描述的有9个目，15 000多种。

❶王冠虫（镜眼虫目 Phacopida）（刘晔 摄）。❷湘西虫（褶颊虫目 Ptychopariida）（刘晔 摄）。

常见纲介绍

蛛形纲
Arachnida

蛛形纲有65 000~73 000个物种，包括蜘蛛、蝎子、螨等。蛛形纲动物的特征是拥有8条腿，身体分为头胸部和腹部两部分。蛛形纲动物大多在陆地生活，大部分为肉食性。部分蜘蛛和蝎子有毒，主要用作自卫及捕猎。

❶❷❸❹❺❻

>>

螯肢动物
Chelicerata

螯肢动物身体分头胸部和腹部两部分。头胸部由6节组成，有螯肢、触肢和4对步足，无触角；腹部有12个体节及1个尾节。口后第1对附肢为脚须，主要是爬行，兼有执握、感觉和咀嚼功能。用鳃、书鳃或用书肺、气管呼吸。寒武纪至现代。海生或陆生。现存约8万种。

❶蜘蛛（蜘蛛目 Araneae）。❷鞭蝎（有鞭目 Thelyphonida）。❸无鞭蝎（无鞭目 Amblypygi）。❹避日蛛（避日目 Solifugae）。❺蜱（蜱螨目 Acari）。❻螨（蜱螨目 Acari）。

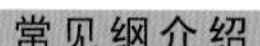

蛛形纲
Arachnida

肢口纲
Merostomata

生活在海洋中的大型的节肢动物，绝大多数种类繁盛于寒武纪及奥陶纪，到古生代末期逐渐消失。我国仅产三刺鲎*Tachypleus tridentatus*，也称中国鲎，见于福建、广东、广西等地沿海。鲎主要生活在浅海沙质海底，体长可达60 cm，体表覆盖有几丁质外骨骼，呈黑褐色。头胸部具发达的马蹄形背甲，通常也被称为马蹄蟹。

❶盲蛛（盲蛛目 Opiliones）。❷蝎子（蝎目 Scorpiones）。❸伪蝎（伪蝎目 Pseudoscorpiones）。❹鲎（剑尾目 Xiphosura）。

常见纲介绍

>>

多足动物
Myriapoda

多足动物包含了马陆及蜈蚣等，已知超过 13 000 种，都是陆生动物。虽然学名 Myriapoda 的词源是 10 000 条腿，但实际上多足类最多约 750 条腿，少至 10 条以下。多足类大多栖息在湿润的森林中，以腐败的植物为主食，在分解植物的遗体上扮演重要的角色。大部分多足类动物都是草食性的，只有少数的唇足纲是夜行性的掠食者。

倍足纲
Diplopoda

现存8 000种左右，是多足动物中最大的一纲。俗称千足虫，最主要的特征是绝大部分体节每节有2对足。在石下、土壤或洞穴内隐居生活，不善运动，但也常在地面缓慢爬行，喜避光，受到刺激或干扰时，常卷曲成环状或球状。大多数种类为植食性，有的种还捕食小动物或取食有机物碎屑，食性多样。

❶球马陆（球马陆目 Glomerida）。❷山蛩（山蛩目 Spirobolida）。❸塔带马陆（带马陆目 Polydesmida）。❹带马陆（带马陆目 Polydesmida）。❺姬马陆（姬马陆目 Julida）。❻毛马陆（毛马陆目 Polyxenida）。

唇足纲
Chilopoda

包括常见的蜈蚣及蚰蜒等，主要分布在热带及亚热带地区，栖息在土壤、石块或木桩下等潮湿的地方。我国常见的巨蜈蚣*Scolopendra subspinipes*，体长达6~15 cm，体表呈红褐色，其他种类一般都在2~30 cm，体色呈红色、绿色、黄色或混合色。

综合纲
Symphyla

主要生活在土壤及腐殖质丰富的潮湿处，有120种左右。体小型，无色，长2~10 mm，一般为4~5 mm，形态相似于蜈蚣纲。代表种如么蚰*Scutigerella*，么蚣*Scolopendrella*等。寿命一般为4年。

❶蚰蜒（蚰蜒目 Scutigeromorpha）。❷蜈蚣（蜈蚣目 Scolopendromorpha）。❸石蜈蚣（石蜈蚣目 Lithobiomorpha）。❹地蜈蚣（地蜈蚣目 Geophilomorpha）。❺么蚰（综合目 Symphyla）。

>>

鳃足纲
Branchiopoda

小型甲壳动物，从0.1~10 cm，绝大多数生活在淡水池塘或临时性水洼中。分3目800多种。除少数海产种及生活于河流及大湖中的种类外，其他各目仅在临时性水塘中出现。

颚足纲
Maxillopoda

颚足纲由桡足类、鳃尾类、蔓足类和须虾类合并组成，体形变化极大。身体由头部、胸部和腹部3部分组成，头部5节，胸部6节，腹部4节，另外还有1尾节，腹部无附肢。

甲壳动物
Crustacea

甲壳动物有31 000多种，包括我们熟悉的水蚤（鱼虫）、剑水蚤、丰年虫、对虾、螯虾、龙虾、蟹等。在生活方式上绝大多数为海洋生活，为海洋浮游动物的重要成员，常被誉为海洋中的昆虫，少数侵入淡水。它们是构成水生食物链中的重要环节，也有极少数进入陆地生活，但不能脱离潮湿环境。

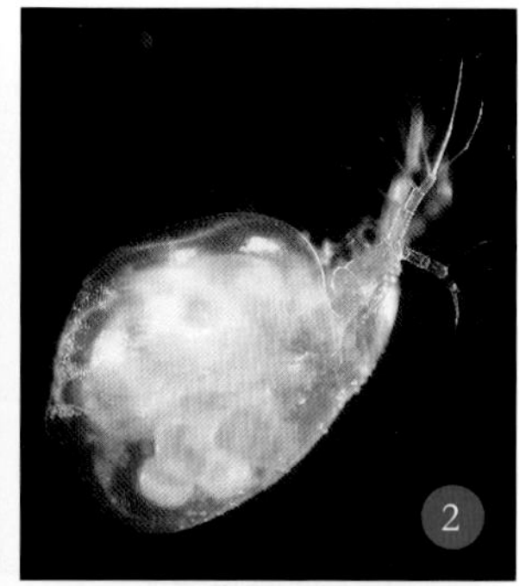

❶丰年虫（无甲目 Anostraca）。❷水蚤（双甲目 Diplostraca）（刘晔　摄）。❸鲎虫（背甲目 Notostraca）（刘晔　摄）。❹藤壶（无柄目 Sessilia）。

软甲纲
Malacostraca

甲壳动物中最高等的、形态结构最复杂的类群。身体基本上保持虾形，或缩短为蟹形。主要为海生，少数栖于淡水，也有完全陆生的（等足目）。海生类型自潮间带到深海底都有分布，栖息环境和生态特点有极大的差异。等足目的许多种营寄生生活。

❶❷❸❹❺❻❼

❶蟹（十足目 Decapoda）。❷虾（十足目 Decapoda）。❸螯虾（十足目 Decapoda）。❹鼠妇（等足目 Isopoda）。❺球鼠妇（等足目 Isopoda）。❻海蟑螂（等足目 Isopoda）。❼虾蛄（口足目 Stomatopoda）。

奇形怪状的昆虫

昆虫的主要特征

- 身体由若干环节组成，这些环节集合成头、胸、腹3个部分；
- 头部不分节，是感觉与取食的中心，具有口器和1对触角，通常还有复眼和单眼；
- 胸部分为3节，一些种类其中某一节特别发达而其他两节退化得较小；
- 胸部是运动的中心，具有3对足，一般成虫还有2对翅，也有一些种类完全退化；
- 腹部应该分为11节，但也常常演化为8节、7节或4节，分节数目虽不相等，但都没有足或翅等附属器官着生；
- 腹部是生殖与营养代谢的中心，其中包含着生殖器官及大部分内脏；
- 昆虫在生长发育过程中，通常要经过一系列内部及外部形态上的变化，即变态过程；
- 昆虫整个身体表面都硬化成体壁，这样包住身体的壳被称为“外骨骼”；
- 由于坚硬的外骨骼不会跟着身体一起长大，因此昆虫随着身体的成长必须一次次褪掉它们的外壳。

全世界已知昆虫有100多万种，有人估计实际数字至少会有200万种之多。昆虫约占动物界种数的80%，每年还陆续发现近万个新种。中国已知10万多种。

昆虫在地球上约出现于3.5亿年前，经历了漫长的演化历程。昆虫的起源有多种学说，一类学说认为由水栖祖先演化而来，例如，三叶虫起源说和甲壳类起源说；另一类学说认为由陆栖祖先起源，如多足纲、唇足纲、综合纲是昆虫的近缘。

广义的昆虫是指所有的六足动物，即六足总纲Hexapoda，也就是本书所涉及的范围。目前的六足总纲中，共计包括原尾纲Protura 3个目、弹尾纲Collembola 4个目、双尾纲Diplura 1个目和昆虫纲Insecta 30个目。

在狭义的昆虫纲中，介绍了所有现生的30个目，但由于学术观点的不同，还存在着争议。例如，目前已经被分类学界广泛接受的是将螳螂目Mantodea、蜚蠊目Blattodea、等翅目Isoptera合并成为网翅目Dictyoptera，本书为了方便国内读者使用，依然沿用了3个目的分类方法。

此外，书中介绍的半翅目Hemiptera包括国内昆虫学界长期使用的半翅目（中文也称异翅目）和同翅目Homoptera，虽然这两个目在国际上早已被证实是一个单系群，但国内的习惯用法仍然根深蒂固；目前的虱目Phthiraptera则是由以前的虱目Anoplura和食毛目Mallophaga合并而成，但在国内也习惯于沿用老的分类体系。

昆虫的头部

头部是昆虫的第1个体段。昆虫的头部通常着生有1对触角，1对复眼，1～3个单眼和口器。昆虫头部是感觉和取食的中心。

头式

昆虫种类多，取食方式各异，取食器官在头部着生的位置各不相同。根据口器在头部着生的位置，昆虫的头式可分为下口式、前口式、后口式3种类型。

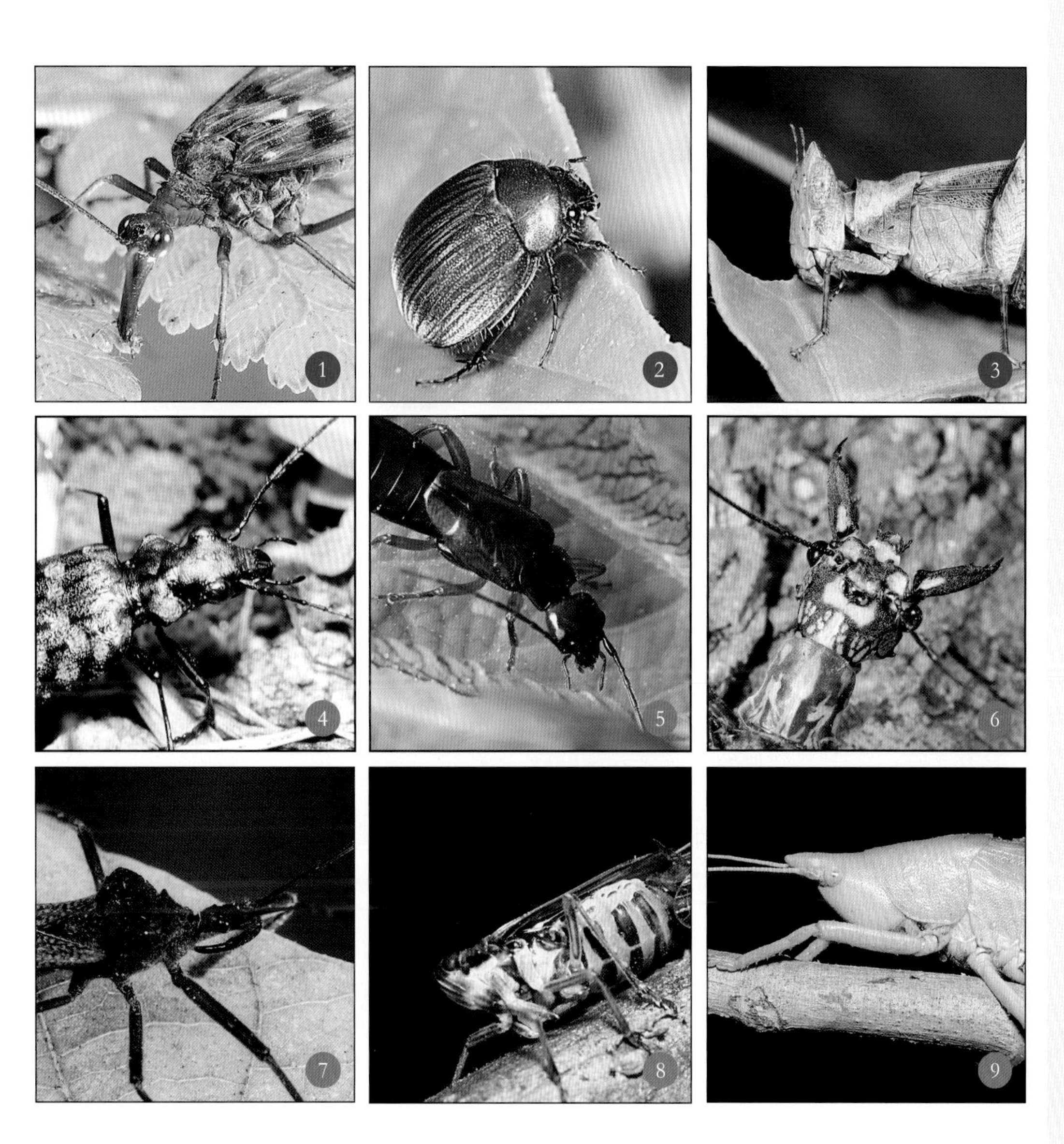

❶蝎蛉为下口式。❷鳃金龟为下口式。❸蝗虫为下口式。❹步行虫为前口式。❺蠼螋为前口式。❻巨齿蛉为前口式。❼猎蝽为后口式。❽飞虱为后口式。❾部分种类的螽斯为后口式。

下口式

口器着生在头部下方，头部的纵轴与身体的纵轴垂直，如蝗虫等。

前口式

口器着生在头部前方，头部的纵轴与身体的纵轴几乎平行，如步甲等。

后口式

口器向后伸，贴在身体的腹面，头部的纵轴与身体纵轴成锐角，如蝉等。

❼❽❾

形形色色的复眼

❶❷❸❹❺

单眼的形态

❻❼

眼睛 昆虫的眼睛有两种：一种叫复眼，一种叫单眼。绝大多数昆虫头部具单眼和复眼。
复眼的功能是能成像。昆虫的复眼是别具一格的，它们的每只复眼是由成很多只六边形的小眼紧密排列组合而成的。复眼的小眼数量越多，分辨率越高，视野通常越宽广。复眼的发达程度和小眼面的多少因种类不同而不同。如有一种蚂蚁的工蚁，复眼仅有1个小眼面，而蜻蜓的复眼则由10 000～28 000个小眼面组成。
单眼一般为卵圆形，昆虫的单眼结构极其简单，只不过是一个突出的水晶体，内部是一团视觉细胞，因此功能简单，单眼只感光不成像，但可辨别明暗和距离远近。

❶蜻蜓的复眼巨大，小眼面最多。❷四节蜉科蜉蝣的雄性复眼陀螺状（网友戏称蛋糕眼）。❸锹甲的复眼位于头部两侧。❹虻的复眼往往带有彩虹般的色彩。❺木蜂的巨大复眼。❻胡蜂的3个单眼位于两复眼之间，非常明显。❼蜻蜓的单眼位于触角之间，非常显著。

口器

口器是昆虫取食的器官，依据取食方式的不同，口器可分为多种类型。

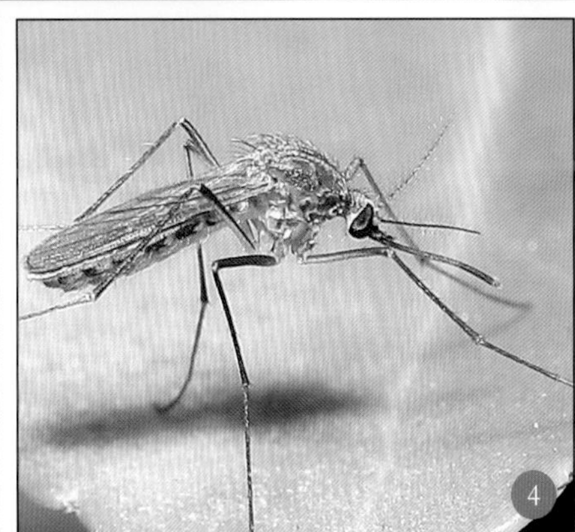

❶螽斯的咀嚼式口器。❷蚂蚁的咀嚼式口器。❸步甲的咀嚼式口器。❹蚊子的刺吸式口器。❺蝽类的刺吸式口器。❻实蝇的舐吸式口器。❼弄蝶的虹吸式口器。

形形色色的口器

咀嚼式口器

最原始的口器形式，适用于取食咀嚼固体食物。

刺吸式口器

总称为喙，能刺破动、植物组织，有特化成细长的口针。

舐吸式口器

下唇发达，将舌及上唇包在其中，下端有盘状的唇瓣，适于舐吸食物。

虹吸式口器

鳞翅目成虫所具有，具1条外观如发条状的、能卷曲和伸展的喙，适于吸吮深藏花管底部的花蜜。

>>

捕吸式口器

脉翅目昆虫的幼虫所独具，最显著的特征是成对的上、下颚分别组成1对刺吸构造，因而又有双刺吸式口器之称。

刺舐式口器

能切破动物比较坚硬的皮肤，并有口针吸食血液。

嚼吸式口器

既能咀嚼固体食物，又能吮吸液体食物的口器，为部分高等膜翅目昆虫所特有。

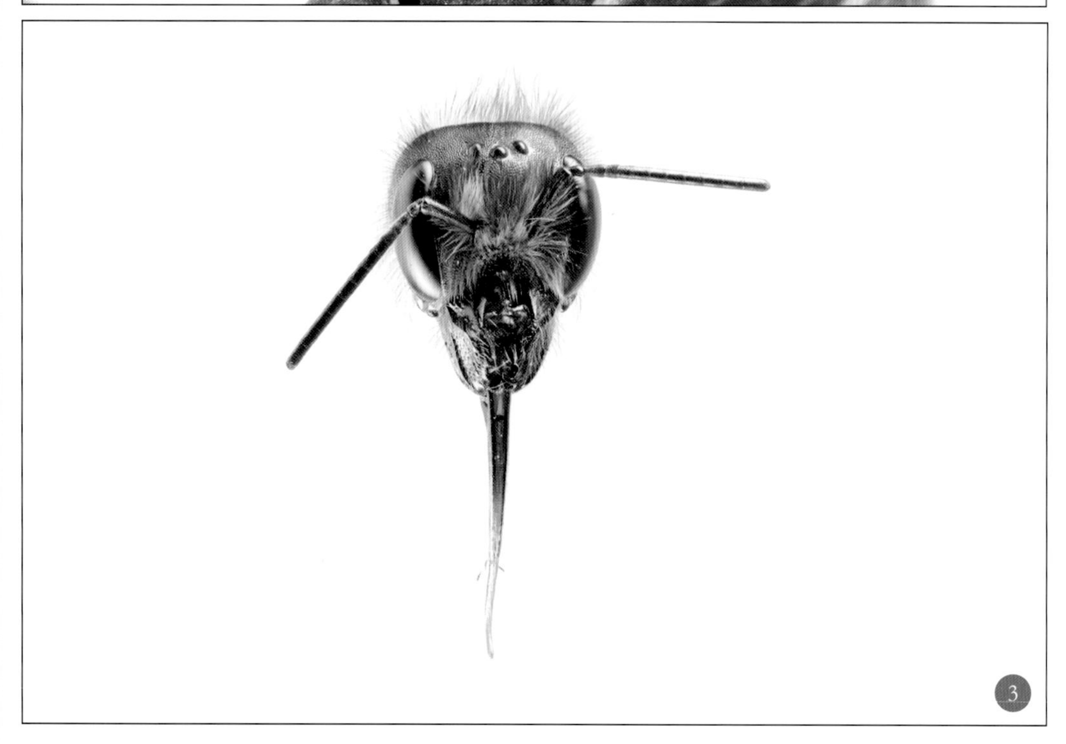

❶蚁蛉幼虫蚁狮的捕吸式口器。❷虻科昆虫的刺舐式口器。❸壁蜂的嚼吸式口器。

触角 触角是主要的感觉器官，有嗅觉、触觉和听觉的功能。触角能够帮助昆虫寻找食物和配偶，并探明身体前方有无障碍物。

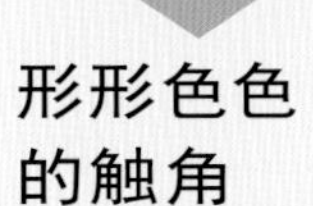

形形色色的触角

线状触角

也称丝状触角，细长，呈圆筒形。除第1、第2节稍大外，其余各节大小、形状相似，逐渐向端部变细。

❶❷❸

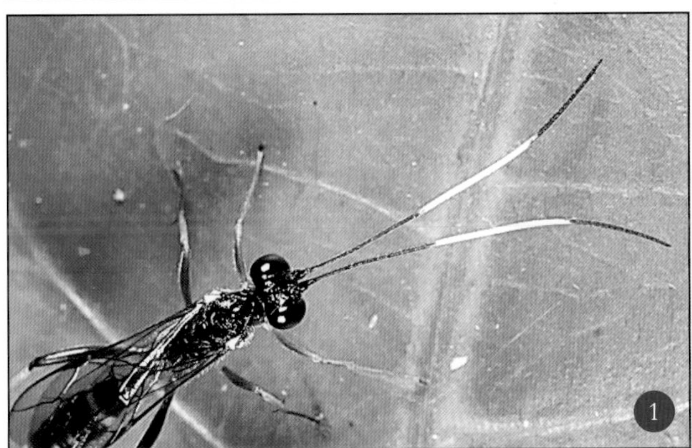

❶姬蜂的线状触角。❷天牛的线状触角。❸尺蛾的线状触角。

常见纲介绍

>>

念珠状触角

鞭节由近似圆珠形的小节组成，大小一致，像一串念珠。

锯齿状触角

鞭节各亚节的端部一角向一边突出，像一个锯条。

栉齿状触角

鞭节各亚节向一边突出很长，形如梳子。

①扁甲的念珠状触角。②白蚁的念珠状触角。③叩甲的锯齿状触角。④泥甲的栉齿状触角。⑤鱼蛉的栉齿状触角。

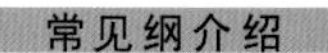

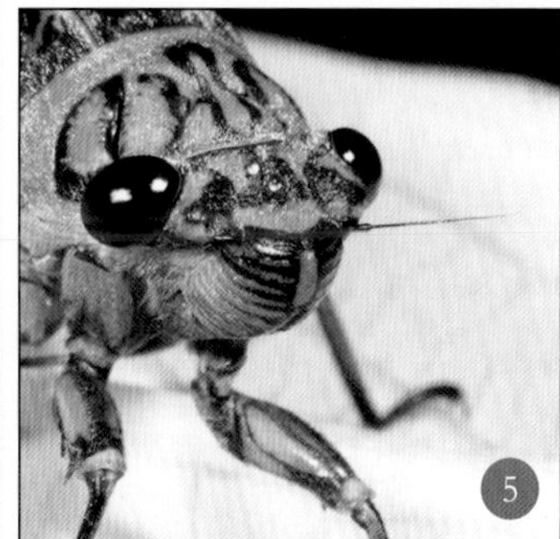

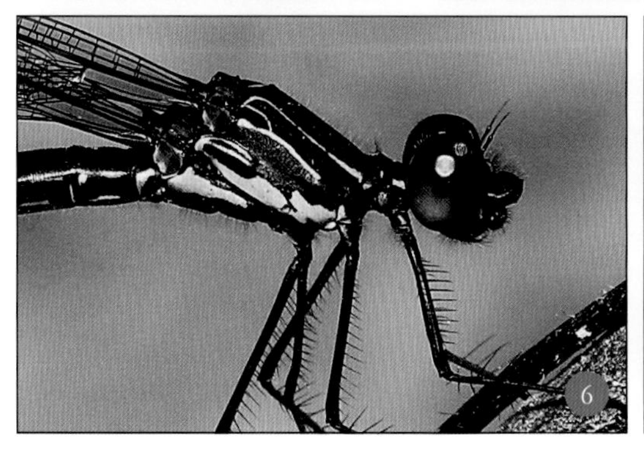

❶天蚕蛾的羽状触角。❷钩蛾的羽状触角。❸胡蜂的膝状触角。❹象甲的膝状触角。❺蝉的刚毛状触角。❻豆娘的刚毛状触角。❼蚜蝇的具芒触角。

羽状触角

也称双栉状触角，其鞭节各亚节向两边突出成细枝状，很像鸟的羽毛。

膝状触角

柄节特别长，梗节短小，鞭节由大小相似的亚节组成，在柄节和梗节之间呈肘状或膝状弯曲。

刚毛状触角

触角很短，基部的第1节、第2节较大，其余的节突然缩小，细似刚毛。

具芒触角

触角很短，鞭节仅1节，较柄节和梗节粗大，其上有1根刚毛状或芒状构造，称为触角芒。触角芒有的光滑，有的具毛或呈羽状。这类触角为双翅目蝇类所特有。

环毛状触角

除基部两节外，每节具有1圈细毛，近基部的毛较长。

棒状触角

又称棒状或球杆状触角，细长，近端部的数节膨大如椭圆球状。

锤状触角

鞭节端部数节突然膨大，形状如锤。

鳃状触角

端部数节扩大成片状，可以开合，状似鱼鳃。这种触角为鞘翅目金龟子类所特有。

❶摇蚊的环毛状触角。❷粉蝶的棒状触角。❸蝶角蛉的棒状触角。❹伪瓢虫的锤状触角。❺瓢虫的锤状触角。❻鳃金龟雄虫的触角特写。❼绒毛金龟的鳃状触角。

昆虫的胸部

胸部是昆虫的第2个体段，是昆虫的运动中心，由3个体节组成，即前胸、中胸和后胸。大部分有翅昆虫成虫的中胸和后胸各生有1对翅，几乎所有的昆虫若虫和成虫都有3对胸足，每节1对。

胸足 昆虫的种类不同，习性不同，生活的场所也不同。为了适应不同的生活环境，足的形状发生了很大的变化，其功能也从单一的行走功能逐渐发展为具有多种功能的器官。

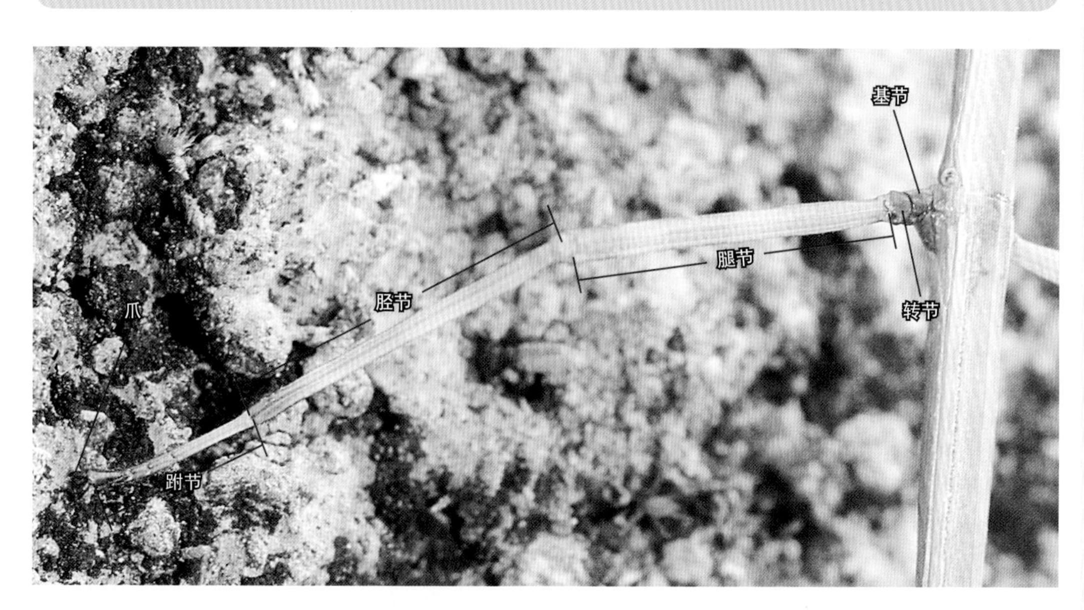

❶叶甲的六足皆为步行足。❷竹节虫的六足皆为步行足。❸蝗虫的后足为跳跃足。❹蟋蟀的后足为跳跃足。

形形色色的胸足

步行足

昆虫中最基本的也是最常见的是步行足，它们的外形细长，各节也没发生显著的变化，最适于担负行走的功用。

跳跃足

蝗虫、蟋蟀、蚤蝼、跳甲等昆虫十分善跳，它们的后足腿节膨大，适合跳跃。

捕捉足

螳螂、猎蝽等捕食性昆虫前足的基节延长，腿节腹面有槽，胫节可以折嵌到腿节的槽中，腿节和胫节上还常装备着锐刺，是捕捉猎物的有力武器。

开掘足

蝼蛄等昆虫的前足又粗又壮，上面还有几个大齿，像是专门挖土的铲子，适合掘土。

携粉足

蜜蜂的后足胫节特化得又宽又扁，上面有长毛相对环抱，专门用来携带花粉，被称为花粉篮。

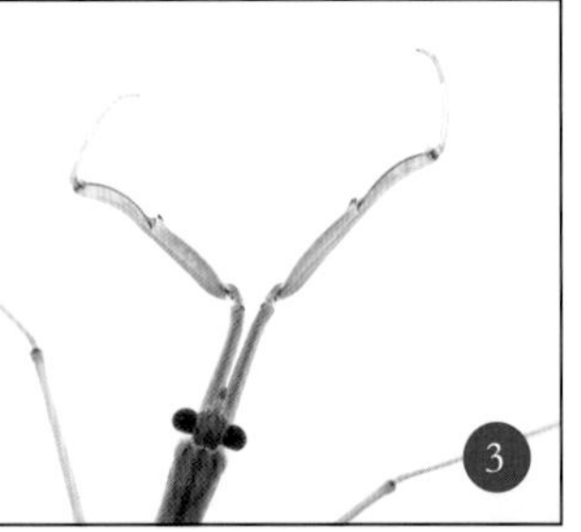

❶螳螂的前足为捕捉足。❷螳蛉的前足为捕捉足。❸螳蝎蝽的前足为捕捉足。❹蝼蛄的前足为开掘足。❺蜣螂的前足为开掘足。❻蜜蜂的后足为携粉足，可以看到携带了大团的黄色花粉。

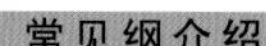

❶龙虱的游泳足。❷划蝽的游泳足。❸雄性龙虱的前足为抱握足。❹头虱的足为攀援足。

游泳足

龙虱、仰泳蝽的身体接近流线形，中足和后足又长又扁，向里的一面还长着一排整齐的长毛，就像4只划船用的桨。

抱握足

雄性龙虱的前足跗节特别膨大，上面还有吸盘状的构造，交配时用以挟持雌虫，这种足称为抱握足。

攀援足

生活在毛发上的虱类，足的各部分极度特化，构成钳状的构造，牢牢地夹住寄主的毛发。

常见纲介绍

>>

形形色色的翅膀

膜翅

其质地为膜质，薄而透明，翅脉明显可见。如蜂、蜻蜓的前后翅；甲虫、蝗虫等的后翅。

复翅

其质地较坚韧似皮革，翅脉大多可见，但不司飞行，平时覆盖在体背和后翅上，有保护作用。蝗虫等直翅目昆虫的前翅属此类型。

翅膀 昆虫翅的主要作用是飞行，一般为膜质。但不少昆虫长期适应其生活条件，前翅或后翅发生了变异，质地也发生了相应变化。翅的类型是昆虫分目的重要依据之一。

❶蜻蜓的前后翅都是膜翅。❷锹甲的后翅是膜翅。❸蝇类的前翅是膜翅。❹蝗虫的前翅为复翅。❺蟑螂的前翅为复翅。❻蠼螋的前翅为复翅。

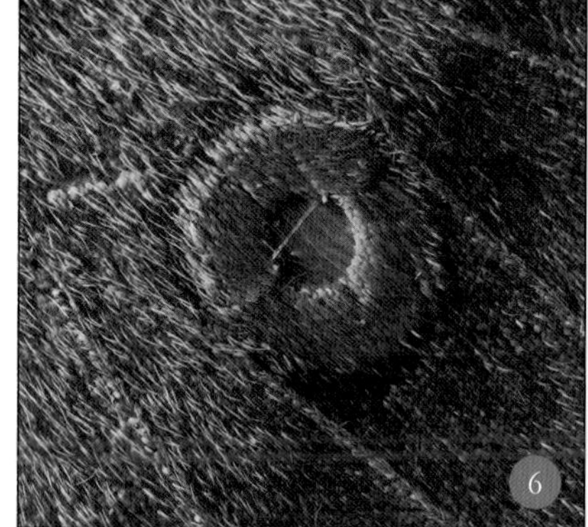

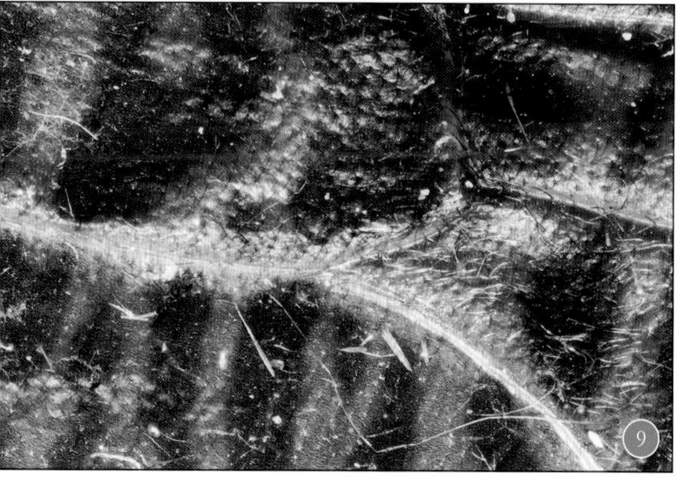

❶锹甲的前翅为鞘翅。❷象甲的前翅为鞘翅。❸麻皮蝽的前翅是半鞘翅。❹猎蝽的前翅为半鞘翅。❺凤蝶的翅膀显微图，体现出鳞片的排列和形状，中间深色管状为翅脉。❻天蚕蛾翅上不同形状的鳞片。❼蛾类的前后翅都是鳞翅。❽石蛾的前后翅都是毛翅。❾石蛾的毛翅显微图。

鞘翅

其质地坚硬如角质，不司飞翔作用，用以保护体背和后翅。甲虫等鞘翅目昆虫的前翅属此类型。

半鞘翅

其基半部为皮革质，端半部为膜质，膜质部的翅脉清晰可见。蝽类等半翅目的前翅属此类型。

鳞翅

其质地为膜质，但翅面上覆盖有密集的鳞片。如蛾、蝶类等鳞翅目的前、后翅。

毛翅

其质地为膜质，但翅面上覆盖一层较稀疏的毛。如石蛾等毛翅目昆虫的前、后翅。

常见纲介绍

>>

缨翅

其质地为膜质，翅脉退化，翅狭长，在翅的周缘缀有很长的缨毛。如蓟马等缨翅目的前、后翅。

平衡棒

双翅目昆虫和雄蚧的后翅退化，形似小棍棒状，无飞翔作用，但在飞翔时有保持体躯平衡的作用。捻翅目雄虫的前翅也呈小棍棒状，但无平衡体躯的作用，称为伪平衡棒。

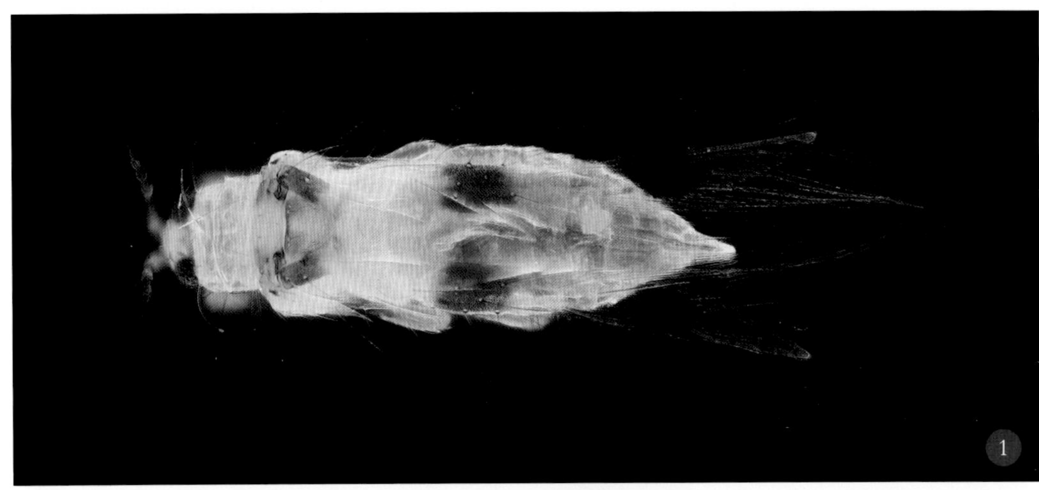

❶蓟马的缨翅。❷蜣蝇的后翅退化为平衡棒。❸沼大蚊的后翅退化为平衡棒。

尾须和尾铗

❶❷❸❹❺

昆虫的腹部

腹部是昆虫的第 3 个体段，是昆虫新陈代谢和生殖的中心。腹部通常由 9 ~ 11 个体节组成。腹部第 1 ~ 8 节两侧有气门，腹腔内着生有内部器官，末端有尾须和外生殖器。

尾须和尾铗

尾须是着生于昆虫腹部第 11 节两侧的 1 对须状构造分节或不分节，具有感觉作用。

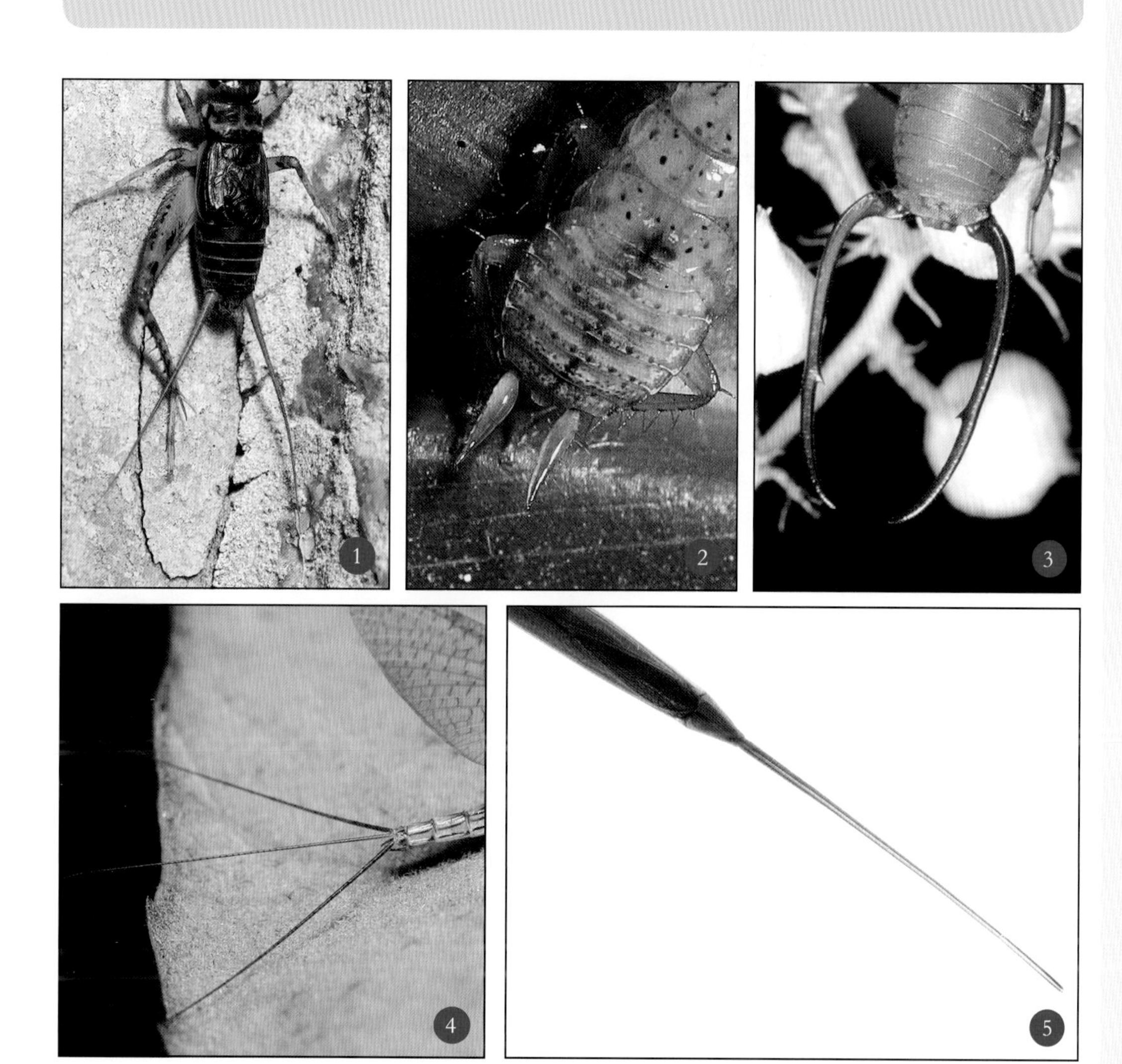

❶蟋蟀细长的尾须。❷蟑螂短粗的尾须。❸革翅目的尾须特化成为尾铗。❹部分种类的蜉蝣除了 2 根长长的尾须之外，还有 1 根很长的中尾丝。❺螳蝎蝽的第 8 腹节背板变形，成为 1 对丝状构造，合并成 1 个长管，伸出于腹后，并接触水面，为呼吸管。

外生殖器

❶❷❸❹

外生殖器

雌性外生殖器就是产卵器，位于第 8～9 节的腹面，主要由背产卵瓣、腹产卵瓣、内产卵瓣组成。

雄性外生殖器就是交尾器，位于第 9 节腹面，主要由阳具和抱握器组成。

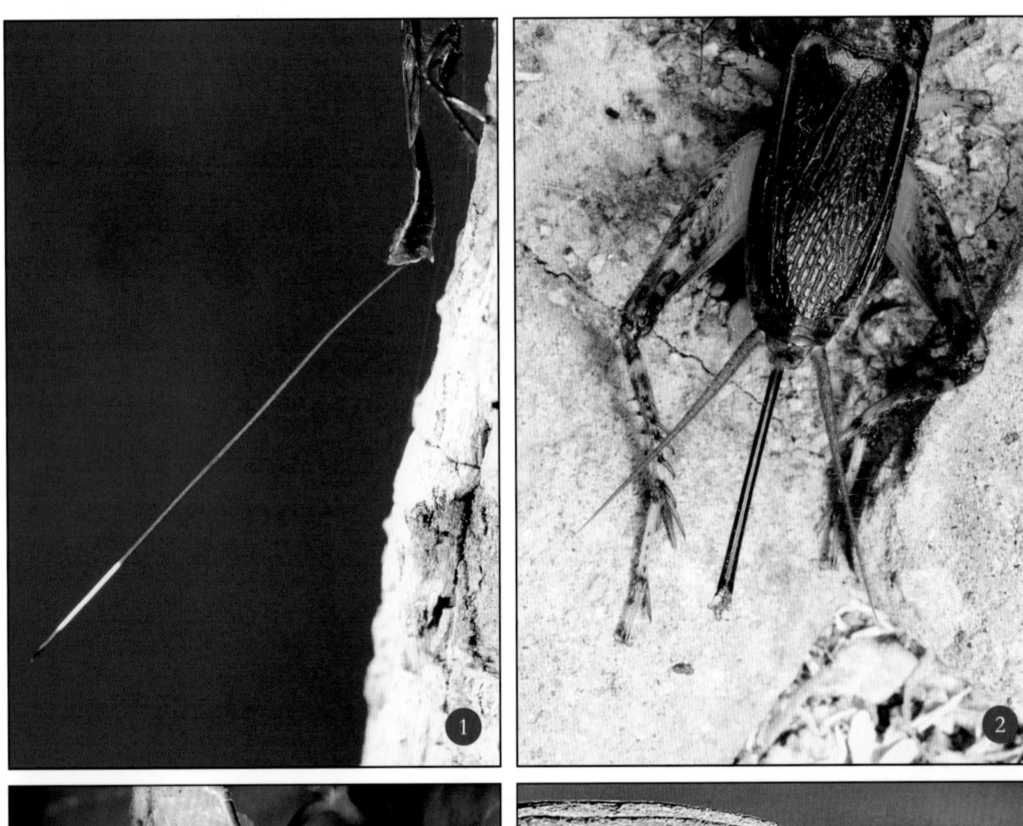

❶冠蜂细长的产卵器。❷蟋蟀的针管状产卵器。❸螽斯的马刀状产卵器。❹鳃金龟腹部末端伸出的雄性外生殖器。

昆虫的华丽变身

昆虫在生长过程中，身体不断变大，在外部形态和组织等方面都在发生着变化。从卵孵化出来的初龄昆虫到性成熟的成虫，总会有或多或少的变化，这一点从外形上就可以轻易看出。人们将胚后发育过程中从幼期的状态改变为成虫状态的变化，称为“变态”。

昆虫的变态有多种类型，其中最主要的为不完全变态和完全变态两类。

常见纲介绍 >>

碧伟蜓
Anax parthenope
（蜻蜓目 蜓科）
变态过程
❶❷❸❹❺

不完全变态的昆虫

不完全变态有3个虫期，即卵期、幼期和成虫期。成虫期的特征随着幼期的不断生长发育而逐步显现出来，翅在幼期的体外得以发育。不完全变态又可分为3类：半变态、渐变态、过渐变态，这里主要介绍常见的半变态和渐变态。

半变态

蜉蝣目、蜻蜓目、襀翅目的幼期水生，其体型、呼吸器官、取食器官、运动器官以及行为等都与成虫迥异，其幼期被称为稚虫。

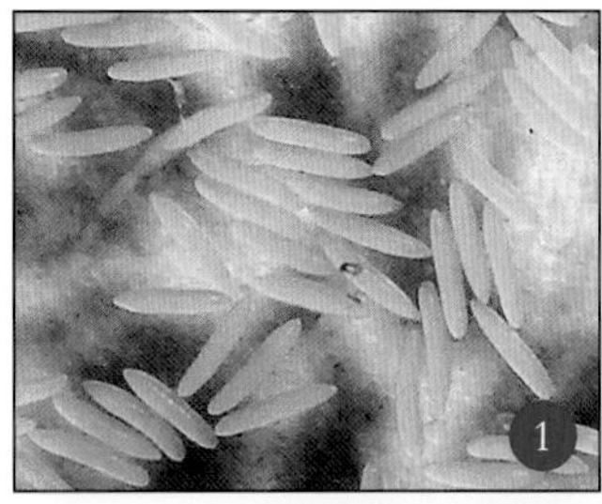

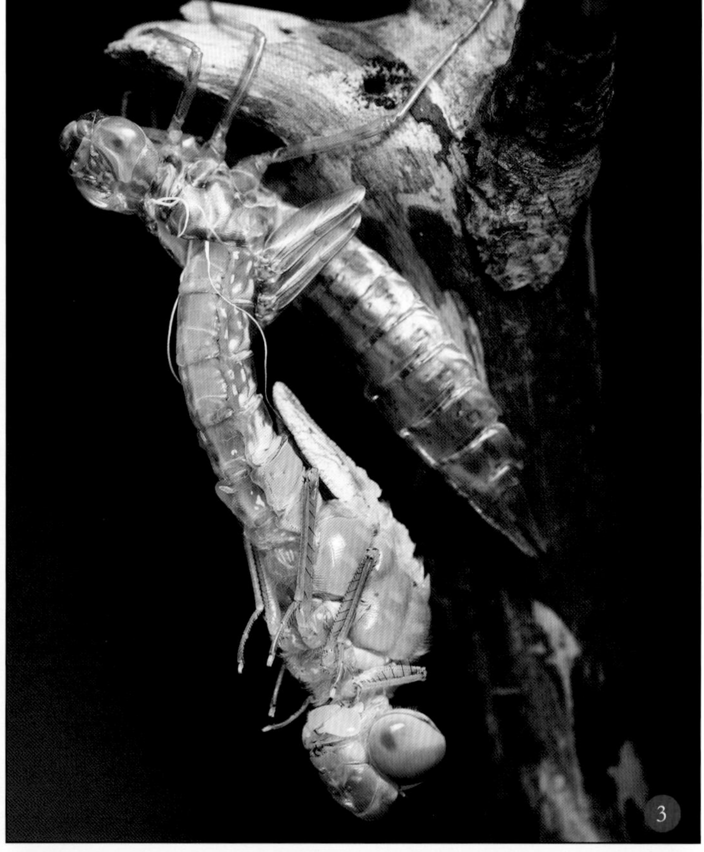

❶产在水中的碧伟蜓卵（莫善濂 摄）。❷碧伟蜓的稚虫（水虿）（王江 摄）。❸碧伟蜓羽化瞬间（王江 摄）。❹羽化完成尚未起飞的碧伟蜓（王江 摄）。❺碧伟蜓在水中植物茎或树皮缝隙处产卵（陈尽 摄）。

渐变态

直翅目、竹节虫目、螳螂目、蜚蠊目、等翅目、革翅目、啮虫目、纺足目、半翅目(大部分)的幼期与成虫的体型类似，其生活环境和食性也基本相同，这样的不完全变态被称为渐变态，其幼期被称为若虫。

荔枝蝽

Tessaratoma papillosa

(半翅目 荔蝽科)

变态过程

❶❷❸❹❺❻❼❽❾❿

❶荔枝蝽的成虫每次产 14 粒卵，一生可产 10 次以上。❷荔枝蝽孵化后的卵壳。❸荔枝蝽 1 龄若虫。❹荔枝蝽 2 龄若虫。❺荔枝蝽 3 龄若虫，其后胸外缘被中胸及腹部第 1 节外缘所包围。❻荔枝蝽 4 龄若虫，其中胸背板两侧翅芽明显，长度伸达后胸后缘。❼荔枝蝽 5 龄若虫，其中胸背面两侧翅芽伸达第 3 腹节中间。❽即将羽化的荔枝蝽 5 龄若虫，全身被白色蜡粉。❾荔枝蝽成虫。❿交配中的荔枝蝽。

>>

完全变态的昆虫

脉翅目、广翅目、蛇蛉目、鞘翅目、捻翅目、双翅目、长翅目、蚤目、毛翅目、鳞翅目、膜翅目昆虫的一生要经过卵期、幼虫期、蛹期和成虫期4个阶段，为完全变态。完全变态昆虫的幼虫与成虫不仅在外部形态和内部结构上区别明显外，在生活习性和食性方面也有很大差异。

绿带翠凤蝶

Papilio maackii

（鳞翅目 凤蝶科）

变态过程

❶❷❸❹

❶绿带翠凤蝶的卵，已由淡黄色渐变为浅黑色，说明蝶宝宝就要出来了（王江 摄）。❷绿带翠凤蝶初龄幼虫从卵里孵化出来，在啃食卵壳，这是它们的第1顿饭（王江 摄）。❸绿带翠凤蝶的4龄幼虫，体色已经从灰黑色变为翠绿色，但依旧为鸟粪状（王江 摄）。❹绿带翠凤蝶的5龄幼虫，受惊吓时吐出“V”形臭线，发出难闻的臭味，用以吓退天敌（王江 摄）。

绿带翠凤蝶
Papilio maackii

❶❷❸❹❺❻

❶❷❸❹❺❻绿带翠凤蝶(春型)化蛹全过程(王江 摄)。

>>

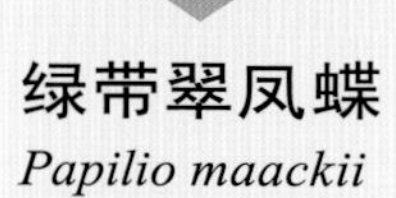

绿带翠凤蝶

Papilio maackii

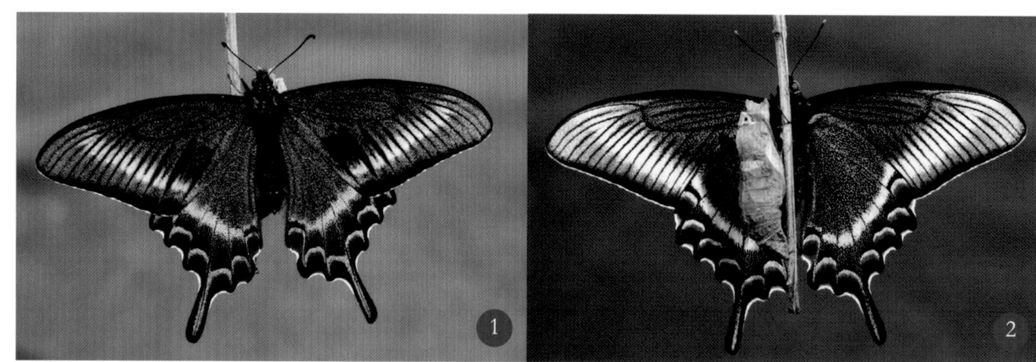

❶❷刚刚羽化的绿带翠凤蝶（春型）雄蝶（王江 摄）。❸雌性绿带翠凤蝶（夏型）在访花（王江 摄）。

了解简单的分类常识

要想对昆虫有所了解，就要知道昆虫的所属类别和种类，看懂文献资料、了解分类系统的构成是十分必要的。

昆虫的学名是遵循《国际动物命名法规》的原则命名的，有着国际统一的规范，是该物种唯一国际公认的名字。昆虫的俗名（包括中文名）则没有统一的要求。

给昆虫起名字

说到昆虫的名字，首先要了解什么叫作“物种”。物种是分类学的基本阶元，其判定标准至今仍有着广泛的争议。人们目前普遍接受的生物学物种概念是：物种是自然界能够交配、产生可生殖后代，并与其种群存在有生殖隔离的群体。

从人们开始认识昆虫世界起，就产生了各种各样的名字，可以说，同一种昆虫，只要有多少个不同的民族，有多少种不同的语言，就会有多少种不同的叫法。比如蝼蛄，在我国各地就有不同的称谓，如拉拉蛄、土狗儿等。这些叫法，我们称之为俗名。但从科学的角度来说，一个世界公认的名字是非常必要的。

卡尔·冯·林奈
（Carl von Linné）

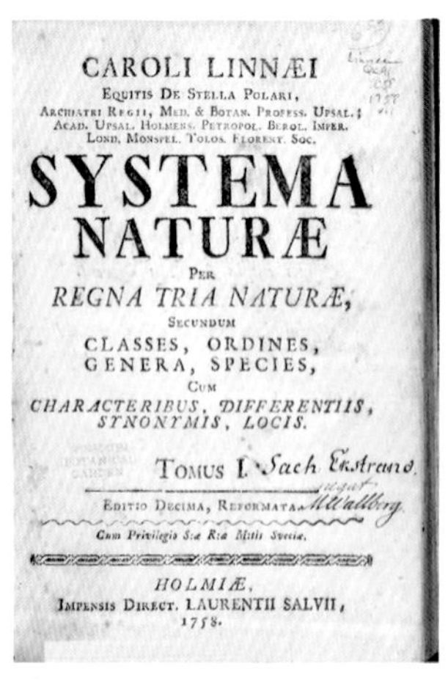
CAROLI LINNÆI
EQUITIS DE STELLA POLARI,
ARCHIATRI REGII, MED. & BOTAN. PROFESS. UPSAL.;
ACAD. UPSAL. HOLMENS. PETROPOL. BEROL. IMPER.
LOND. MONSPEL. TOLOS. FLORENT. SOC.
SYSTEMA
NATURÆ
PER
REGNA TRIA NATURÆ,
SECUNDUM
CLASSES, ORDINES,
GENERA, SPECIES,
CUM
CHARACTERIBUS, DIFFERENTIIS,
SYNONYMIS, LOCIS.
TOMUS I.
EDITIO DECIMA, REFORMATA.
Cum Privilegio S:æ R:æ M:tis Sveciæ.
HOLMIÆ,
IMPENSIS DIRECT. LAURENTII SALVII,
1758.

《自然系统》第10版封面

18世纪中叶，瑞典人卡尔·冯·林奈（Carl von Linné）的《自然系统》（*Systema Naturea*）一书，对动植物的分类及其方法进行研究。目前人们公认的动植物命名方法，就是以1758年《自然系统》（第10版）作为起点。

林奈提出的命名方法被称为“双名法”，即物种（species）的学名由两个拉丁词组成，第一个词为属名，第二个词为种本名。例如，金凤蝶的学名是 *Papilio machaon*，在分类学著作中，学名后面还常常加上定名人和定名的年代，如*Papilio machaon* Linnaeus, 1758。这说明金凤蝶是由林奈于1758年命名的，但定名人的姓氏和年代并不包括在双名法之内。双名法规定的拉丁学名，在印刷物中，通常为斜体字。

拉丁学名是该物种唯一的科学名称，包括中文名在内也是一样，并不存在“中文学名”一说。当然，统一中文名，便于大家使用和记忆，还是非常有必要的。

将昆虫归类

有了名字，还要归类，否则就乱成一锅粥了。因此，就有了分类阶元，用以体现动物与动物，昆虫与昆虫之间的亲缘关系。亲缘关系近的种类组合成属（genus），特征相近的属组合成科（family），相近的科组成目（order），相近的目组成纲（class），这些属、科、目、纲等就是分类阶元。以金凤蝶为例，其分类地位如下：

界（kingdom）：动物界 Animalia

门（phylum）：节肢动物门 Arthropoda

纲（class）：昆虫纲 Insecta

目（order）：鳞翅目 Lepidoptera

科（family）：凤蝶科 Papilionidae

属（genus）：凤蝶属 *Papilio*

种（species）：金凤蝶 *Papilio machaon*

这是分类的7个主要阶元，但是昆虫种类繁多，进化的程度不同，关系极为复杂。因此，常常会在这7个阶元之下加上亚（sub-），如亚目、亚科、亚种等；在其之上加上总（super-），如凤蝶总科、蜡蝉总科等。而在科属之间，则常常会加上族（tribe），如树蚁蛉族、虎天牛族等。

由于地理隔离，不同种群之间难以得到基因的交流，各自开始向不同的方向演化，并有了相当程度的变异，并且这种变异是相对稳定的。但是，这些种群之间可以进行杂交，并产生可以繁殖的后代，因此并未达到种的级别，这种情况下，就定为亚种，又称地理亚种。亚种采用的是“三名法”，就是在属名、种名之后加上一个亚种名。如西藏分布的金凤蝶为：金凤蝶西藏亚种*Papilio machaon asiaticus* Ménétriés, 1855。

金凤蝶 *Papilio machaon* Linnaeus, 1758

如果一个昆虫只鉴定到了属，具体种未定，那么通常用sp.来表示，如*Papilio* sp.表示的就是凤蝶属的一个种；多于一个种的时候，用spp.表示，如*Papilio* spp.表示的就是凤蝶属的两个或多个种。

我们经常看到种名之后的定名人加了括号，那就是说属一级的分类地位发生过变化，如中华稻蝗的学名最初发表时为*Gryllus chinensis* Thunberg，后经研究发现，应该归属于*Oxya*属，因此现在的学名变为*Oxya chinensis* (Thunberg)。因此，定名人的括号是不能随意增减的。

有人说，昆虫分类的著作很难看懂，特别是那些外文的，就算是图鉴，也很难知道在说些什么。其实，这里面也是有窍门的，因为一些分类阶元的学名有固定的词尾。其中，总科的词尾是-oidea，科的词尾是-idae，亚科的词尾是-inae，族的词尾是-ini。比如凤蝶属的学名为*Papilio*，凤蝶族的学名为Papilionini，凤蝶亚科的学名为Papilioninae，凤蝶科的学名为Papilionidae，凤蝶总科的学名则为Papilionoidea。掌握了这些，别说是英语、法语，就是阿拉伯语的昆虫图鉴，也照样可以看明白了。

昆虫家谱

全世界已知昆虫种类超过100万种，中国已知超过10万种。在这里，介绍了大多数在野外可以见到的广义的昆虫（六足总纲）的"科"，共计4纲35目410科。在每个科的下面，也试图尽量多地放置了形态迥异的不同种类的照片，使读者能够对该科昆虫有尽量多的了解。但限于篇幅，也只能是点到为止。本书以介绍成虫为主，偶尔穿插一些幼期的照片，仅供读者参考。

举足代角原尾纲，湿润腐土趋避光；腹部共分十二节，前三腹足生两旁。

原尾纲

原尾纲统称原尾虫，是一类原始的广义昆虫，曾经被列为昆虫纲无翅亚纲的一个目，现与昆虫纲等并列为六足总纲（Hexapoda）的一个纲。原尾纲已知共有3目10科600余种，我国现已记录164种。

原尾虫行动迟缓，生活在石下、土壤和腐叶层中，喜潮湿环境。由于身体极其微小和半透明的体色，因此很难被发现。

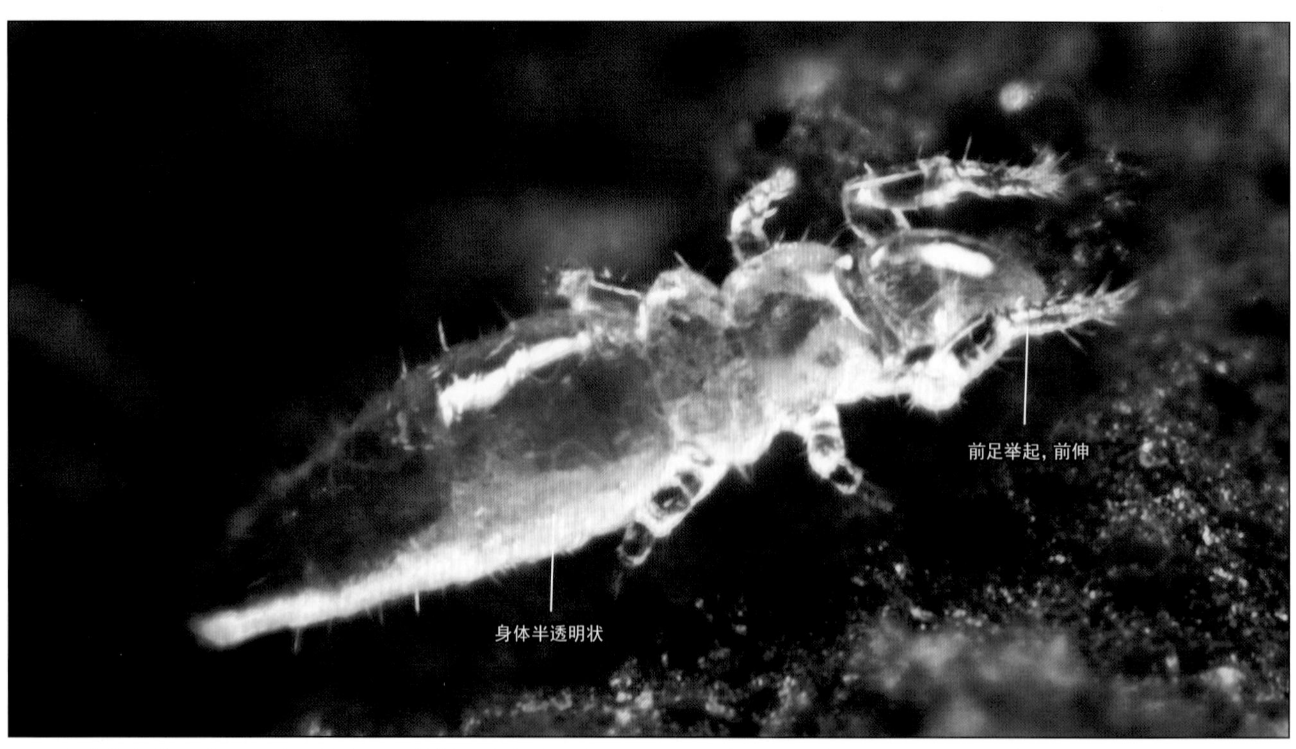

● 一种分布在英国的原尾虫，其半透明的微小身体在石块之下，很难被人发现（Andy Murray 摄）。

PROTURA

- 体呈半透明状；
- 微小细长，长度不超过2 mm；
- 无触角、复眼和单眼，仅有1对假眼，为其特有的感觉器官；
- 前胸足较长，向头前伸出，犹如其他昆虫的触角。

● 一种分布在英国的原尾虫（Andy Murray 摄）。

蹦蹦跳跳弹尾纲，腹部六节最寻常；腹管弹器皆特化，种群密度盖无双。

弹尾纲

弹尾纲种类通称跳虫，是一类原始的六足动物，现代的动物分类学将它们单独列为弹尾纲。从广义上来说，也可以将它们列入到昆虫中来，并且是一类非常原始的昆虫。因为该类昆虫的腹部末端有弹跳器，故此得名，俗称跳虫或弹尾虫。

跳虫广泛分布于世界各地，全世界目前已知达8 000种，我国已经发现并定名约320种。

跳虫的体色多样，有的灰黑，接近土壤的颜色；有的白色或透明，具有很多土壤动物的特点；有些则具有鲜明的红色、紫色或蓝色，非常抢眼。跳虫常大批群居在土壤中，多栖息于潮湿隐蔽的场所，如土壤、腐殖质、原木、粪便、洞穴，甚至终年积雪的高山上也有分布，跳虫的集居密度十分惊人，曾有人在1英亩（1英亩=4 046.86 m^2）草地的表面至地下9英寸（1英寸=0.025 4 m）深的范围内发现2亿3 000万只跳虫。

● 跳虫的弹跳器通常会置于腹部下方被黏管粘住，但这只跳虫的弹跳器像尾须一样拖在腹部后方，是一种不常见到的行为。

COLLEMBOLA

- 体微小至中小型，体长为0.2~10 mm，一般为1~3 mm；
- 长形或圆球形，体裸出或被毛或被鳞片；
- 头下口式或前口式，能活动；
- 复眼退化，每侧由8个或8个以下的圆形小眼群组成，有些种类无单眼；
- 触角丝状，4节，少数5节或6节；
- 腹部6节，第1节腹面中央具1个柱形黏管，第4节或第5节上有弹跳器，平时弹跳器被黏管粘住，需要时吸管一松，通过跳器一弹，即可跳跃；
- 无尾须。

原跳虫目

PODUROMORPHA

疣跳虫科
Neanuridae

- 体长1.5~5 mm；
- 腹部的弹跳器退化，是少数不会跳跃的跳虫之一；
- 体上有众多瘤状突起；
- 色彩一般为较为鲜艳的蓝色或红色；
- 疣跳虫动作迟缓，爬行较慢；
- 生活在海边、朽木、石下等潮湿环境中。

棘跳虫科
Onychiuridae

- 体线形，长为1~2.5 mm；
- 身体无色素，大部分种类为白色；
- 触角4节，较短，通常为圆锥形；
- 无眼，但头和身体上有较多假眼；
- 弹器极其退化，以至于绝大多数种类没有弹器；
- 多生活在腐殖质丰富的潮湿土壤中，部分种类有为害植物的记载。

❶色彩鲜艳的疣跳虫，通常生活在石头下面。❷有些种类的疣跳虫也生活在土中。摄于马来西亚沙巴。❸白符跳虫 *Folsomia candida* 多生活在石块或落叶层下的土壤中。

长跳虫目
ENTOMOBRYOMORPHA

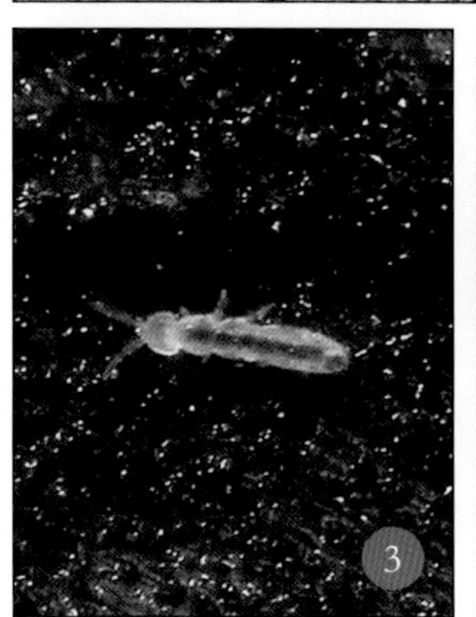

❶朽木中生活的鳞跳虫。❷在吉林长白山的溶洞中生活的鳞跳虫，发现在岩石表面潮湿的土壤上。❸潮湿的环境适合此类几乎完全透明的等节跳虫生活。❹树皮下是等节跳虫的栖息场所。

鳞跳虫科
Tomoceridae

- 体上的鳞片有明显的突起或有沟；
- 大型的地表种类，常见的一些种类长度可以达到10 mm左右；
- 多见于树皮下、石下、落叶层中，也有些种类处于洞穴中。

等节跳虫科
Isotomidae

- 腹部各节长度相差不大；
- 体长多在8 mm之内，是跳虫中的大块头之一；
- 色彩通常为灰黑色、黄色甚至无色透明；
- 生活在阴暗潮湿的环境中。

长角跳虫科
Entomobryidae

- 个体相对较大，体长1~8 mm，有些甚至更长；
- 体长形，触角较长，有些种类甚至超过体长很多；
- 体通常长有许多长毛；
- 体色多为暗淡的灰色、白色、黄色和黑色；
- 善于跳跃；
- 在野外最容易遇到的跳虫类群，常生活在阴暗的林下落叶、树皮、真菌、土壤表层等处，有些种类甚至出现于人类的居所中。

爪跳虫科
Paronellidae

- 爪跳虫身体有或无鳞片；
- 小眼8个分2排排列；
- 大型的地上种类，常见于树叶或树干、枯木上。

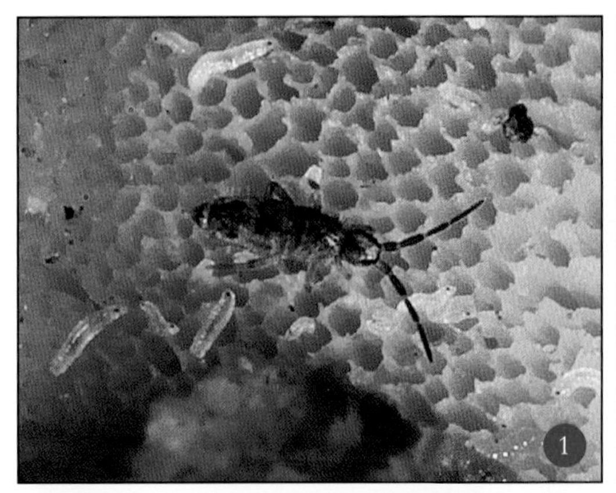

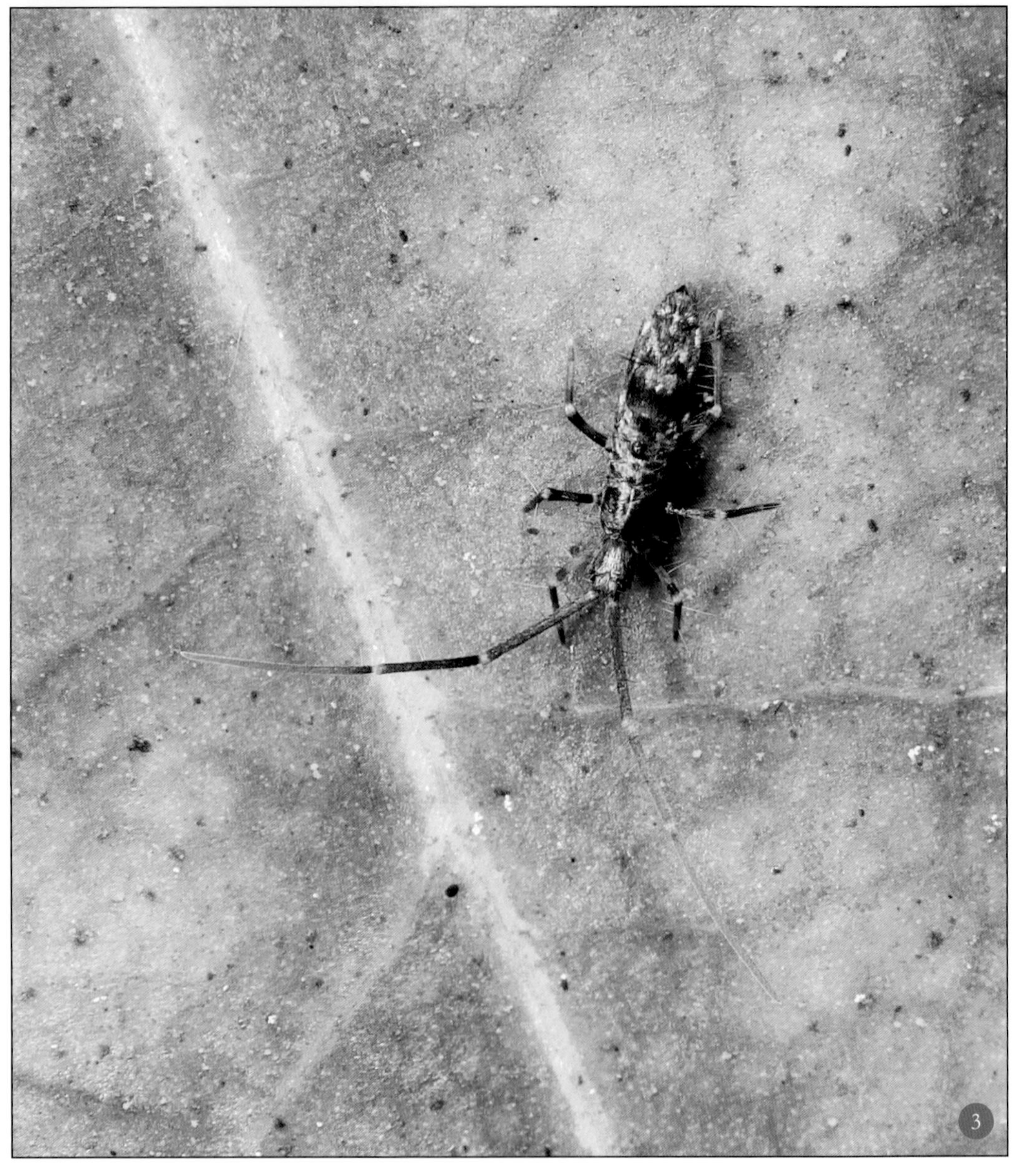

❶在林间朽木上生长的菌类表面，可以发现长角跳虫。❷树皮下是长角跳虫的栖息环境之一。❸爪跳虫通常夜间活动，可以在树干或者叶片上发现，有时也发现于枯草表面。

愈腹跳虫目
SYMPHYPLEONA

❶这种色彩鲜艳的伪圆跳虫在朽木的树皮下面被发现。❷圆跳虫生活在潮湿的土壤表面，外形跟伪圆跳虫相近，很像一只小兔子。

伪圆跳虫科
Dicyrtomidae

- 体近乎球形；
- 体长多在3 mm以内；
- 触角第4节远短于第3节；
- 胸部和腹部分节不明显；
- 颜色通常为黄色、粉色、红色或褐色等，有些还带有花纹；
- 多见于朽木、石下、落叶内等潮湿阴暗的环境。

圆跳虫科
Sminthuridae

- 体近球形；
- 胸部各节愈合；
- 触角第4节长于第3节，较容易与伪圆跳虫区分；
- 大部分种类生活在地表，生活环境多样，以阴湿环境为主。

双尾纲

双尾纲原属于昆虫纲双尾目，现独立成一个纲，但仍属广义的昆虫范畴。双尾纲通称“虮”，体长一般在20 mm以内，最大的可达58 mm。双尾纲主要包括两大类：双尾虫和铗尾虫，双尾虫具有1对分节的尾须，较长；铗尾虫具有1对单节的尾铗。全世界已知的双尾虫和铗尾虫共有800多种，中国已知50多种。

变态类型为表变态，是比较原始的变态类型。其若虫和成虫除体躯大小和性成熟度外，在外形上无显著差异，腹部体节数目也相同，可生存2~3年，每年蜕皮多至20次，一般第8~11次蜕皮后可达到性成熟。但成虫期一般还要继续蜕皮。

双尾纲的昆虫生活在土壤、洞穴等环境中，活动迅速，当你在石头下面发现它们的时候，它们会迅速钻到土壤缝隙中逃脱。取食活的或死的植物、腐殖质、菌类或捕食小动物等。

● 生活在吉林长白山区溶洞中的双尾虫。

DIPLURA

- 体细长；
- 触角长并呈念珠状；
- 无复眼和单眼；
- 口器为咀嚼式，内藏于头部腹面的腔内；
- 胸部构造原始，3对足的差别不大，跗节1节；
- 腹部11节，第1~7腹节腹面各有1对针突；
- 腹末有1对尾须或尾铗，线状分节或钳状，无中尾丝；
- 体色多为白色或乳白色，有时也带有黄色。

双尾目
DIPLURA

❶产自雅鲁藏布大峡谷的华双尾虫 *Sinocampa* sp. 是我国西藏东南部地区特有的双尾虫，生活在苔藓下面的泥土和石缝中。❷吉林长白山溶洞中生活的双尾虫显得更加修长，个体也比常见的土栖种类要大一些。❸分布于四川西部的伟铗虮 *Atlasjapyx atlas*，是已知最大的铗尾虫之一，成虫体长可达 58 mm。

康虮科
Campodeidae

- 通常身体非常柔软；
- 尾须通常较长，与长长的触角首尾呼应；
- 常见的双尾虫身体一般长5~10 mm（不含触角和尾须）。

铗虮科
Japygidae

- 前胸小，中、后胸相似；
- 尾须骨化成钳状；
- 体白色或黄色；
- 见于石下，腐殖质丰富的土中。

胸背侧拱石蛃目，单眼一对复眼突；阴湿生境植食性，快爬善跳岩上住。

昆虫纲

INSECTA

石蛃目

- 体小型，体长通常在15 mm以下；
- 近纺锤形，类似衣鱼，但有点呈圆柱形，胸部较粗而向背方拱起；
- 体表一般密被不同形状的鳞片，有金属光泽；
- 体色多为棕褐色，有的背部有黑白花斑；
- 有单眼，复眼大，左右眼在体中线处相接，但有个别愈合不全；
- 触角长，丝状；
- 口器咀嚼式；
- 无翅；
- 腹部分11节，第2~9节有成对的刺突，有3根多节尾须，中尾丝长。

MICROCORYPHIA

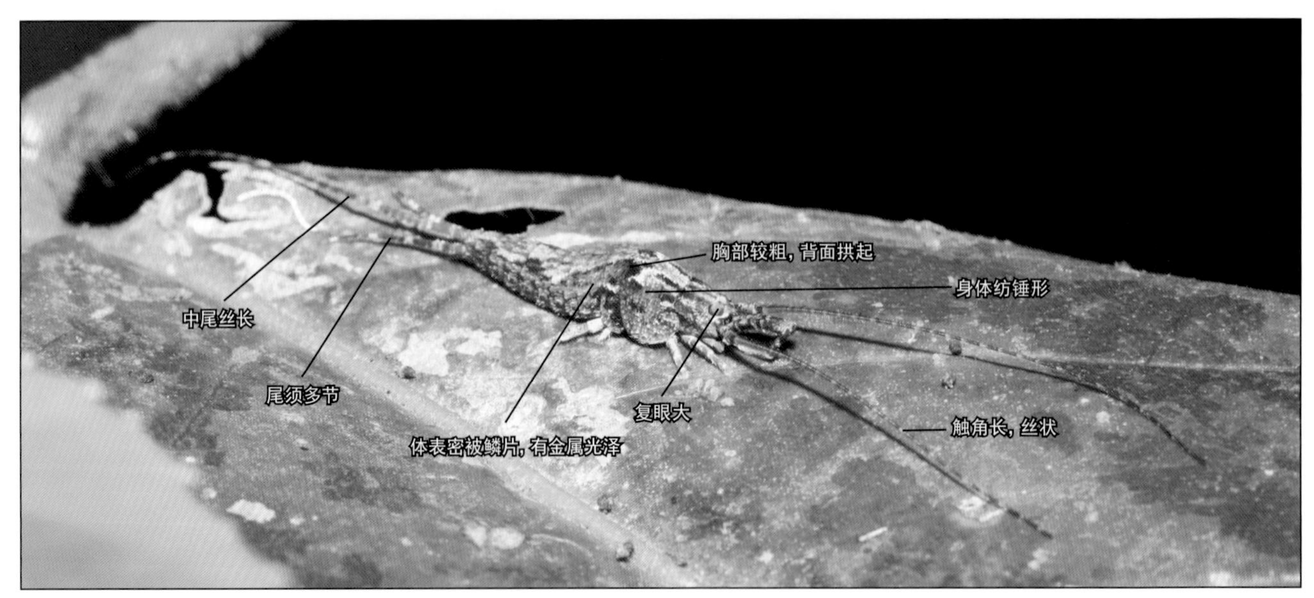

• 海南热带雨林中生活的海南跳蛃 *Pedetontus hainanensis*，发现于树叶上。

石蛃目是较原始的小型昆虫，因具有原始的上颚而得名，俗名石蛃，原与衣鱼同属于缨尾目Thysanura，但在现代的昆虫分类系统中，因两者在系统发育上的特征有着很大的区别，已经分属于两个不同的目，即石蛃目和衣鱼目Zygentoma。到目前为止，石蛃目共2科65属约500种，其中石蛃科约46属335种。目前已知的中国石蛃种类均属于石蛃科，共有8属27种。

石蛃为表变态。幼虫和成虫在形态和习性方面非常相似，主要区别在于大小和性成熟度。

石蛃适应能力强，全世界广泛分布，与湿度的关系密切，多喜阴暗，少数种类可以在海拔4 000多米的阴暗潮湿的岩石缝隙中生存。一般生活在地表，生境非常多样，可生活在枯枝落叶丛的地表，或树皮的缝隙中，或岩石的缝隙中，或在阴暗潮湿的苔藓地衣表面等。其许多类群为石生性或者为亚石生性，在海边的岩石上也发现有石蛃。石蛃目昆虫食性广泛，以植食性为主，如腐败的枯枝落叶、苔藓、地衣、藻类、菌类等，少数种类取食动物残渣。

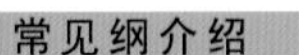

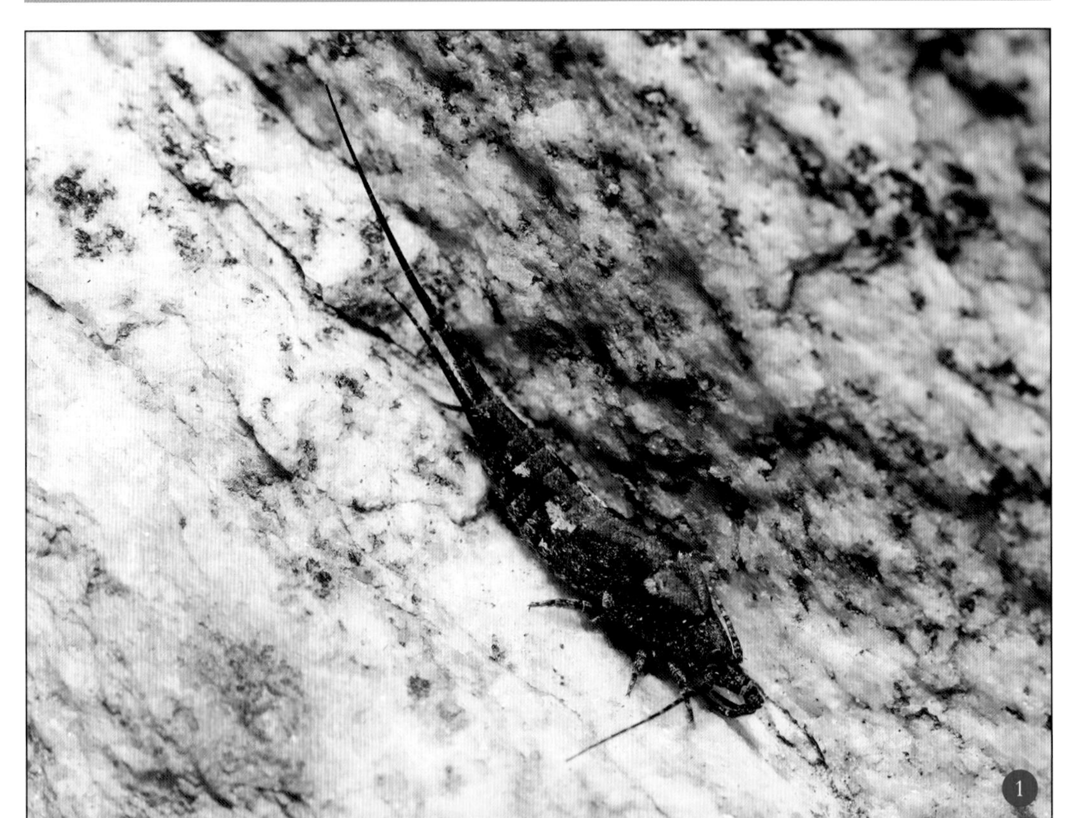

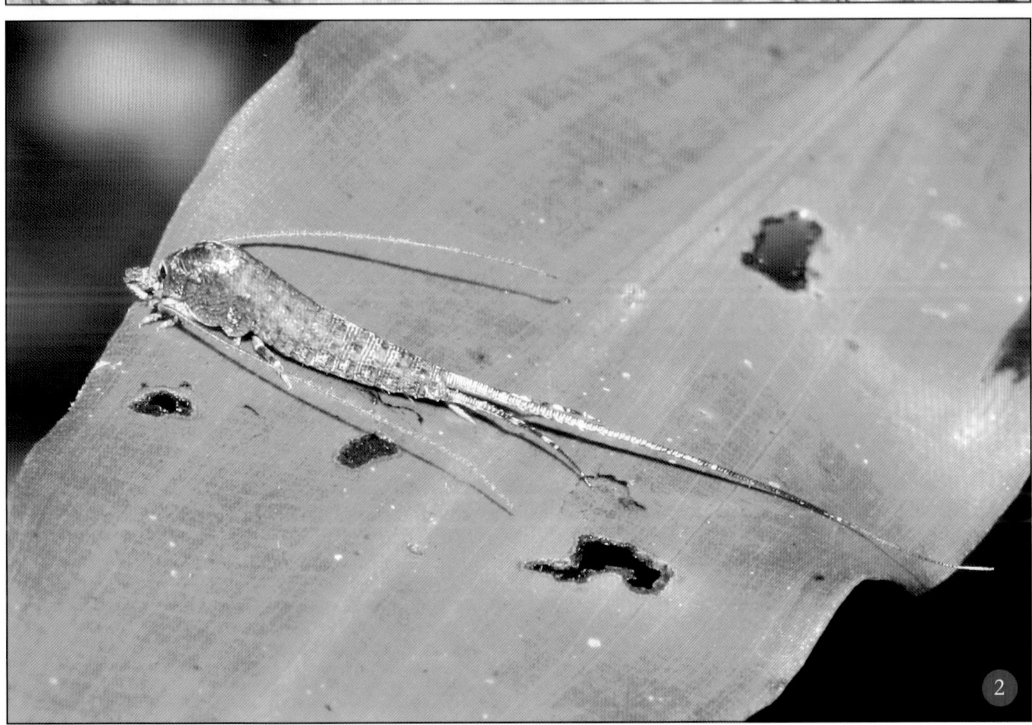

石蛃科
Machilidae

- 虫体背侧拱起较高;
- 复眼大而圆;
- 第3胸足具针突;
- 腹板发达。

❶在雅鲁藏布大峡谷海拔2 000 ~ 4 000 m裸露的岩石上，生活着这种色彩相对丰富的异蛃 *Allopsontus* sp.，出色的保护色使之跟环境融为一体，除非是在运动，否则你很难发现它们。❷夜晚在海南尖峰岭或者五指山的雨林中穿行，细心的话，不难在树干、草叶，甚至游览步道的木质栏杆上发现海南跳蛃 *Pedetontus hainanensis* 的踪迹。

背部扁平衣鱼目，胸节宽大侧叶突；复眼退化单眼失，银鱼土鱼暗夜出。

衣鱼目

- 体小至中型，通常5~20 mm；
- 体略呈纺锤形，背腹部扁平且不隆起；
- 体表多密被不同形状的鳞片，有金属光泽，通常为褐色，室内种类多呈银灰色或银白色；
- 口器咀嚼式；
- 触角长丝状；
- 若具退化的复眼，则位于额两侧，互不相连；
- 无翅；
- 腹部11节，第11节具1对尾须和中尾丝，长而多节。

ZYGENTOMA

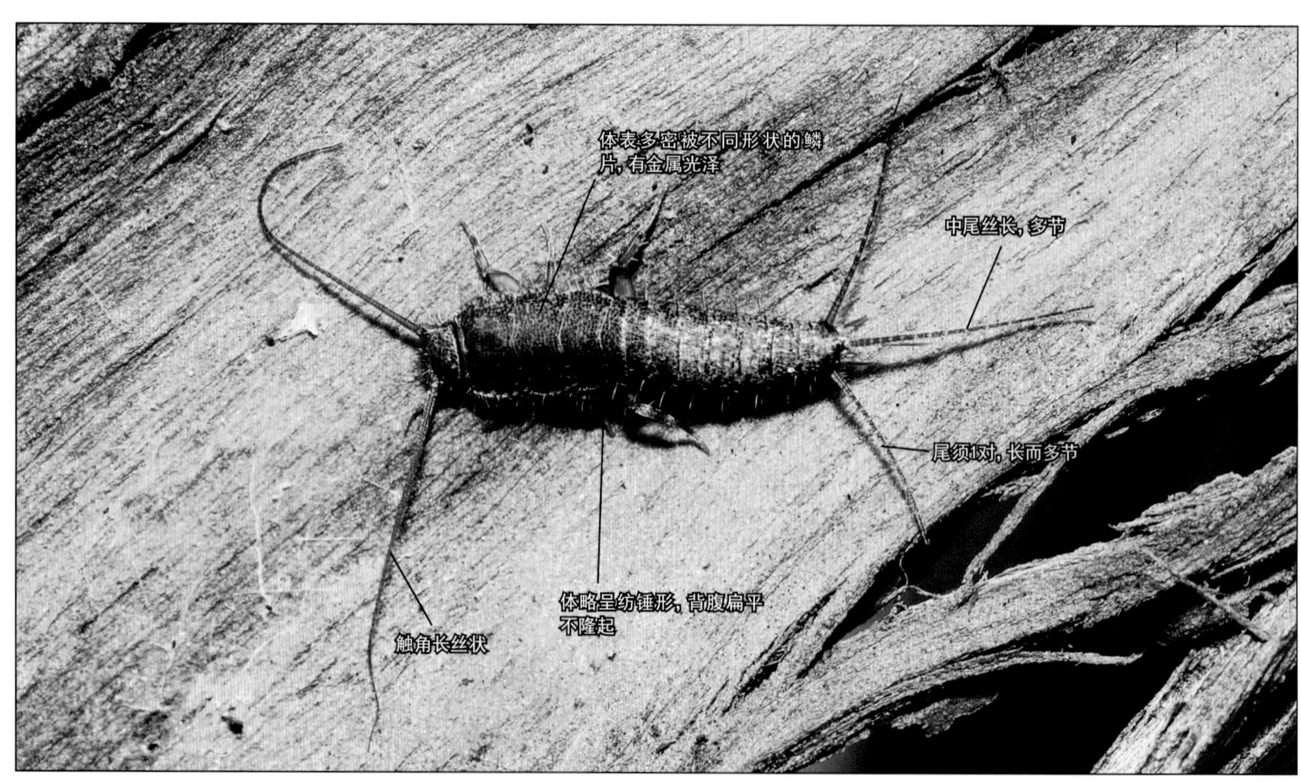

● 野外树皮下生活的衣鱼。

衣鱼目是较原始的小型昆虫，以其腹部末端具有缨状尾须及中尾丝而得名，俗称衣鱼、家衣鱼、银鱼。到目前为止，衣鱼目为5科约370种，中国已知的衣鱼种类属于衣鱼科Lepismatidae和土衣鱼科Nicoletiidae等4个科。

表变态。卵单产或聚产，产在缝隙或产卵器掘出的洞中。幼虫变成虫需要至少4个月的时间，有时发育期会长达3年，寿命为2~8年。幼虫与成虫仅有大小差异，生活习性相同。成虫期仍蜕皮，多达19~58次。

衣鱼喜温暖的环境，多数夜出活动，广泛分布于世界各地，生境大致可以分为3种类型：第一，潮湿阴暗的土壤、朽木、枯枝落叶、树皮树洞、砖石等缝隙；第二，室内的衣服、纸张、书画、谷物以及衣橱等日用品之间；第三，蚂蚁和白蚁的巢穴中。大多数以生境所具有的食物为食，主要喜好碳水化合物类食物，也取食蛋白性食物，室内种类可危害书籍、衣服，食糨糊、胶质，等等。

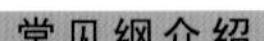

衣鱼科
Lepismatidae

- 复眼左右远离，无单眼；
- 全身被鳞片；
- 喜干燥环境，常自由生活或室内生活。

❶

土衣鱼科
Nicoletiidae

- 无单眼和复眼；
- 多数种类体表无鳞片；
- 土壤中生活。

❷❸

❶糖衣鱼 *Lepisma saccharina* 是最常见的衣鱼种类之一。在野外，常见于干燥的枯树皮下；也是室内衣鱼中的常见种类，取食书籍、衣物等。❷土衣鱼 *Nicoletia* sp. 身体通常没有鳞片覆盖，体黄色，栖息于较为湿润的土壤中。❸久保田鬣形土衣鱼 *Nipponatelura kubotai* 是少数带有鳞片的土衣鱼种类，头胸部稍宽，腹部渐细，尾须较短。生活在土壤枯枝落叶中。分布于云南梅里雪山和日本。

朝生暮死蜉蝣目，触角如毛口若无；多节尾须三两根，四或二翅背上竖。

蜉蝣目

- 体小至中型，细长，体壁柔软、薄而有光泽，常为白色和淡黄色；
- 复眼发达，单眼3个；
- 触角短，刚毛状；
- 口器咀嚼式，但上下颚退化，没有咀嚼能力；
- 翅膜质，前翅很大，三角形，后翅退化，小于前翅，翅脉原始，多纵脉和横脉，呈网状，休息时竖立在身体背面；
- 雄虫前足延长，用于在飞行中抓住雌虫；
- 腹部末端两侧生着1对长的丝状尾须，一些种类还有1根长的中尾丝。

EPHEMEROPTERA

- 思罗蜉 *Thraulus* sp.休息的时候，跟多数蜉蝣一样，常常停息在树叶的背后。

蜉蝣目通称蜉蝣，起源于石炭纪，距今至少已有2亿年的历史，是现存最古老的有翅昆虫。蜉蝣主要分布在热带至温带的广大地区，全世界已知2 300多种，我国已知300多种。

蜉蝣羽化的成虫交尾产卵后便结束了自己的一生，因此蜉蝣被称为只有一天生命的昆虫，但其稚虫通常要在水中度过半年至一年。低中纬度地方的蜉蝣多见于春夏交接之季，正如它们的英文名“mayfly”所表现的含义，5月是多数种类的盛发期。

原变态，一生经历卵、稚虫、亚成虫和成虫4个时期。大部分种每年1代或2~3代，在春夏之交常大量发生。雌虫产卵于水中。稚虫常扁平，复眼和单眼发达；触角长，丝状；腹部第1~7节有成对的气管鳃，尾丝两三条；水生，主要取食水生高等植物和藻类，少数种类捕食水生节肢动物，稚虫也是鱼及多种动物的食料。具有亚成虫期是蜉蝣目昆虫独有的特征。亚成虫形似成虫，但体表、翅、足具微毛，色暗，翅不透明或半透明，前足和尾须短，不如成虫活跃。蜉蝣变为成虫后还要蜕皮。成虫不取食，寿命极短，只有存活数小时，多则几天，故有朝生暮死之说。

蜉蝣稚虫生活于清冷的溪流、江河上中游及湖沼中，因对水质特别敏感，所以常把其稚虫作为监测水体污染的指示生物之一。

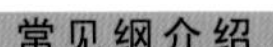

等蜉科

Isonychiidae

- 雄成虫前翅纵脉多;
- 前足基节具丝状鳃的残痕，前足一般色深而中后足色淡。

扁蜉科

Heptageniidae

- 雄成虫复眼不分离，但常有两种颜色，左右相接或分开;
- 前足短于体长;
- 尾丝2根。

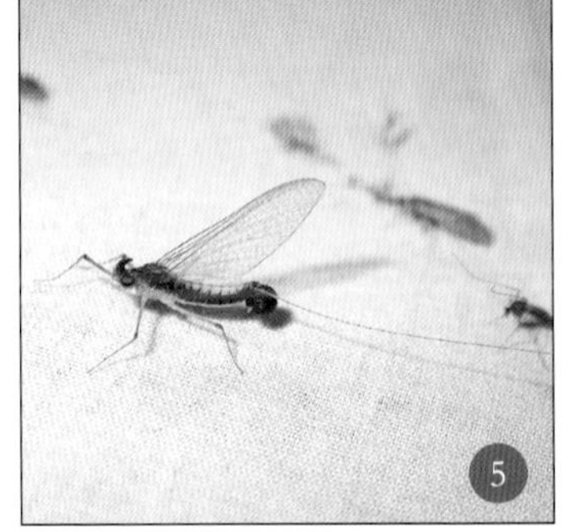

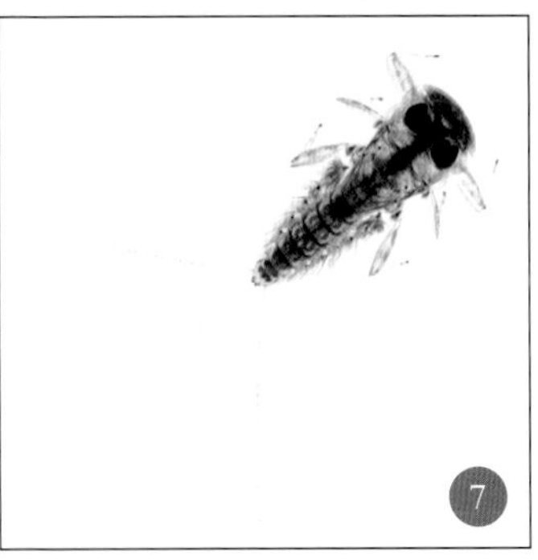

❶日本等蜉 *Isonychia japonica*，腹部末端带有未产下的卵块（周纯国　摄）。❷似动蜉 *Cinygmina* sp. 雄虫复眼大，卵圆形，前足细长，约与体等长，尾丝约是体长的3倍。❸这种生活在梅里雪山的高翔蜉 *Epeorus* sp. 具有非常鲜艳的红色，此为雌性成虫。❹高翔蜉 *Epeorus* sp. 的雄性亚成虫，翅膀不透明，外缘可明显看到缘毛，身体的颜色也没有显露出来。❺高翔蜉 *Epeorus* sp. 的雌虫产卵之前，先将卵产出成一个球形的卵块，并携带于腹部生殖孔下方，然后飞临水面，并将腹部接触水面，卵则即刻分散开。❻扁蜉属 *Heptagenia* 的种类，前后翅都有非常美丽的斑纹，从亚成虫就可以看出来。❼扁蜉科的稚虫身体扁平，眼和触角位于头部背面，腹部第1~7节两侧有鳃。

四节蜉科
Baetidae

- 复眼分明显的上下两部分，上半部分成锥状突起，橘红色或红色；下半部分圆形，黑色；
- 在相邻纵脉间的翅缘部具典型的1根或2根缘闰脉；
- 后翅极小或缺如；
- 2根尾丝。

细裳蜉科
Leptophlebiidae

- 虫体一般在10 mm以下；
- 雄成虫的复眼分为上下两部分，上半部分为棕红色，下半部分为黑色；
- 3根尾丝。

❶假二翅蜉 *Pseudocloeon* sp. 完全没有后翅，前翅相邻纵脉间翅缘部的缘闰脉为2条。❷四节蜉 *Baetis* sp. 的雄性成虫后翅卵圆状。❸四节蜉 *Baetis* sp. 的雌性成虫。❹四节蜉科的稚虫形状通常像一条小鱼，身体呈流线型，触角长。❺这是分布于重庆四面山的思罗蜉 *Thraulus* sp. 的雄性成虫，复眼分成两层，上层红色卵圆形，下层黑色；后翅较小，前缘有1个突起。

小蜉科
Ephemerellidae

- 体色一般为红色或褐色;
- 复眼上半部红色,下半部黑色;
- 前翅翅脉较弱,翅缘纵脉间具单根缘闰脉;
- 3根尾丝。

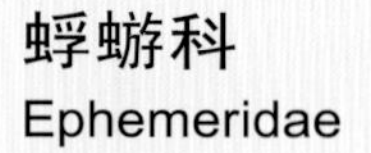

蜉蝣科
Ephemeridae

- 大型蜉蝣;
- 复眼黑色,大而明显;
- 翅面常具棕褐色斑纹;
- 3根尾丝。

❶小蜉科的亚成虫,前翅外缘的缘毛非常长。❷蜉蝣属 *Ephemera* 的一种,雌性成虫的复眼较小。

>>

蜉蝣科
Ephemeridae

河花蜉科
Potamanthidae

- 大型种类;
- 后翅具明显的前缘突;
- 前后翅常具鲜艳的斑纹;
- 3根尾丝。

❶蜉蝣属 *Ephemera* 的亚成虫，翅膀不透明，外缘可明显看到缘毛。❷黄河花蜉 *Potamanthus luteus* 栖息于我国东北三省山区河水缓流环境。图为其雄性亚成虫，翅面淡黄略显朦胧（王江 摄）。

飞 行 捕 食 蜻 蜓 目 ， 刚 毛 触 角 多 刺 足 ； 四 翅 发 达 有 结 痣 ， 粗 短 尾 须 细 长 腹 。

蜻蜓目

- 多为中至大型，细长，20~150 mm；
- 体壁坚硬，体色艳丽；
- 头大且转动灵活，复眼极其发达，占头部的大部分，单眼3个；
- 触角短、刚毛状，3~7节；
- 口器咀嚼式；
- 前胸小，较细如颈，中、后胸愈合成强大的翅胸；
- 翅狭长，膜质、透明，前、后翅近等长，翅脉网状、多横脉，有翅痣和翅结，休息时平伸或直立，不能折叠于背上，足细长；
- 腹部细长，具尾须；
- 雄虫腹部第2、第3节腹面有发达的次生交配器。

ODONATA

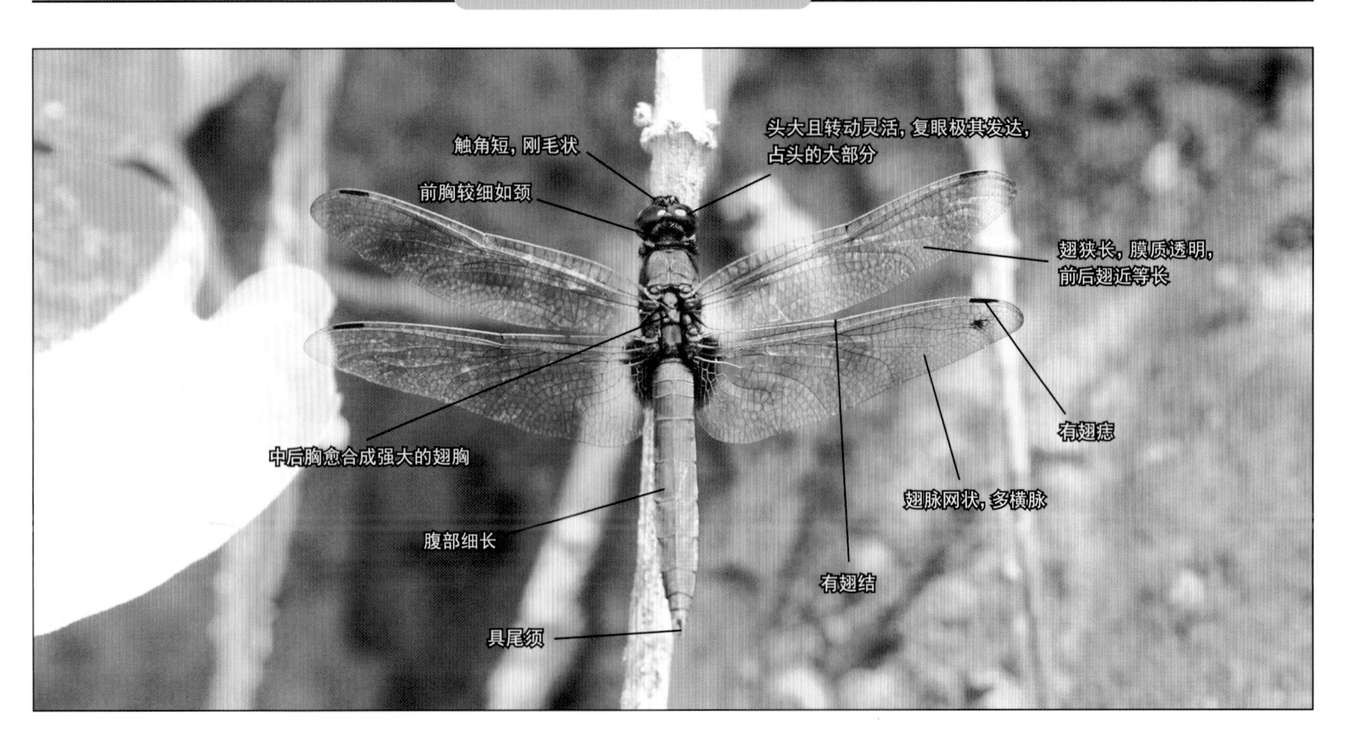

蜻蜓目是一类较原始的有翅昆虫，与蜉蝣目同属古翅部，俗称蜻蜓、豆娘。现生类群共包括3个亚目：差翅亚目(Anisoptera，统称蜻蜓)、束翅亚目(Zygoptera，统称豆娘或螅)及间翅亚目(Anisozygoptera，统称昔蜓)。其中间翅亚目世界已知3种，分别发现于日本、印度和我国黑龙江。蜻蜓目世界性分布，尤以热带地区最多，目前，全世界已知29科约6 500种，我国已知18科161属700余种。

半变态，一生经历卵、稚虫和成虫3个时期。许多蜻蜓1年1代，有的种类要经过3~5年才完成1代。雄虫在性成熟时，把精液储存在交配器中，交配时，雄虫用腹部末端的肛附器捉住雌虫头顶或前胸背板，雄前雌后，一起飞行，有时雌虫把腹部弯向下前方，将腹部后方的生殖孔紧贴到雄虫的交合器上，进行受精。卵产于水面或水生植物体内，许多蜻蜓没有产卵器，它们在池塘上方盘旋，或沿小溪往返飞行，在飞行中将卵撒落水中；有的种类贴近水面飞行，用尾点水，将卵产到水里。稚虫水生，栖息于溪流、湖泊、塘堰和稻田等砂粒、泥水或水草间，取食水中的小动物，如蜉蝣及蚊类的幼虫，大型种类还能捕食蝌蚪和小鱼。老熟稚虫出水面后爬到石头、植物上，常在夜间羽化。成虫飞行迅速敏捷，多在水边或开阔地的上空飞翔，捕食飞行中的小型昆虫。

>>

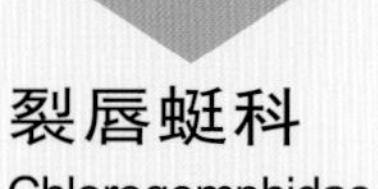

裂唇蜓科
Chlorogomphidae

- 黑色具黄色条纹和斑点的大型种类；
- 复眼在头部不相连；
- 成虫下唇中叶末端纵列；
- 前后翅三角室形状相似；
- 后翅基部呈流线型。

大蜓科
Cordulegasteridae

- 体大型，有些种类巨大；
- 黑色，具黄色斑纹；
- 头部背面观两眼几乎相接触，但最多有极少部分直接接触；
- 翅透明，或具褐色斑纹；
- 前后翅三角室形状相似。

差翅亚目
Anisoptera

- 复眼在头顶互相紧贴或分隔不远；
- 前后翅形状和脉序不同；
- 翅基部不呈柄状；
- 前后翅各有 1 个三角室；
- 体较粗壮；
- 栖息时四翅向左右摊开。

❶楔大蜓 *Chloropetalia* sp. 生活在深山的溪流环境中，不易见到（任川 摄）。❷产于西藏的褐面圆臀大蜓 *Anotogaster nipalensis*。❸圆臀大蜓 *Anotogaster* sp. 的蜕，挂在水塘边的草叶上。

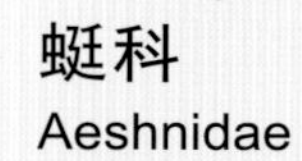

蜓科
Aeshnidae

- 体大型至甚大型；
- 头部在背观，两眼互相接触呈1条较长直线；
- 前后翅三角室形状相似。

春蜓科
Gomphidae

- 体中等大小至大型；
- 体黑色，具黄色花纹；
- 两眼距离甚远；
- 前后翅三角室形状相似。

❶斑伟蜓 *Anax guttatus* 是分布于华南地区的一种大型蜻蜓。❷琉璃蜓 *Aeshna nigroflava* 的雌虫正抓住水中生长的草叶，将腹部伸到水下，划破草的表皮，并在上面产卵。❸琉璃蜓雌虫产下的卵。❹佩蜓 *Periaeschna* sp. 的稚虫。❺福氏异春蜓 *Anisogomphus forresti* 分布于西南地区。❻大团扇春蜓 *Sinictinogomphus clavatus* 是一种较为常见的春蜓，栖息于平原或丘陵的池塘、湖泊、水田等地。最大特点为雌雄的第 8 腹节侧缘都扩大如圆扇状，曾有媒体因此报道发现 3 对翅膀的蜻蜓，并认为是环境污染所致，实在是昆虫学知识普及不够造成的。

伪蜻科
Corduliidae

- 体中型至大型；
- 多数种类有金属蓝色或绿色；
- 头部在背面观两眼互相接触一段较长的距离；
- 前后翅三角室形状不同；
- 足通常较长。

蜻科
Libellulidae

- 体中型；
- 翅痣无支持脉；
- 前后翅三角室所朝方向不同，前翅三角室与翅的横向垂直，后翅三角室与翅的横向方向相同。

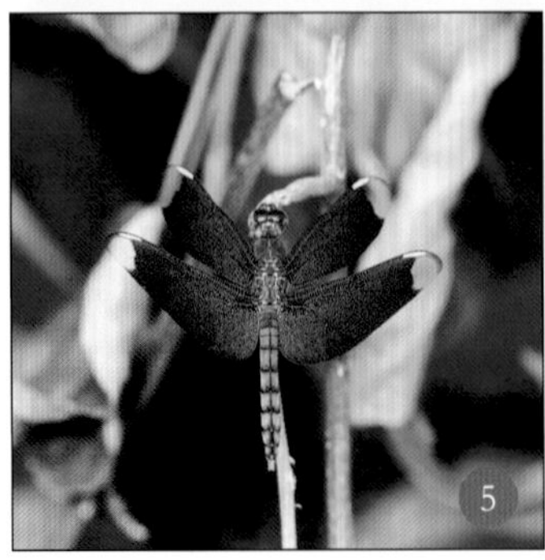

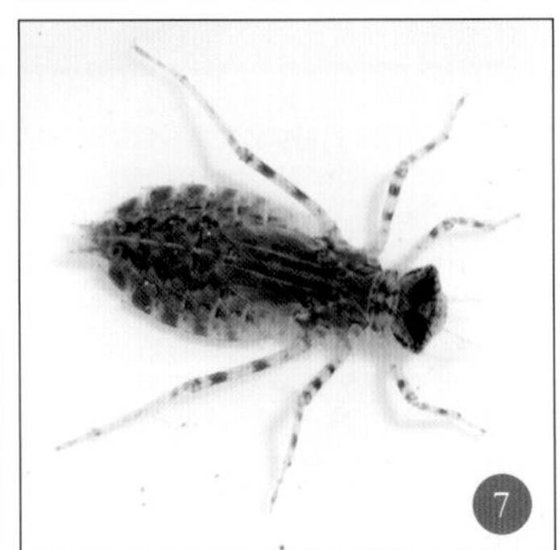

❶闪蓝丽大蜻 *Epophthalmia elegans* 是常见的大型蜻蜓，喜欢在池塘或湖泊等静态水域飞行。❷黄蜻 *Pantala flavescens* 是最常见的蜻蜓种类，广布于全国各地。就连城市空场，都经常可以见到。❸狭腹灰蜻 *Orthetrum sabina* 为南方广布的一种常见蜻蜓，成虫机敏，食性凶猛，常于广阔的草丛活动。❹六斑曲缘蜻 *Palpopleura sexmaculata* 是一种非常漂亮的小型蜻蜓，南方地区多见，多栖息于水田旁的草丛中。❺网脉蜻 *Neurothemis fulvia*，除翅端部透明之外，通体红色，容易识别。栖息于华南和西南地区海拔较低的静态水域环境。❻正在羽化中的黑尾灰蜻 *Orthetrum glaucum*。❼异色多纹蜻 *Deielia phaon* 稚虫。

束翅亚目 Zygoptera

- 复眼在头的两侧突出，两眼之间距离大于眼的宽度；
- 前后翅形状和脉序相似；
- 部分种类翅基部为柄状；
- 身体较细长，圆筒形；
- 栖息时四翅竖立在身体背面。

❶壮大溪蟌 *Philoganga robusta* 是一种较为大型且粗壮的豆娘，栖息于南方山区溪流形成的池沼环境。❷透翅绿色蟌 *Mnais andersoni* 生活于各地山区溪流背阴环境，雌虫易接近，雄虫机敏善飞。雄虫翅痣为红褐色，雌虫翅痣白色，图为雌虫。❸透顶单脉色蟌 *Matrona basilaris* 是一种非常美丽的大型常见豆娘，生活于山区溪流环境。雄虫的领地区域范围较大，性机警，常对侵入领地的其他种类展翅示威。除东北、西北地区外全国各地均有分布，图为雄虫。❹黄脊高曲隼蟌 *Aristocypha fenestrella* 翅上有多处蓝紫色斑纹，非常漂亮的种类。栖息于广东、云南等地山区洁净的溪流环境，图为雄虫。❺赵氏鼻蟌 *Rhinocypha chaoi* 栖息于热带洁净的小溪流环境，图为雌虫。

大溪蟌科 Amphipterygidae

- 体大型，粗壮；
- 翅甚窄而长，翅的前缘与后缘平行；
- 翅柄长，几乎到达臀横脉处。

色蟌科 Calopterygidae

- 体大型；
- 常具很浓的色彩和绿的金属光泽；
- 翅宽，有黑色、金黄色或深褐色等；
- 翅脉很密；
- 足长，具长刺；
- 翅痣常不发达或缺。

隼蟌科 Chlorocyphidae

- 体小型；
- 唇基隆起甚高，状如“鼻子”；
- 翅比腹部长；
- 雄性的翅大部分为黑色，有几个透明的斑，雌性的翅为浅褐色或半透明。

常见纲介绍

腹鳃蟌科
Euphaeidae

- 体中型；
- 体色以黑色为底色，或混杂有橙色，老熟个体披有白色；
- 翅不呈柄状，节前横脉众多。

蟌科
Coenagrionidae

- 体小型，细长；
- 体色非常多样化，有红色、黄色、青色等，无金属光泽，或仅局部有金属光泽；
- 翅有柄，翅痣形状多变化，多数为菱形。

扇蟌科
Platycnemididae

- 体小型至中型；
- 体色以黑色为主，杂有红色、黄色、蓝色斑，甚少有金属光泽；
- 翅具2条原始结前横脉；
- 部分种类的雄性中足及后足胫节甚为扩大，呈树叶薄片状；
- 足具浓密且长的刚毛。

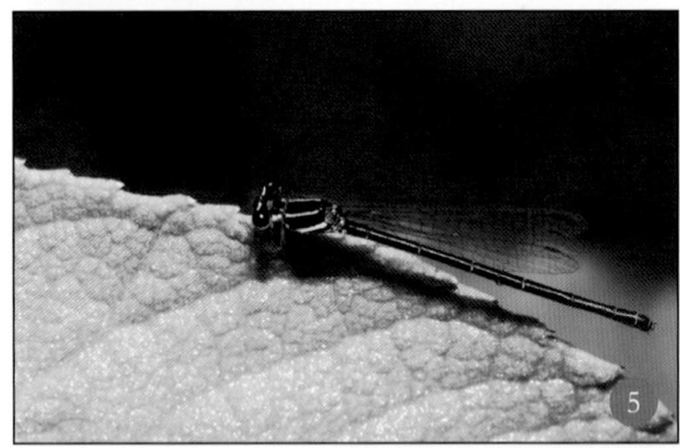
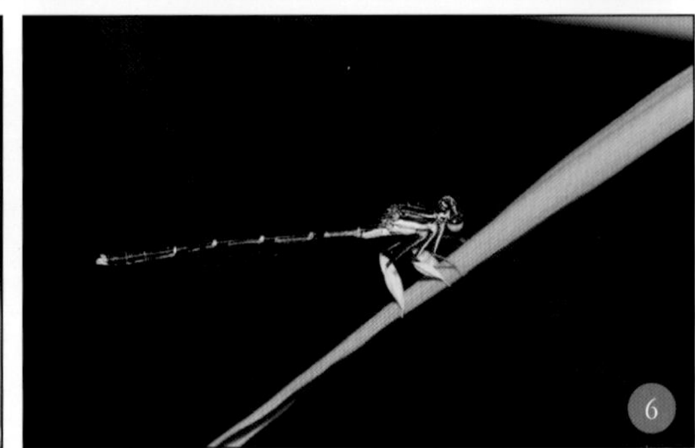

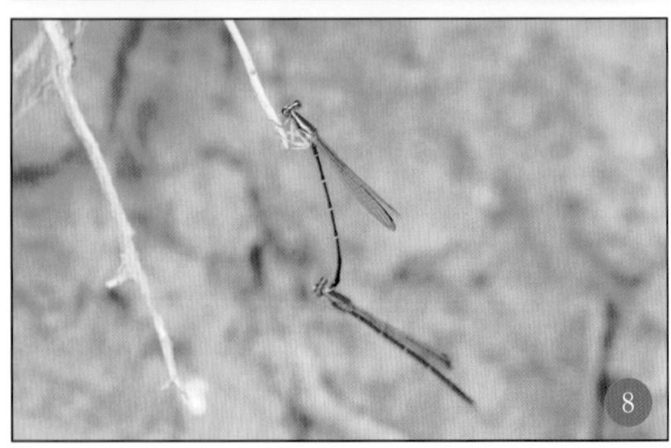

❶巨齿尾腹腮蟌 *Bayadera melanopteryx* 漂亮的种类，栖息于南方山区溪流环境。❷异翅溪蟌 *Anisopleura* sp. 的雄虫。❸赤异痣蟌 *Ischnura rofostigma* 是一种分布于华南、西南地区的小型豆娘，喜水塘、池沼等静水环境，图为雌虫。❹绿蟌 *Enallagma* sp.。❺毛面同痣蟌 *Onychargia atrocyana* 的雌虫。❻叶足扇蟌 *Platycnemis phyllopoda* 中后足胫节白色，膨大成片状。栖息于南方平原地带挺水植物生长茂盛的池塘湖泊。❼黄脊长腹扇蟌 *Coeliccia chromothorax* 腹部细长，生活于云南山区溪流环境，图为雄虫。❽连结状态下的黄狭扇蟌 *Copera marginipes*。

❶原扁蟌 *Protosticta* sp.，拍摄于泰国南部的考索（Khao Sok）国家公园。❷乌微桥原蟌 *Prodasineura autumnalis* 栖息于南方挺水植物生长茂盛的池塘湖泊。❸黄肩华综蟌 *Sinolestes edita*（李元胜 摄）。❹日本尾丝蟌 *Lestes japonicus* 栖息于华南和西南挺水植物较多的池沼环境，图为雄虫。❺连结状态下的丝蟌 *Lestes* sp.。

扁蟌科
Platystictidae

- 体小型至中型；
- 体甚为细长，有的种类腹长超过后翅长的2倍。

原蟌科
Protoneuridae

- 小型；
- 体细长；
- 通常黑色，具蓝色斑纹；
- 翅窄长。

综蟌科
Chlorolestidae

- 体中型至大型；
- 腹部都有绿色金属光泽；
- 静止时翅在身体背面张开。

丝蟌科
Lestidae

- 体中型；
- 体细长；
- 停息时翅常开展，甚少翅折叠在体背。

山蟌科
Megapodagrionidae

- 体中型至大型；
- 腹部粗壮，或细长；
- 无金属光泽；
- 停息时翅开展；
- 翅柄长而细。

拟丝蟌科
Pseudolestidae

- 原属山蟌科，外观与山蟌种类近似；
- 后翅有明显的金黄色斑纹，十分美丽的种类；
- 我国已知仅1种，发现于海南。

❶古山蟌 *Priscagrion* sp.。❷黑山蟌 *Philosina* sp. 的稚虫。❸令人惊艳的丽拟丝蟌 *Pseudolestes mirabilis*，被称为凤凰蜻蜓（李元胜 摄）。

扁软石蝇襀翅目，方形前胸三节跗；前翅中肘多横脉，尾须丝状或短突。

襀翅目

- 体中小型，体软；
- 细长而扁平；
- 口器咀嚼式；
- 复眼发达，单眼3个；
- 触角长丝状，多节，至少等于体长的1/2；
- 前胸大，方形；
- 翅膜质，前翅狭长，后翅臀区发达，翅脉多，变化大，休息时翅平折在虫体背面；
- 跗节3节；
- 尾须长、丝状、多节。

PLECOPTERA

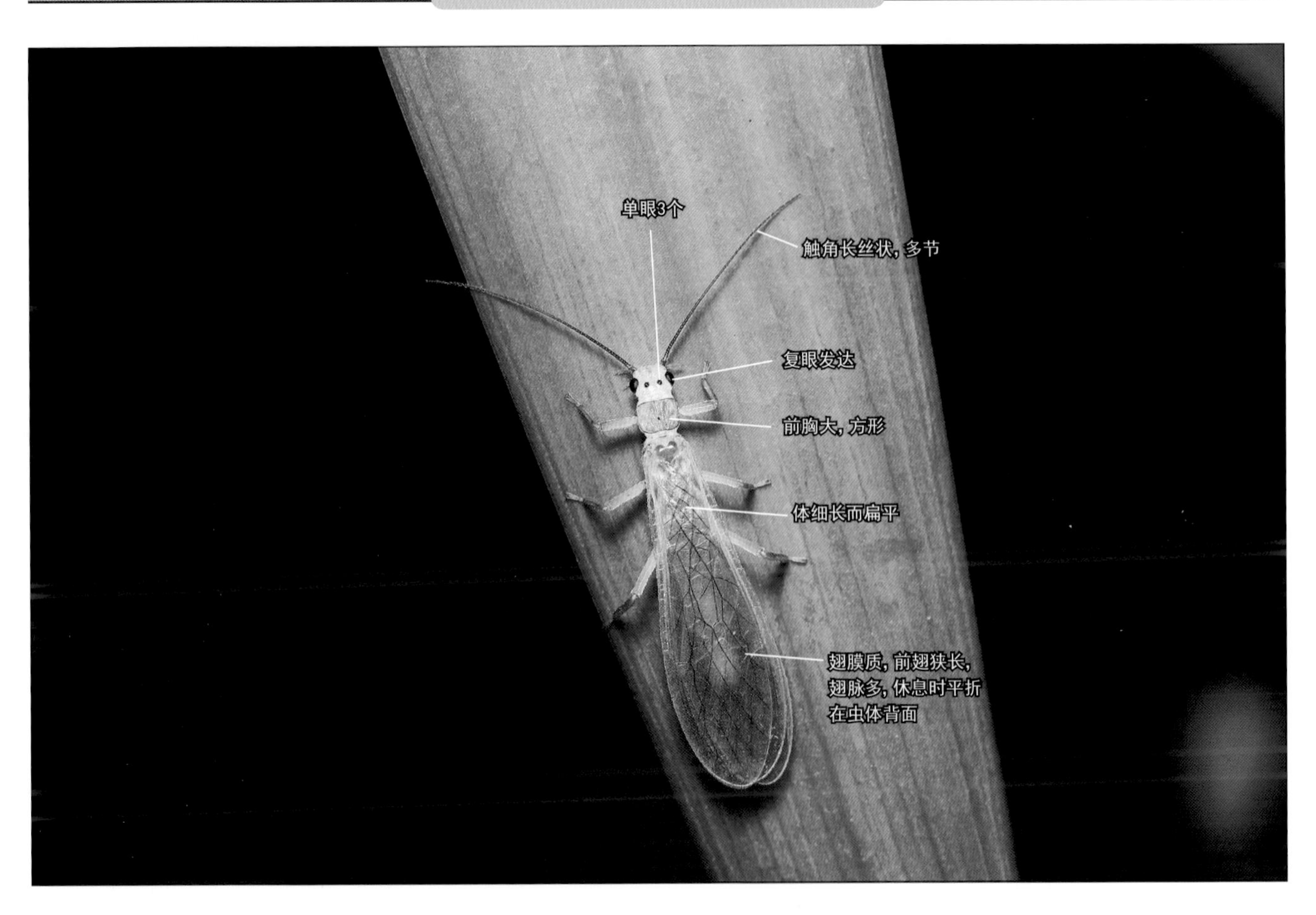

襀翅目因常栖息在山溪的石面上而有石蝇之称，是一类较古老的原始昆虫。全世界已知3 400多种，中国已知400多种。

半变态。小型种类1年1代，大型种类3～4年1代。卵产于水中，稚虫水生。

石蝇喜欢山区溪流，不少种类在秋冬季或早春羽化、取食和交配。稚虫有些捕食蜉蝣的稚虫、双翅目(如摇蚊等)的幼虫或其他水生小动物，有些取食水中的植物碎屑、腐败有机物、藻类和苔藓。成虫常栖息于流水附近的树干、岩石上，部分植食性，主要取食蓝绿藻。

叉蟦科
Nemouridae

- 体小型，一般不超过15 mm；
- 通常褐色至黑色；
- 头略宽于前胸；
- 单眼3个；
- 前胸背板横长方形；
- 早春，甚至在雪地上便可发现成虫；
- 植食性，成虫取食植物叶片或花粉。

卷蟦科
Leuctridae

- 体小型，一般不超过10 mm；
- 浅褐至黑褐色；
- 头宽于前胸；
- 单眼3个；
- 前胸背板横长方形或近正方形；
- 翅透明或半透明；
- 静止时，翅向腹部卷曲，呈筒状；
- 成虫多于2—6月出现，部分种类在9—10月羽化。

网蟦科
Perlodidae

- 体小型至大型；
- 绿色、黄绿色或褐色至黑褐色；
- 口器退化；
- 单眼3个，常排列成等边三角形，后单眼距复眼较近；
- 触角长丝状；
- 前胸背板多为横长方形或梯形，中部常有黄色或黄褐色纵带，并延伸到头部；
- 有较强的趋光性。

❶叉蟦 *Nemoura* sp. 是非常常见的小型石蝇，通常为黑色，早春时节便可在山区溪流及小河边见到。❷诺蟦 *Rhopalopsole* sp. 是一种小型的石蝇，棕黑色。从早春到夏天，在山间溪流旁的灌丛或石头上较为常见。❸生活在吉林长白山高寒地带的费蟦 *Filchneria* sp.。

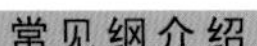

䗛科
Perlidae

- 体小型至大型;
- 体色多为浅黄色、褐色、深褐色或黑褐色;
- 口器退化;
- 单眼2~3个;
- 触角长丝状;
- 前胸背板多为梯形或横长方形, 中纵缝明显, 表面粗糙;
- 尾须发达, 丝状, 多节;
- 稚虫多生活在低海拔河流中;
- 成虫不取食;
- 有较强趋光性, 灯下最为常见。

❶❷❸❹❺

❶常见的纯䗛属 *Paragnetina* 石蝇。❷偻䗛 *Gibosia* sp. 非常素雅, 犹如仙子一般, 经常可以在灯下见到。❸黄缘䗛 *Niponiella* sp. 原记载日本的特有属, 在西南山区自然环境非常好的溪流边首次被发现。❹爬出水面, 正在石头上寻找羽化地点的䗛科稚虫。摄于云南香格里拉。❺正在羽化中的纯䗛 *Paragnetina* sp.。

害木白蚁等翅目，四翅相同角如珠；工兵王后专职化，同巢共居千万数。

等翅目

- 体小型至中型；
- 体壁柔弱；
- 多型；
- 工蚁白色，头常为圆形或长形，口器咀嚼式，触角长，念珠状，无翅；
- 兵蚁类似工蚁，但头较大，上颚发达；
- 繁殖蚁有两种类型：其中最常见的包括发育完全的有翅的雄蚁和雌蚁，头圆，口器咀嚼式，触角长，念珠状，复眼发达；翅2对，透明，前、后翅的大小、形状均相似，分飞后翅脱落，翅基有脱落缝，翅脱落后仅留下翅鳞；具尾须，母蚁腹部后期膨大，专司生殖。另一种繁殖蚁多为浅色，无翅或仅有短翅芽，为补充型繁殖蚁；在原始蚁王和蚁后处于衰亡期的社群中，补充型繁殖蚁的个体会很快出现，并变得具有生殖能力。

ISOPTERA

● 南非克鲁格国家公园(Kruger National Park)的巨大白蚁巢（郭良鸿 摄）。

● 大白蚁 *Macrotermes* sp.的兵蚁。

等翅目俗称白蚁，分布于热带和温带。目前，世界已知3 000多种，我国已知白蚁4科近500种。

白蚁营群体生活，是真正的社会性昆虫，生活于隐藏的巢居中。繁殖蚁司生殖功能。工蚁饲喂蚁后、兵蚁和幼期若虫，照顾卵，还清洁、建筑、修补巢穴、蛀道，搜寻食物和培育菌圃。兵蚁体型较大，无翅，头部骨化，复眼退化，上颚粗壮，主要对付蚂蚁或其他捕食者。成熟蚁后每天产卵多达数千粒，蚁后一生产卵科超过数百万粒。繁殖蚁个体能活3～20年，并经常交配。土栖性白蚁筑巢穴于土中或地面，蚁塔可高达8 m，巢穴结构复杂，在一些白蚁的巢穴中工蚁培育子囊菌或担子菌的菌圃，采收菌丝供蚁后和若蚁食用。白蚁主要危害房屋建筑、枕木、桥梁、堤坝等建筑物，取食森林、果园和农田的农作物等，造成重大经济损失，是重要害虫。

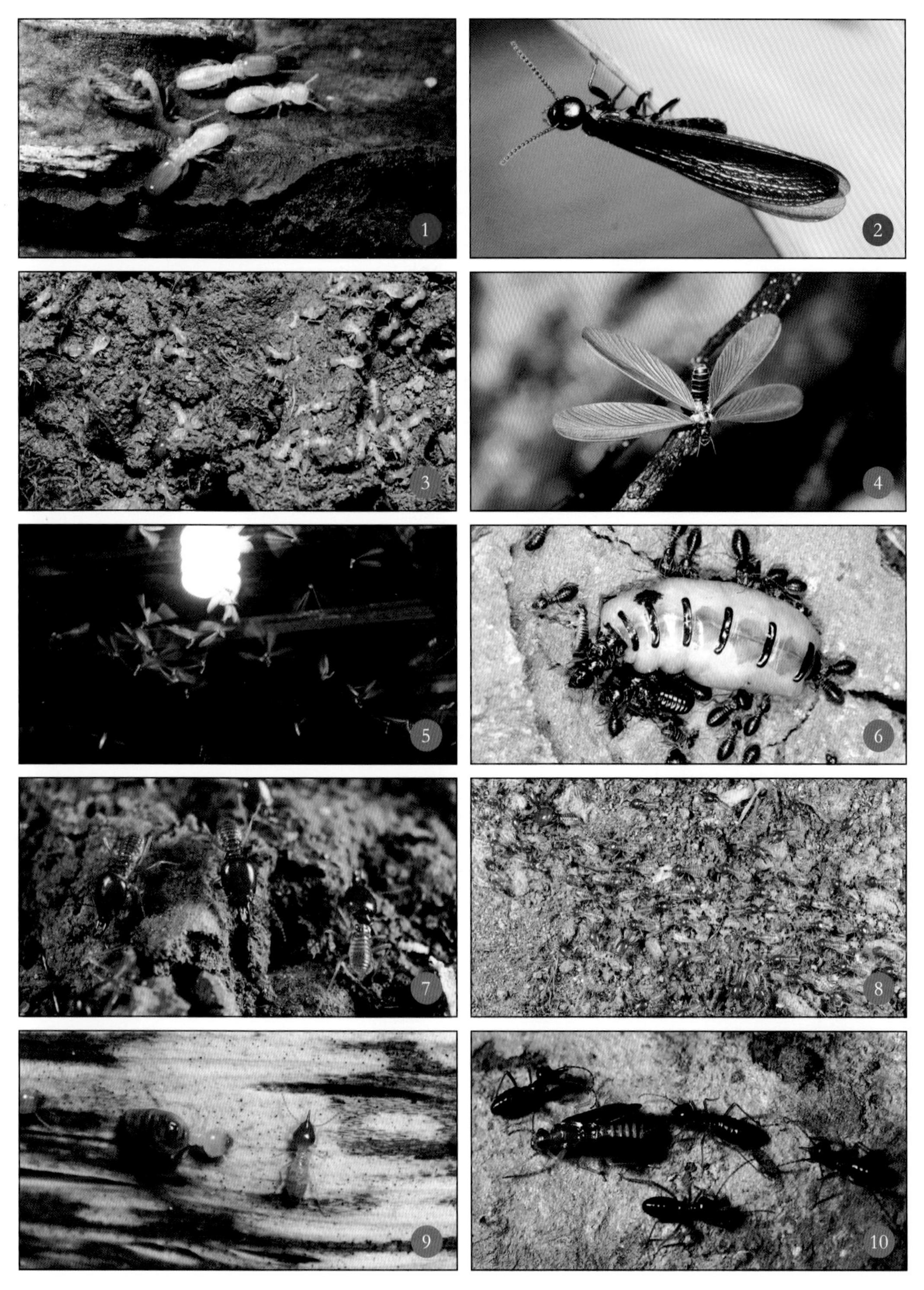

❶散白蚁 *Reticulitermes* sp. 的兵蚁和工蚁。❷散白蚁 *Reticulitermes* sp. 的繁殖蚁。❸黑翅土白蚁 *Odontotermes formosanus* 的工蚁和兵蚁。❹黑翅土白蚁的有翅繁殖蚁。❺黑翅土白蚁的有翅繁殖蚁在灯下飞。❻王室中的炭黑大白蚁 *Macrotermes carbonarius* 的蚁后、雄蚁和工蚁。摄于马来西亚柔佛州。❼大白蚁 *Macrotermes* sp. 是西双版纳热带雨林中较为常见的白蚁，图为兵蚁。❽行进中的大白蚁，工蚁的队伍两旁有相当数量的兵蚁起保卫作用，其中的兵蚁又可分为大兵蚁和小兵蚁两种类型。❾须白蚁 *Hospitalitermes* sp. 的兵蚁和工蚁。❿须白蚁 *Hospitalitermes* sp. 的繁殖蚁若蚁在和其他工蚁和兵蚁一起迁移。摄于泰国考艾（Khao Yai）国家公园。

鼻白蚁科
Rhinotermitidae

- 兵蚁上唇发达，伸向前方，鼻状，因此得名；
- 触角13~23节；
- 有翅成虫一般具单眼；
- 前胸背板极扁平，窄于头部。

白蚁科
Termitidae

- 前胸背板窄于头部；
- 尾须1~2节；
- 兵蚁头部变化极大，类型复杂（有的上颚发达，称为上颚兵；也有上颚退化且额部向前延伸为象鼻者，称象鼻兵；也有些种类没有兵蚁的变化）；
- 兵蚁和工蚁的品级常有多态现象，有大小两型，甚至大、中、小三型；
- 兵蚁和工蚁前胸背板前半部翘起，两侧下垂，呈马鞍形；
- 多筑巢于土壤内，蚁巢体系复杂；
- 有些种类可以培植菌圃。

❸❹❺❻❼❽❾❿

畏光喜暗蜚蠊目，盾形前胸头上覆；体扁椭圆触角长，扁宽基节多刺足。

蜚蠊目

- 体大小因种类不同而差异非常大，体长2~100 mm，甚至更大；
- 体宽，多扁平，体壁光滑、坚韧，常为黄褐色或黑色；
- 头小，三角形，常被宽大的盾状前胸背板盖住，部分种类休息时仅露出头的前缘；
- 复眼发达，但极少数种类复眼相对退化，复眼占头部面积的比例相对其他种类小；
- 单眼退化；
- 触角长，丝状，多节；
- 口器咀嚼式；
- 多数种类具2对翅，盖住腹部，前翅覆翅狭长，后翅膜质，臀区大，翅脉具分支的纵脉和大量横脉；
- 极少数种类前翅角质化（似甲虫），或短翅型（雌雄虫前后翅均不达腹部末端），或雌雄完全无翅，或雌雄异型（雄虫具翅，雌虫无翅）；
- 3对足相似，步行足，爬行迅速，跗节5节；
- 腹部10节，腹面观多数可见8节或9节，尾须多节；
- 渐变态。

BLATTODEA

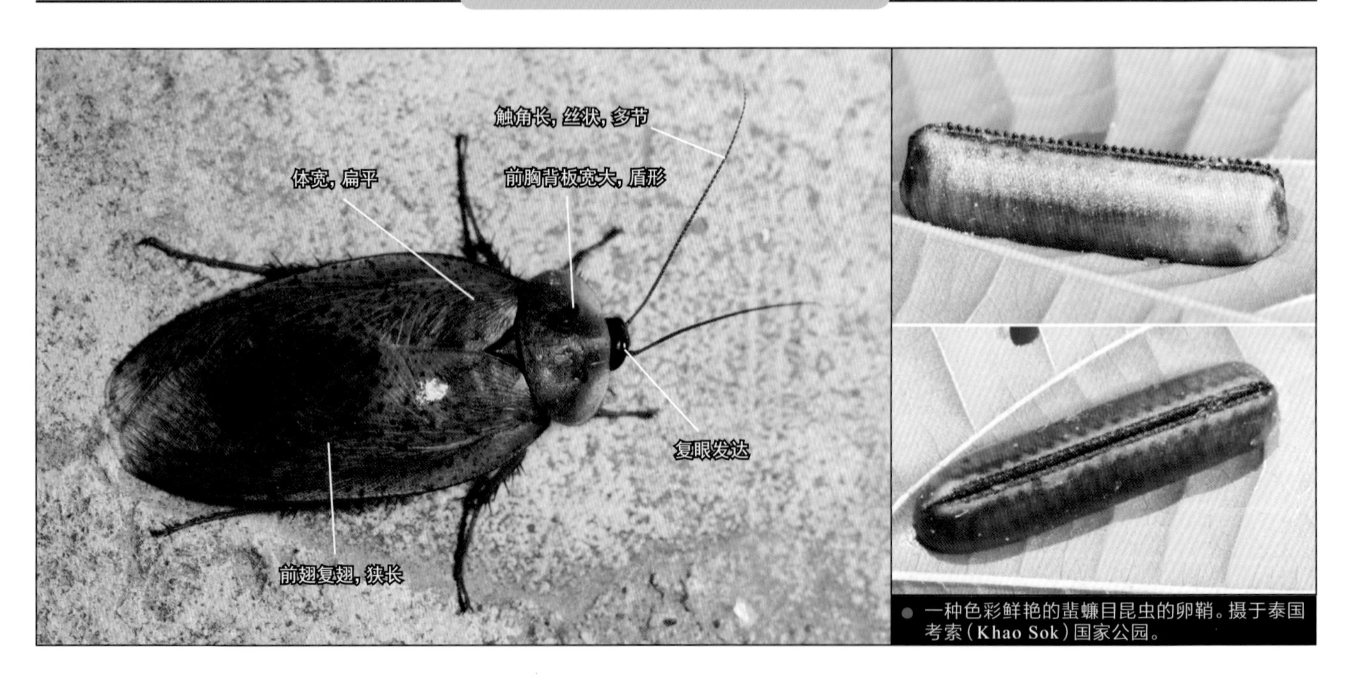

一种色彩鲜艳的蜚蠊目昆虫的卵鞘。摄于泰国考索（Khao Sok）国家公园。

蜚蠊，又名蟑螂。到目前为止，蜚蠊分类系统尚未完全统一，目前最新的且被广大学者所接受的是蜚蠊类群作为一个亚目，归入网翅目Dictyoptera，分为6个科。全世界已知蜚蠊种类约有4 337种，中国已知250多种。

蜚蠊适应性强，分布较广，有水、有食物并且温度适宜的地方都可能生存。大多数种类生活在热带、亚热带地区，少数分布在温带地区，在人类居住环境发生普遍，并易随货物、家具或书籍等人为扩散，分布到世界各地。这些种类生活在室内，常在夜晚出来觅食，能污染食物、衣物和生活用具，并留下难闻的气味，传播多种致病微生物，是重要的病害传播媒介。但也有种类（地鳖、美洲大蠊）可以作为药材，用于提取生物活性物质，治疗人类多种疑难杂症。野生种类，喜潮湿，见于土中、石下、垃圾堆、枯枝落叶层、树皮下或木材蛀洞内、各种洞穴，以及社会性昆虫和鸟的巢穴等生境。多数种类白天隐匿，夜晚活动；少数种类色彩斑纹艳丽，白天也出来活动。

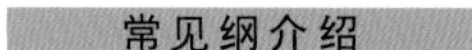

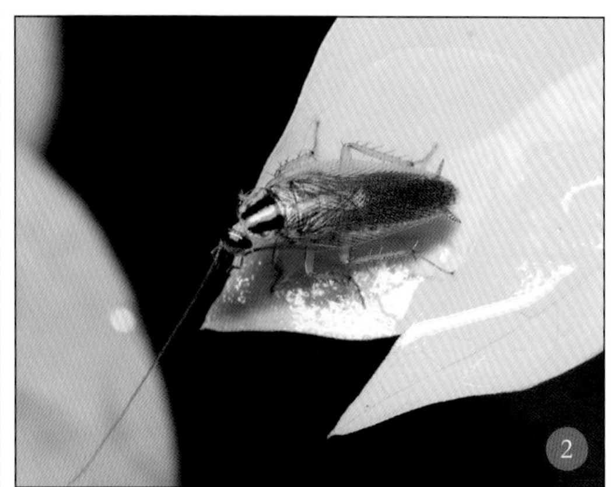

蜚蠊科
Blattidae

- 雌雄基本同型;
- 体中型至大型;
- 通常具光泽和浓厚的色彩;
- 头顶常露出前胸背板;
- 单眼明显;
- 前、后翅均发达，极少退化;
- 翅脉显著，多分支;
- 飞翔力较弱，雄性仅限短距离移动;
- 足较细长，多刺。

❶

姬蠊科
Ectobiidae

- 体小型，体长极少超过15 mm;
- 雌雄同型;
- 头部具较明显的单眼;
- 前胸背板通常不透明;
- 前、后翅发达或缩短，极少完全无翅;
- 前翅革质，翅脉发达;
- 后翅膜质，臀脉域呈折叠的扇形;
- 中和后足股节腹面具或缺刺。

❶美洲大蠊 *Periplaneta americana* 是一种常见的大型家居蟑螂，广布全世界。❷双纹小蠊 *Blattella bisignata* 是野生小蠊的广布种，世界性分布。常于树林下杂草及灌木中活动，受惊扰可作短距离飞行。❸黄缘拟截尾蠊 *Hemithyrsocera lateralis*，南方地区常见的非常美丽的野生种类，足以改变一般人对蟑螂丑陋的印象。❹双斑全蠊 *Allacta bimaculata*，平常会躲藏在树皮下，夜间活动。

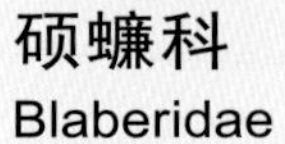

硕蠊科
Blaberidae

- 体光滑；
- 头部近球形，头顶通常不露出前胸背板；
- 前、后翅一般均较发达，极少完全无翅；
- 中、后足腿节腹缘缺刺，但端刺存在；
- 跗节具跗垫，爪对称；
- 尾须较短，一般不超过腹部末端。

地鳖科
Corydiidae

- 体密被微毛；
- 头部近球形，头顶通常不露出前胸背板；
- 唇部强隆起，与颜面形成明显的界限；
- 前、后翅一般较发达，但有时雌性完全无翅；
- 后翅臀域非扇状折叠；
- 中足和后足腿节腹缘缺刺；
- 跗节具跗垫，爪对称。

❶夜间活动的大型硕蠊种类。❷黑背纹蠊 *Paranauphoeta nigra* 的黄色边饰，很容易让人记住它的样子。❸❹弦月球蠊 *Perisphaerus semilunatus* 遇到危险的时候，会卷曲成球状，以保护自己。❺丽冠蠊 *Corydidarum magnifica* 是华南地区的一种非常漂亮的蟑螂，无翅的雌虫在阳光下可以见到极为丰富且变幻的色彩。❻真鳖蠊 *Eucorydia* sp.，卵圆的体形，十分容易鉴别，有较强的趋光性。❼西藏地鳖 *Eupolyphaga thibetana* 的雄性成虫。❽西藏地鳖 *Eupolyphaga thibetana* 的卵鞘。

隐尾蠊科
Cryptocercidae

- 雌雄同形;
- 体中型至大型;
- 通常具光泽和浓厚的色彩;
- 头部完全隐藏在前胸背板之下;
- 无单眼;
- 完全无翅;
- 第7背腹板发达，向后延伸盖住尾节，故雌雄难辨;
- 生活于朽木中;
- 稀有类群，目前全世界一共记述12种。

❶隐尾蠊 *Cryptocercus* sp. 为亚社会性昆虫，雌雄隐尾蠊“一对一”构成家庭单位，常在针叶林朽木中取食和栖息，通常与原生生物共生。❷隐尾蠊 *Cryptocercus* sp. 的若虫外观极像白蚁，被认为是白蚁和蜚蠊之间的过渡类群。

合掌祈祷螳螂目，挥臂挡车猛如虎；头似三角复眼大，前胸延长捕捉足。

螳螂目

- 体中型至大型，细长，多为绿色，少为褐色或具花斑；
- 头大，呈三角形，且活动自如；
- 复眼突出，单眼3个，排成三角形；
- 触角长，丝状；
- 口器咀嚼式，上颚强劲；
- 前胸特别延长；
- 前足捕捉式，基节很长，胫节可折嵌于腿节的槽内，呈镰刀状，腿节和胫节生有倒钩的小刺，用以捕捉各种昆虫；
- 中、后足适于步行；
- 跗节5节，爪1对，缺中垫；
- 前翅皮质，为覆翅；
- 后翅膜质，臀区发达、扇状，休息时叠于背上；
- 腹部肥大；
- 尾须1对，短；
- 渐变态；
- 卵产于卵鞘内，每枚卵鞘有卵数粒至百余粒，排成2~4列。卵鞘是泡沫状的分泌物硬化而成，多黏附于树枝、树皮、墙壁等物体上。

MANTODEA

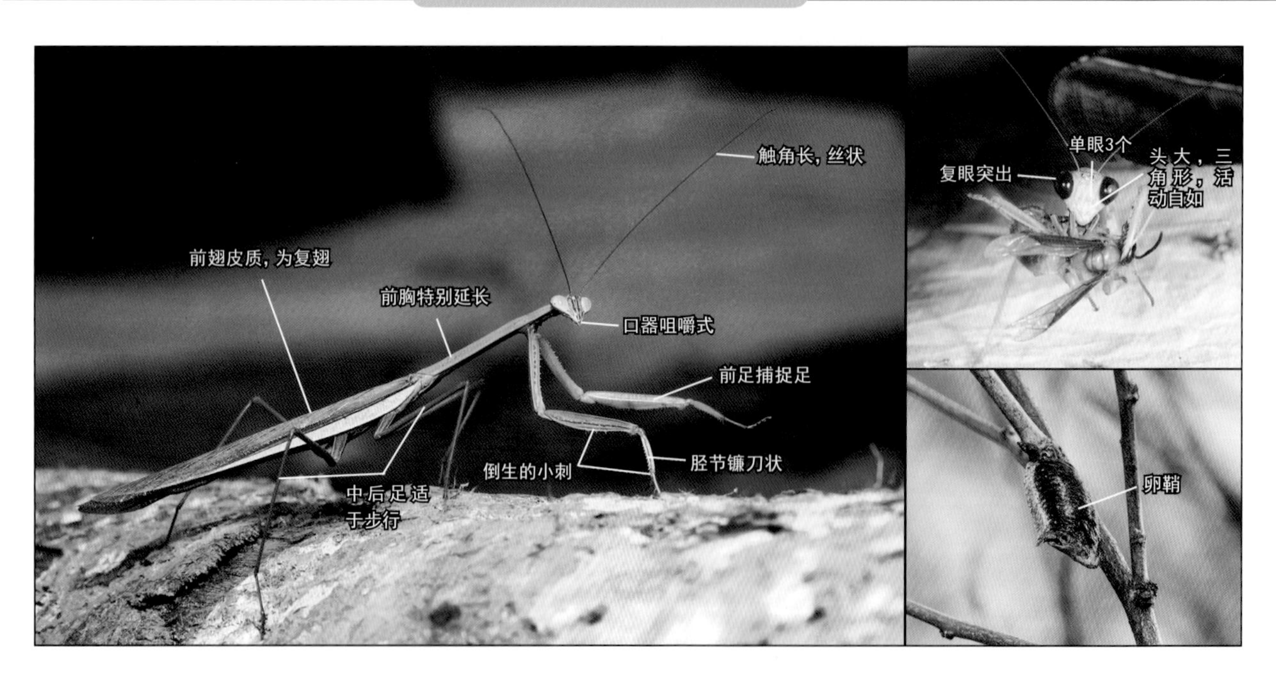

螳螂目俗称螳螂，除极寒地带外，广布世界各地，尤以热带地区种类最为丰富。目前，世界已知2 000多种，中国已知8个科，近150种。

若虫、成虫均为捕食性，猎捕各类昆虫和小动物，在田间和林区能消灭不少害虫，是重要的天敌昆虫，在昆虫界享有“温柔杀手”的美誉；若虫和成虫均具自残行为，尤其在交配过程中有“妻食夫”的现象。卵鞘可入中药，是重要的药用昆虫。

螳螂有保护色，有的并有拟态，与其所处环境相似，借以捕食。

花螳科
Hymenopodidae

- 头顶光滑或具锥状突起；
- 前足腿节具3～4枚中刺，4枚外列刺；
- 中后足腿节较为光滑或具叶状扩展。

❶❷❸❹❺❻❼

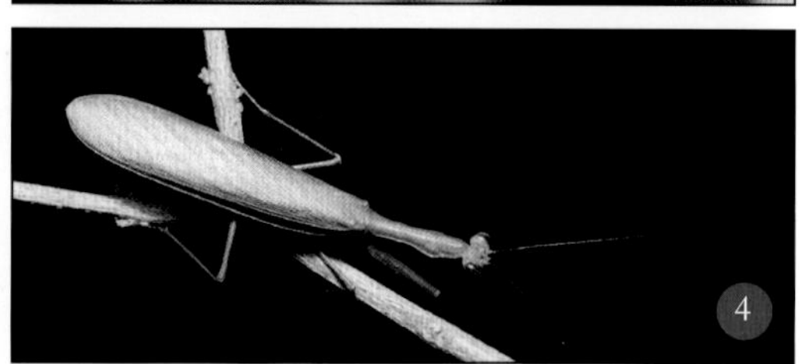

❶俗称兰花螳螂的冕花螳 *Hymenopus coronatus*。摄于马来西亚沙巴。❷索氏角胸螳 *Ceratomantis saussunii* 若虫，通常倒挂在叶片下方。❸武夷巨腿螳 *Hestiasula wuyishana*，分布于华南等地。巨腿螳前足腿节呈圆片状，特征明显。❹原螳 *Anaxarcha* sp. 为小型绿色种类。❺日本姬螳 *Acromantis japonica*，后翅末端平截是其较为明显的特征。❻明端眼斑螳 *Creobroter apicalis*，前翅具有非常明显的眼状斑，极易分辨。❼拟睫螳 *Parablepharis asiatica*，主要特征是头顶有锥状突起，前胸背板极度扩展呈片状。

细足螳科 Thespidae

- 体小型到中型；
- 触角丝状；
- 前胸背板较细长，两侧扩展不明显；
- 雄性具翅，雌性翅不发达或缺如；
- 前足基节近端部具有较明显叶状突起；
- 前足腿节具4枚外列刺和2~4枚中刺。

攀螳科 Liturgusidae

- 通常体扁；
- 头部扁宽；
- 复眼卵圆形隆起，宽于前胸背板侧缘；
- 前胸背板短宽，或横沟处明显扩展；
- 至少雌性为短翅型。

虹翅螳科 Iridopterygidae

- 体小型；
- 前足腿节具1~3枚中刺，如具4枚，则第1枚十分不明显；
- 后翅透明，常具虹彩。

❶海南角螳 *Haania vitalisi* 突出的特点是复眼锥状，且两复眼旁各有1个角状突起。❷海南角螳若虫，跟成虫一样，都喜欢在树干上头朝下潜伏，等待猎物。❸格华小翅螳 *Sinomiopteryx grahami* 的雄性成虫具翅，雌性无翅。❹千禧广缘螳 *Theopompa milligratulata*，身体扁平，通常伏在树干上，雄虫有较强的趋光性。❺宽翅黎明螳 *Tropidomantis guttatipennis*，静止的时候，翅并不完全重叠覆盖，显得较为宽大，犹如穿着婚纱的新娘，令人过目不忘。

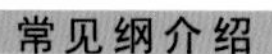

虹翅螳科
Iridopterygidae

螳科
Mantidae

- 不同种类间体态变化较大;
- 头顶通常无粗大的锥状突起;
- 如头顶锥状突起较大，则两复眼旁各有1个小的突起;
- 前胸背板侧缘通常具不明显扩展;
- 前胸背板如有明显扩展，则前足腿节第1和第2刺之间具凹窝;
- 雌雄两性不同时为短翅类型。

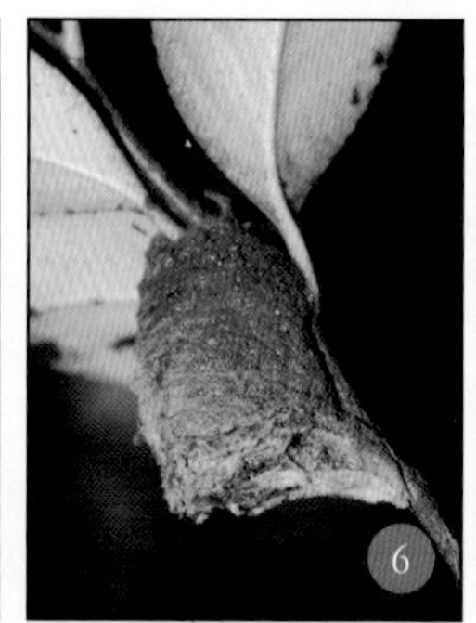

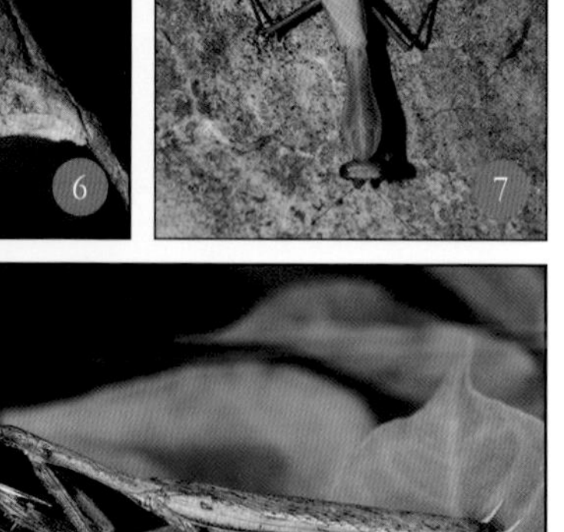

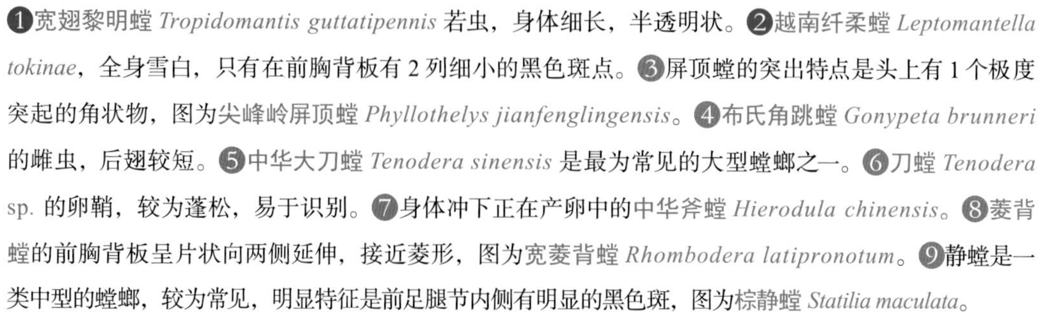

❶宽翅黎明螳 *Tropidomantis guttatipennis* 若虫，身体细长，半透明状。❷越南纤柔螳 *Leptomantella tokinae*，全身雪白，只有在前胸背板有 2 列细小的黑色斑点。❸屏顶螳的突出特点是头上有 1 个极度突起的角状物，图为尖峰岭屏顶螳 *Phyllothelys jianfenglingensis*。❹布氏角跳螳 *Gonypeta brunneri* 的雌虫，后翅较短。❺中华大刀螳 *Tenodera sinensis* 是最为常见的大型螳螂之一。❻刀螳 *Tenodera* sp. 的卵鞘，较为蓬松，易于识别。❼身体冲下正在产卵中的中华斧螳 *Hierodula chinensis*。❽菱背螳的前胸背板呈片状向两侧延伸，接近菱形，图为宽菱背螳 *Rhombodera latipronotum*。❾静螳是一类中型的螳螂，较为常见，明显特征是前足腿节内侧有明显的黑色斑，图为棕静螳 *Statilia maculata*。

体扁无翅蛩蠊目，雄跗有片腹末刺；上颚发达前胸大，个体稀少活化石。

蛩蠊目

- 体扁长形，体长13~30 mm；
- 体暗灰色；
- 前口式，口器咀嚼式；
- 触角呈丝状，28~40节；
- 复眼圆形，无单眼；
- 胸部发达；
- 无翅；
- 跗节5节，末端具2爪；
- 腹部10节；
- 第10腹节具1对长尾须，8~9节；
- 雌虫产卵器似螽斯的产卵器；
- 渐变态，幼期形态和生活习性与成虫相似。

GRYLLOBLATTODEA

• 产自日本的一种蛩蠊 *Galloisiana* sp.。

蛩蠊目昆虫俗称蛩蠊，以其既像蟋蟀（蛩）又似蜚蠊而得名，是昆虫纲的一个小目，仅32个现生种，其中我国已知2种，分布于吉林长白山和新疆阿尔泰山。

蛩蠊目昆虫仅产于寒冷地区，跨北纬33°~60°，个体稀少，极为罕见。其分布区狭窄，目前仅知限于北美洲落基山以西、日本、朝鲜、韩国、俄罗斯远东地区及萨彦岭、我国长白山和阿尔泰山地区海拔1 200 m以上的高山上，尤其在近湖沼、融雪或水流湿处，亦分布于低海拔地区的冰洞中。夜出活动，以植物及小动物的尸体等为食，白天隐藏于石下、朽木下、苔藓下、枯枝落叶中或泥土中。适宜温度在0℃左右，超过16℃死亡率显著增加。蛩蠊雌虫产单枚卵于土壤中、石块下或苔藓中，卵黑色。

蛩蠊目起源古老，特征原始，是昆虫纲孑遗类群之一，又被称为昆虫纲的“活化石”。

角斗士虫螳䗛目，前中皆为捕捉足；胸板侧露全无翅，干燥台地灌丛住。

螳䗛目

- 体中小型，略具雌雄二型现象；
- 头下口式，口器咀嚼式；
- 触角丝状，多节；
- 复眼大小不一，无单眼；
- 无翅；
- 胸部每个背板都稍盖过其后背板，前胸侧板大，充分暴露；
- 前足和中足均为捕捉足；
- 跗节5节，基部4节具跗垫，基部3节合并；
- 尾须短，1节。

MANTOPHASMATODEA

● 非洲纳米比亚发现的库杜堡螳䗛 *Mantophasma kudubergense*（Dr.Reinhard Predel 摄）。

螳䗛目是一种外形既像螳螂，又像竹节虫的古老昆虫，21世纪初在纳米比亚被发现，2001年建立新目。截至目前，已发现4科11属18个现生种类、3个发现于波罗的海琥珀中的始新世化石种类，以及1个发现于我国内蒙古的侏罗纪化石种类。最新的研究成果表明，螳䗛目和蛩蠊目属于亲缘关系非常接近的姐妹群，并非最初认为的介于螳螂和竹节虫之间。

最先发现螳䗛目的人是丹麦哥本哈根大学研究生索普（O.Zompro），他在研究竹节虫过程中，发现波罗的海琥珀中一种怪虫，其前足呈镰刀状，很像螳螂，但它的前胸小，有能捕食昆虫的镰刀状中足，又不像螳螂；此外，它体型细长，翅膀和中、后足退化，则像竹节虫。卵产在卵囊中，又不像竹节虫。索普与其他昆虫学家组成的考察队，在纳米比亚布兰德山采到了这种神奇的“角斗士”，并将其命名为螳䗛目。

螳䗛目个体较小，有的仅20~30 mm。大多生活在山区草地石块下，捕食小型昆虫，有时也会自相残杀。

螳䗛科
Mantophasmatidae

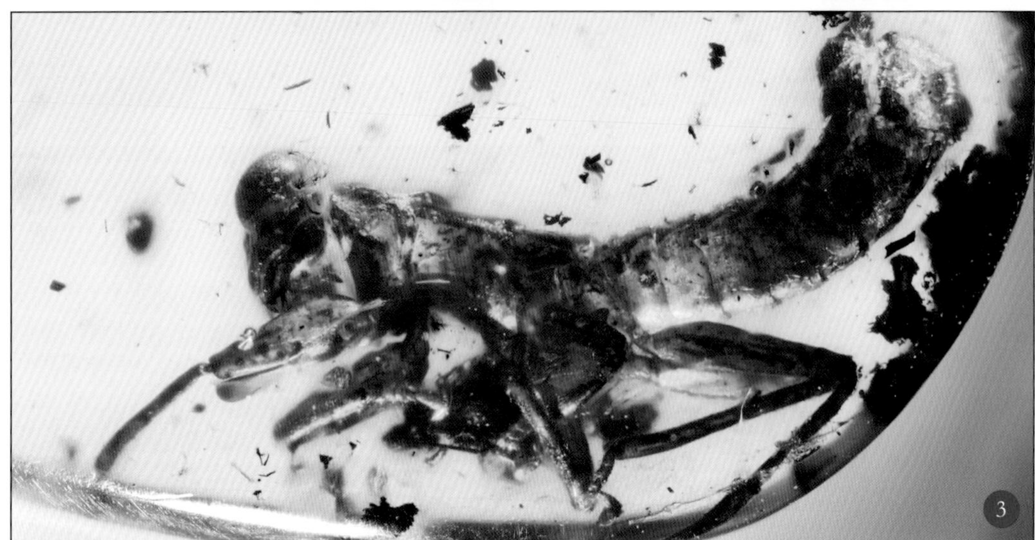

❶分布于非洲纳米比亚瑙克鲁夫特山的瑙山条螳䗛 *Striatophasma naukluftense*，身体上条状的斑纹是其最为突出的特征（Dr.Reinhard Predel 摄）。❷丰暴螳䗛 *Tyrannophasma gladiator* 是一种体格强壮且多刺的种类，其外观就足以证明它是一种十分凶猛的肉食性昆虫。摄于非洲纳米比亚的布兰德山（Dr.Reinhard Predel 摄）。❸包裹在波罗的海琥珀中的缝螳䗛 *Raptophasma* sp. 化石，该种类生活在距今大约 4 500 万年前的始新世时期。作者珍藏。❹包裹在波罗的海琥珀中的伤螳䗛 *Adicophasma* sp. 化石，该种类生活在距今大约 4 500 万年前的始新世时期。作者珍藏。

奇形怪虫为䗛目，体细足长如修竹；更有宽扁似树叶，如枝似叶害林木。

竹节虫目

- 体中型到大型；
- 体躯延长呈棒状或阔叶状；
- 头小，前口式；
- 口器咀嚼式；
- 复眼小；
- 前胸小，中胸和后胸伸长，后胸与腹部第1节常愈合；
- 有翅或无翅，有翅种类翅多为2对，前翅革质，多狭长，横脉众多，脉序成细密的网状，后翅膜质，有大的臀区；
- 足跗节3~5节；
- 腹部长，环节相似；
- 尾须短不分节。

PHASMIDA

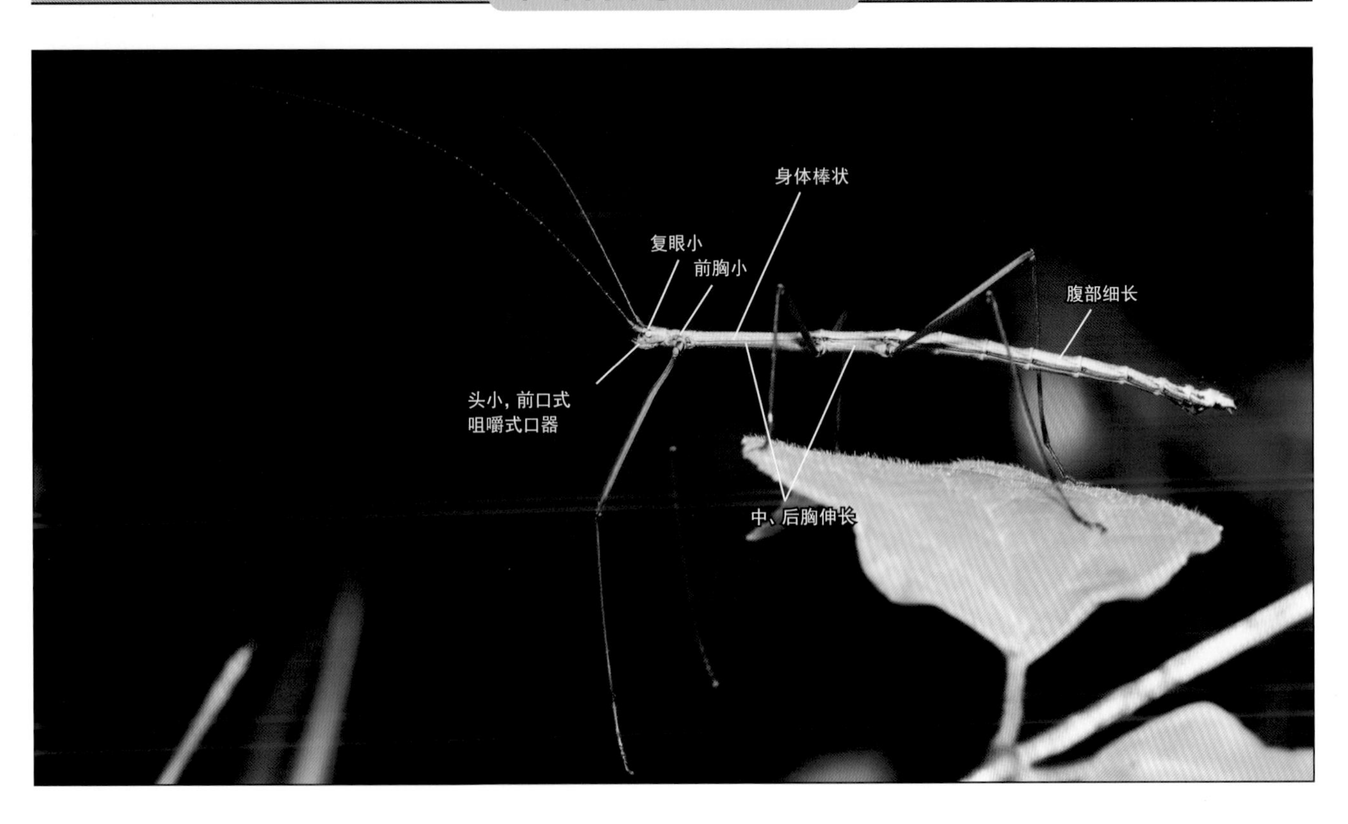

竹节虫目（又称䗛目）昆虫俗称竹节虫及叶䗛，简称“䗛”，因身体修长而得名。主要分布在热带和亚热带地区，全世界有3 000多种，中国已知300余种。

渐变态。以卵或成虫越冬。雌虫常孤雌生殖，雄虫较少，未受精卵多发育为雌虫，卵散产在地上。若虫形似成虫，发育缓慢，完成1个世代常需要1~1.5年，脱皮3~6次。当受伤害时，若虫的足可以自行脱落，而且可以再生。最长的竹节虫体长可达357 mm，如果将足全部伸直，则可达到567 mm。成虫多不能或不善飞翔，生活于草丛或林木上，以叶片为食。几乎所有的种类均具极佳的拟态，大部分种类身体细长，模拟植物枝条；少数种类身体宽扁，鲜绿色，模拟植物叶片，有的形似竹节，当6足紧靠身体时，更像竹节。竹节虫一般白天不活动，体色和体形都有保护作用，夜间寻食叶片。多生活在高山、密林和生境复杂的环境中。

笛竹节虫科
Diapheromeridae

- 体小型至中型;
- 身体一般较为细长;
- 触角丝状，长于前足，分节不明显;
- 有些种类触角很短并分节明显，则各足腿节腹侧面光滑;
- 有翅或无翅;
- 足通常无刺。

❶棉管竹节虫 *Sipyloidea sipylus*，营孤雌生殖，是南方地区最常见的有翅竹节虫种类（李元胜 摄）。❷长臀蔷竹节虫 *Asceles longicauda* 分布于贵州、湖南和广西的山区，此为雌虫。❸长臀蔷竹节虫的卵，很像植物的种子。❹广西分布的一种华竹节虫 *Sinophasma* sp.，雄虫的腹部末端膨大，近椭圆形。❺交配中的优刺笛竹节虫 *Oxyartes lamellatus*，雌性较为肥硕，雄性则细杆状，发现于广西。❻优刺笛竹节虫两性均有极为细小的翅芽1对，图为雄虫鲜红色的小翅。❼龙竹节虫 *Parastheneboea* sp.，身体长满了刺，图为雌虫，较粗壮。摄于广西。

❶短棒竹节虫 *Ramulus* sp. 的标准休息姿势，喜欢挂在树枝或叶片下方，并不停晃动身体，模仿有风的自然状态。❷短棒竹节虫的卵，呈扁平状。❸分布于广西的大佛竹节虫 *Phryganistria grandis* 是非常大型的竹节虫种类，雌雄异型，雌虫体长可达 253 mm（并非足伸长后的长度）。这只雌虫尚未发育成熟，已经显出其非同寻常的体形。❹海南长足竹节虫 *Lonchodes hainanensis* 雌虫腹部的最后一节背板扩大成舌状，腹瓣三角形，成为该种最为明显的特征。❺云南仿圆足竹节虫 *Paragongylopus* sp. 为国内最小的竹节虫种类，雌雄异型，图中为雄虫。❻介竹节虫 *Interphasma* sp.，无翅种类；雌虫较粗壮，身体多颗粒；雄虫基本光滑，较雌虫更细，图为雌雄交配状。❼钩尾南华竹节虫 *Nanhuaphasma hamicercum* 雌雄形态差异不大，但体型差异较大，图为雌雄交配状。❽瘤竹节虫 *Pylaemenes* sp. 是很容易分辨的竹节虫种类，体形短粗，腹部中部较宽，全身具瘤状颗粒，但无刺。

竹节虫科
Phasmatidae

- 体小型至非常大型；
- 身体通常细长；
- 触角分节明显；
- 触角短于前足腿节，或长于前足腿节，但不与体长相等；
- 有翅或无翅。

拟竹节虫科
Pseudophasmatidae

- 雌雄触角都较长；
- 中胸背板长于宽；
- 腹部不扩展呈叶片状。

异翅竹节虫科
Heteropterygidae

- 触角明显长于前足腿节；
- 有翅或无翅；
- 如有翅芽，则中后足胫节端部每侧有1个小刺；
- 如全无翅芽，则中后足胫节端部无刺，但前胸背板有2个粗瘤。

>>

叶䗛科
Phylliidae

- 具有惊人的拟态和保护色，外形十分接近树叶的形态；
- 多为绿色，少数为黄色；
- 雌雄异型；
- 雌虫复翅宽叶状，较长，盖住腹部的大部及后翅；
- 雄虫复翅较小，后翅宽大，露于体外；
- 身体极具扩展，且扁平；
- 腿节与胫节扩展呈片状；
- 雌虫触角很短，而雄虫则较长，丝状；
- 多生活在热带地区。

❶叶䗛是著名的拟态昆虫，雌雄异型，雌虫较为宽大，更像是一片树叶。图为西藏墨脱的藏叶䗛 *Phyllium tibetense* 雌虫。❷翔叶䗛 *Phyllium westwoodi* 雄虫触角细丝状，身体狭长，犹如较细的叶片。❸中华丽叶䗛 *Phyllium sinense* 是非常美丽的种类，分布于海南、云南等地。

足丝蚁乃纺足目，前足纺丝在基跗；胸长尾短节分二，雄具四翅雌却无。

纺足目

- 奇特的中小型昆虫，体长通常在3~25 mm；
- 体形细长；
- 体壁柔软；
- 体色多为烟黑色或栗色；
- 头部近圆形，前口式；
- 复眼肾形，无单眼；
- 触角丝状12~32节；
- 雌虫无翅，大部分种类雄虫有翅，翅柔软，狭长，前后翅形状相似；
- 前足基跗节膨大，具丝腺；
- 足较短，跗节3节，后足腿节强壮；
- 腹部狭长，分10节；
- 尾须2节；
- 雄性外生殖器复杂，一般不对称，是重要的分类特征。

EMBIOPTERA

- 足丝蚁的雄性成虫，有翅。

纺足目是一个小目，全世界已经记录了约300种。该目多数种类分布在热带地区，少数种类出现在温带，在我国大部分地区并不常见。

足丝蚁最显著的特征是前足基跗节具丝腺，可以分泌丝造丝道。纺足目是渐变态昆虫，若虫5龄，从1龄若虫起直到成虫都能织丝。除繁殖的雄虫之外，足丝蚁终生生活在自己制造的丝道中，多数种类在树皮表面织造外露的丝道，也有些种类在物体的缝隙和树皮的枯表皮下隐藏，只有少数的丝状物外露。它们在泌丝织造隧道时，能扭转身子织成一个能容纳自己在其中取食和活动的管形通道，丝质隧道可以让足丝蚁迅速逃避捕食天敌。在隧道中，足丝蚁活动灵活，高度发达的后足腿节能使身体迅速倒退。足丝蚁全部是植食性的，包括树的枯外皮、枯落叶、活的苔藓和地衣。在我国，纺足目昆虫主要生活在树皮、枯枝落叶上，以及岩壁的苔藓地衣上。

纺足目目前分为2个亚目8个科，其中古丝蚁科为二叠纪的化石科。我国该目昆虫的研究较为薄弱，目前仅记载有等尾丝蚁科的2属6种，但据推断我国南方还有可能有奇丝蚁科和异尾丝蚁科的种类。该目昆虫分布在全世界的热带和亚热带地区，热带地区最为丰富，随着纬度的增高而逐渐减少，少数种类可以分布到南北纬45°附近。

等尾丝蚁科
Oligotomidae

- 雄虫上颚有齿;
- 雄虫有翅或少数种类无翅，翅脉发育较弱。

❶❷

❶产自云南的婆罗州丝蚁 *Aposthonia borneensis* 雌虫。❷裸尾丝蚁 *Aposthonia* sp. 的雄性成虫，有翅，产自婆罗洲。

后足善跳直翅目，前胸发达前翅覆；雄鸣雌具产卵器，蝗虫螽斯蟋蟀谱。

直翅目

- 体中型至大型，较壮实，体长10~110 mm，仅少数种类小型；
- 口器为典型咀嚼式，多数种类为下口式，少数穴居种类为前口式，上颚发达；
- 触角多为丝状，有的长于身体，有的较短，少数为剑状或棒状；
- 复眼发达，大而突出，单眼2~3个或缺；
- 前胸背板很发达，常向侧下方延伸盖住侧区，呈马鞍形，中、后胸愈合；
- 翅常2对，前翅狭长、革质，停息时覆盖在体背，称为覆翅，后翅膜质，臀区宽大，停息时呈折扇状纵褶于前翅下；
- 前、中足多为步行足，后足为跳跃足，少数种类前足特化成开掘足(如蝼蛄)；
- 腹部背板10节，第11节与尾节愈合，形成肛上板；
- 产卵器通常很发达，仅蝼蛄等无特化产卵器；
- 多数种类雄虫常具发音器，以左、右翅相互摩擦发音（如螽斯、蟋蟀、蝼蛄等），或以后足腿节内侧的音齿与前翅相互摩擦发音（如蝗虫）。

ORTHOPTERA

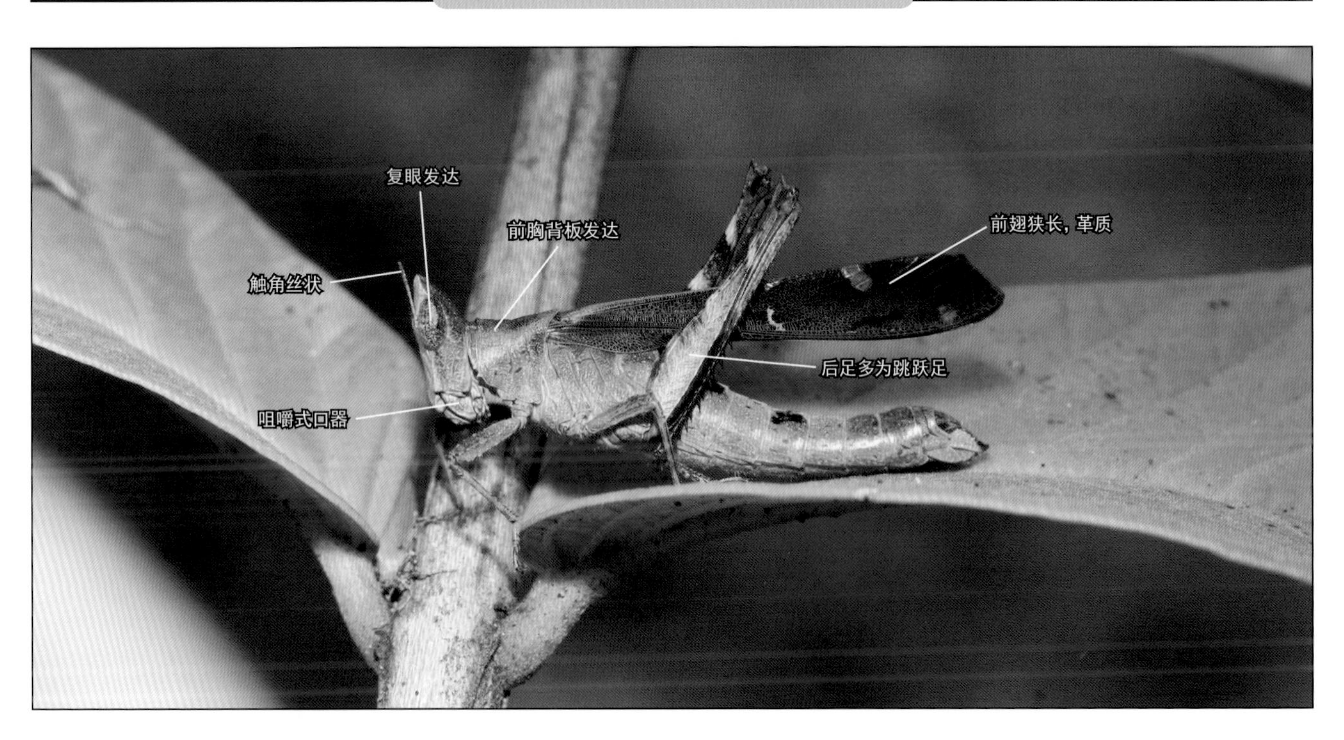

直翅目因该类昆虫前、后翅的纵脉直而得名，包括蝗虫、螽斯、蟋蟀、蝼蛄、蚱蜢等。种类世界性分布，其中热带地区种类较多。目前，全世界已知18 000余种，中国已知800余种。

渐变态，卵生。雌虫产卵于土内或土表，有的产在植物组织内。多数种类1年1代，也有些种类1年2~3代，以卵越冬，次年4—5月孵化。若虫的形态和生活方式与成虫相似，若虫一般4~6龄，2龄后出现翅芽，后翅反在前翅之上，这可与短翅型成虫相区别。大多数蝗虫生活在地面，螽斯生活在植物上，蝼蛄生活在土壤中。多数白天活动，尤其是蝗总科，日出以后即活动于杂草之间，生活于地下的种类（如蝼蛄）在夜间到地面上活动。

直翅目昆虫多数为植食性，取食植物叶片等部分，许多种类是农牧业重要害虫，有些蝗虫能够成群迁飞，加大了危害的严重性，造成蝗灾。蝼蛄是重要的土壤害虫，部分螽斯为肉食性，取食其他昆虫和小动物。

常见纲介绍

蟋蟀科
Gryllidae

- 体大小不等，大的体长可达40 mm；
- 头大而圆；
- 雄性前翅具镜膜或退化成鳞片状；
- 产卵瓣一般较长，矛状。

❶❷❸❹

铁蟋科
Sclerogryllidae

- 体中型；
- 头较小；
- 颜面较宽；
- 前胸背板较长，具刻点，缺侧隆线；
- 雄性前翅具镜膜，雌性前翅革质，横脉较多；
- 前足胫节具膜质的听器；
- 产卵瓣矛状，具端瓣。

树蟋科
Oecanthidae

- 体细长；
- 口器为前口式；
- 前胸背板较长；
- 雄性前翅镜膜很大，有斜脉2~5条；
- 足细长；
- 产卵瓣较长，矛状。

>>

❶蟋蟀科的种类多生活在土中或者石块下。摄于泰国考索（Khao Sok）国家公园。❷南方油葫芦 *Teleogryllus mitratus* 为著名的鸣虫之一，其后翅较长，适合飞行，该种类通常也具有较强的趋光性。❸棺头蟋 *Loxoblemmus* sp. 因其颜面宽而扁平，且明显倾斜，形似棺材而得名。❹发现于西藏雅鲁藏布大峡谷的一种哑蟋 *Goniogryllus* sp.。❺甲蟋 *Acanthoplistus* sp.，又名磬蛉、松蛉、铁弹子，全身乌黑发亮，也是著名的鸣虫之一，图为雌虫。❻树蟋 *Oecanthus* sp.，也是著名的鸣虫，通常生活在灌木上。

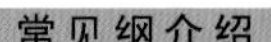

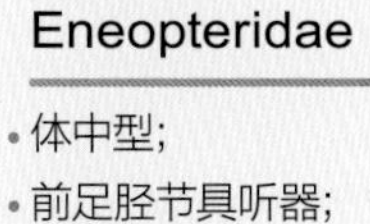

蛣蟋科
Eneopteridae

- 体中型；
- 前足胫节具听器；
- 后足腿节较细。

蛛蟋科
Phalangopsidae

- 体中型；
- 头较小；
- 口器为下口式；
- 具翅；
- 雄性镜膜内至少有2条分脉；
- 足较长，产卵瓣矛状。

蛉蟋科
Trigonidiidae

- 体型较小，一般不超过10 mm；
- 头圆形；
- 额突宽于触角第1节；
- 复眼突出；
- 触角细长；
- 足较长；
- 产卵器瓣侧扁，弯刀状，端部尖锐。

❶分布于西南山区的一种长须蟋 *Aphonoides* sp.。❷维蟋 *Valiatrella* sp. 的雄虫，可以明显看出前翅上的镜膜。❸生活在广西的绿色片蟋 *Truljalia* sp.，图为雌虫。❹钟蟋属 *Meloimorpha* 的种类，前翅较宽。❺南方广布的亮黑拟蛉蟋（雌）*Paratrigonidium nitidum* 为小型树栖种类，雄虫无发音器。❻黄蛉 *Anqaxipha* sp.，不仅鸣声优美动听，而且体形也十分清丽乖巧，加上金黄的体色，金光闪亮，是玩赏昆虫中极富观赏价值的一种，图为北京春节期间鸣虫市场上出售的黄蛉。❼在重庆山区发现的一种长蟋 *Pentacentrus* sp.。

>>

癞蟋科
Mogoplistidae

- 体较小；
- 体或多或少覆盖有鳞片；
- 复眼发达；
- 唇基强烈突出；
- 前胸背板较长，并向后扩宽；
- 雄性有时具短翅，雌性通常缺翅；
- 产卵瓣矛状。

蚁蟋科
Myrmecophilidae

- 体非常小，卵圆形；
- 头小；
- 复眼退化；
- 触角较短；
- 缺翅；
- 后足腿节明显粗壮；
- 尾须较长，分节；
- 雌性产卵瓣端部分叉；
- 通常生活在蚁巢中，与蚂蚁共生。

蝼蛄科
Gryllotalpidae

- 体大型，10 mm以上；
- 触角比体短；
- 前足开掘式；
- 后足腿节不发达，不能跳跃；
- 前翅小、后翅长，伸出腹末呈尾状；
- 尾须长；
- 生活于地下；
- 多食性，取食根、种子、芽等。

❶凯纳奥蟋 *Ornebius kanetataki* 为小型树栖蟋蟀，黄褐色，翅短，我国南方省份广布。❷蚁蟋 *Myrmecophilus* sp. 是生活在石块下的微型蟋蟀，体长通常不到 2 mm（刘晔 摄）。❸华北蝼蛄 *Gryllotalpa unispina* 俗称土狗、拉拉蛄，体长 38～55 mm，土栖性，取食植物的根部，夜间活动。摄于河北衡水湖。

❶蟋螽通常为较为凶猛的肉食性螽斯，很多种类有较强的趋光性。❷糜螽 *Pteranabropsis* sp.，虽然不会鸣叫，但却十分凶猛，以其他小型昆虫为食。摄于贵州宽阔水自然保护区。❸正在羽化中的蝗螽科昆虫。❹驼螽俗称灶马，这种洞穴中生活的种类，触角和足都十分细长，体色较淡并有长毛。❺苔藓上生活的驼螽，具有很好的保护色，与周围环境融为一体，很难发现。❻驼螽这种雌上雄下的交配方式，在昆虫中是比较少见的。

蟋螽科
Gryllacrididae

- 头较大；
- 触角通常极长；
- 前胸背板前部不扩宽；
- 前足基节具刺；
- 前足胫节缺听器；
- 雄虫前翅缺发音器；
- 尾须不分节；
- 雌性产卵瓣发达。

蝗螽科
Mimenermidae

- 头通常较大；
- 雄性口器常延长；
- 前胸背板前部扩宽；
- 前足基节具刺；
- 前足胫节背面具刺；
- 前足胫节基部具听器；
- 无翅或具翅；
- 雄性前翅缺发音器；
- 尾须不分节；
- 雌性产卵瓣发达。

驼螽科
Rhaphidophoridae

- 体侧扁；
- 完全无翅；
- 足极长；
- 前足胫节缺听器；
- 尾须细长而柔软，极少分节。

>>

螽斯科 Tettigoniidae

- 体小型至大型;
- 体较粗壮;
- 头通常为下口式;
- 触角较为细长，着生于复眼之间;
- 前翅和后翅发达或退化，雄性前翅具有发生器;
- 产卵瓣剑形。

草螽科 Conocephalidae

- 体小型至大型;
- 头多为后口式;
- 触角长于体长，着生于复眼之间，触角窝周缘非常隆起;
- 胸听器通常较大，被前胸背板侧片覆盖;
- 前翅和后翅发达或退化，雄性前翅具有发音器;
- 产卵瓣剑形。

❶这种螽斯的产卵器相当长，几乎达到了身体的长度。❷优雅蝈螽 *Gampsocleis gratiosa* 即人们常说的蝈蝈，是最著名的观赏昆虫之一。❸羽化中的中华螽斯 *Tettigonia chinensis*。❹蛩螽亚科 Meconematinae 的种类，多为绿色，与环境融为一体。❺有些草螽喜欢在石块上栖息，因此体色也变得与石块相近了。❻部分草螽的种类，雌虫无翅。摄于广西弄岗自然保护区。❼似织螽 *Hexacentrus* sp. 是一种较大的草螽。

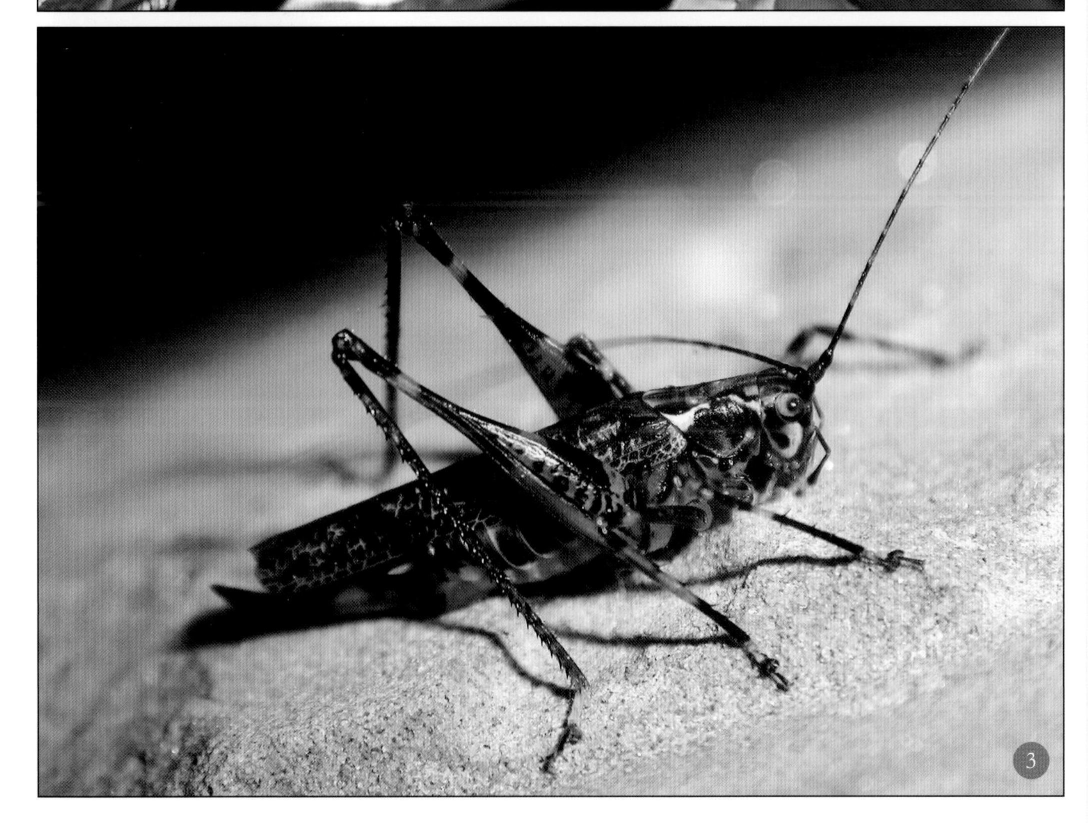

❶这种迟螽 *Lipotactes* sp. 虽然无翅，但十分活跃，行动敏捷。❷小型的绿色蛩螽，生活在云南中缅边境一带。❸杂色型的蛩螽，发现于西南山区。

迟螽科
Lipotactidae

- 体小型;
- 头通常介于下口式和后口式之间，横宽，头顶明显低于后头;
- 触角长于体长，着生于复眼之间，触角窝周缘常隆起;
- 胸听器通常较小，被前胸背板侧片覆盖;
- 前翅和后翅通常退化，较少种类为长翅型;
- 雄性前翅如有，则具发音器;
- 产卵瓣狭长，剑形。

蛩螽科
Meconematidae

- 体小型;
- 头通常介于下口式和后口式之间;
- 触角长于体长，着生于复眼之间，触角窝周缘并非强烈隆起;
- 胸听器较小，常常不能被前胸背板侧片覆盖;
- 前胸腹板无刺;
- 前翅和后翅发达或退化;
- 雄性前翅如有，则具发音器;
- 产卵瓣剑形。

织娘科
Mecopodidae

- 体中型至大型；
- 头通常为下口式；
- 触角长于体长，着生于复眼之间，触角窝周缘并非强烈隆起；
- 胸听器通常较大；
- 被前胸背板侧片覆盖；
- 前胸腹板具刺；
- 前翅和后翅发达或退化；
- 雄性前翅如有，则具发音器；
- 产卵瓣较长，剑状。

拟叶螽科
Pseudophyllidae

- 体中型至大型，较强壮；
- 头通常介于下口式和后口式之间；
- 触角长于体长，着生于复眼之间，触角窝周缘极度隆起；
- 胸听器通常较小，不能被前胸背板侧片覆盖；
- 前翅或后翅有时退化，若发达，则前翅形状似树叶、树皮或地衣；
- 雄性前翅具有发音器；
- 产卵瓣长而宽，马刀形。

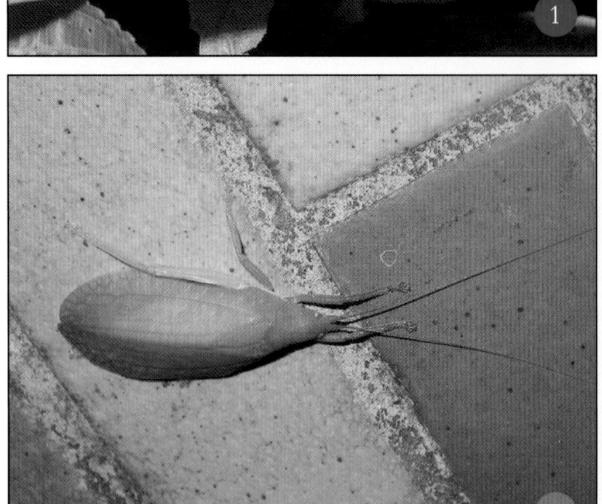

❶纺织娘 *Mecopoda elongata* 分布在南方省份，为著名的赏玩鸣虫。在这只雄虫腹部末端，可明显看到已经排出的精包。❷分布在云南的巨拟叶螽 *Pseudophyllus titan* 是我国最大的螽斯，体长12 cm以上。通常栖息在较高的树上，雄虫夜间在树顶发出异常响亮的鸣声，很远都能清楚地听到。❸翡螽 *Phyllomimus* sp. 是扁平的拟态树叶的种类，前翅宽大平展于背部，形状特殊，栖息于林地环境，常紧紧贴附在叶片上。❹这种发现于海南岛的弧翅螽 *Hemigyrus* sp. 的前翅像屋脊状覆盖在腹部上方，其脉纹跟树叶十分相近，具有非常好的拟态效果。❺绿背覆翅螽 *Tegra novaehollandiae* 是一种大型而细长的黑褐色拟叶螽，翅膀紧贴腹部，将其包裹起来。❻拟叶螽的若虫通常像这样伏在低矮的植物叶片上，与环境融为一体。

露螽科

Phaneropteridae

- 体中型至大型；
- 头通常为下口式；
- 触角长于身体，着生于复眼之间；
- 胸听器通常较大，被前胸背板侧片覆盖；
- 前胸腹板具刺；
- 前翅或后翅极少退化，若发达，则前翅形状似树叶；
- 雄性前翅具有发音器；
- 产卵瓣短而宽，侧扁，弯镰形，边缘通常具细齿。

❶❷❸❹❺❻❼

❶似褶缘螽 *Paraxantia* sp. 是较为大型的露螽科种类。❷露螽科的种类通常体形细长。❸一种露螽科的若虫，体黑色，形似蚂蚁。❹❺掩耳螽 *Elimaea* sp. 将其扁平的产卵器插入叶片边缘并产卵。❻掩耳螽在叶片中产下两粒卵。❼掩耳螽的卵。

>>

硕螽科

Bradyporidae

- 体硕大；
- 头通常为下口式；
- 触角通常不及体长，着生于复眼下缘水平之下；
- 前翅和后翅退化，有时雌雄两性前翅均具发音器；
- 产卵瓣剑状。

蚱科

Tetrigidae

- 前胸背板发达，菱形；
- 向后延伸超过胸，甚至盖住整个腹部；
- 触角丝状，短于体；
- 跗节2-2-3；
- 生活在较为潮湿的环境。

癞蝗科

Pamphagidae

- 体中型至大型；
- 体表具粗糙颗粒状突起；
- 头较短；
- 触角丝状；
- 前胸背板中隆线呈片状隆起或被横沟切割成齿状；
- 前后翅均发达、缩短或缺少；
- 后足腿节外侧具短棒状或颗粒状突起；
- 多生活在干旱或沙漠区，少数生活在灌木丛中。

❶华北地区生活的硕螽 *Deracantha* sp. 体型极为硕大，喜欢较为干旱的环境（倪一农 摄）。❷这种蚱前胸背板菱形，相对较短的种类，外观比较符合本科的旧称“菱蝗”。❸前胸背板向后延长，明显超过腹部末端的种类，属刺翼蚱亚科 Scelimeninae，多发现于南方。❹形态特殊的蚱，身体明显较为柔弱，触角几乎与身体等长。❺笨蝗的翅较为退化，体色接近地面，具有较好的保护作用（吴超 摄）。

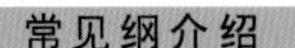

<<

❶橄蝗 *Tagasta* sp. 的头部尖锥形，颜面向后倾斜。❷澜沧蝗 *Mekongiella* sp. 生活在西藏地区的干热河谷地带。❸黄星蝗 *Aularches miliaris* 分布于云南等地，外形极为特殊，易于识别（张宏伟 摄）。❹中华剑角蝗 *Acrida cinerea* 是我国广布的大型尖头蝗虫，体色多样，通常为绿色、黄褐色或带有斑纹。摄于重庆南岸区雷家桥水库。❺佛蝗 *Phlaeoba* sp. 为小型蝗虫，触角长，末端白色，常见于林地环境中。摄于云南红河州。❻一种分布于广西的戛蝗 *Gonista* sp.。❼长腹蝗 *Leptacris* sp. 的若虫，腹部极为细长。

常见纲介绍

瘤锥蝗科
Chrotogonidae

- 体小型至大型；
- 多纺锤形，体表具颗粒状突起或短锥刺；
- 头短，多为锥形，少数近卵形；
- 颜面隆起具纵沟；
- 触角丝状；
- 前胸背板背面平坦或瘤状突起；
- 前胸腹板突为瘤状或呈领状。

剑角蝗科
Acrididae

- 体多种多样，短粗或细长都有，大多数侧扁；
- 头短锥形或长锥形，颜面向后倾斜；
- 头部前端背面中央缺细纵沟；
- 触角剑状，其基部各节宽大于长，自基部向端部逐渐狭窄，呈剑状；
- 前胸背板平坦，中隆线较弱；
- 前后翅发达，或缩短，或鳞片状，侧置。

斑翅蝗科
Oedipodidae

- 头短；
- 头前端背面缺纵细沟；
- 颜面垂直或倾斜；
- 触角丝状；
- 前胸背板平坦，有时中隆线隆起；
- 前后翅均发达，且常具有暗色斑纹，尤其是后翅。

槌角蝗科
Gomphoceridae

- 体小型；
- 触角端部数节明显膨大，形成棒槌状，但有时雌性膨大不明显；
- 颜面垂直或向后倾斜；
- 头部前端背面缺细纵沟；
- 前胸背板平坦，一般具中隆线和侧隆线；
- 前后翅均发达、缩短或缺如。

❶喜欢在地面生活的斑翅蝗，头部及胸部背面紫红色，发现于云南丽江。❷红色的斑翅蝗若虫，发现于西藏雅鲁藏布大峡谷。❸分布于西藏东南部的大足蝗 *Aeropus* sp.。

❶棉蝗 *Chondracris rosea* 是我国广布的一种大型蝗虫，可见于各种自然环境。❷棉蝗的若虫，体色十分翠绿。❸日本黄脊蝗 *Patanga japonica* 为一种大型蝗虫，我国东部地区广布。❹短角外斑腿蝗 *Xenocatantops brachycerus*。摄于云南丽江。❺稻蝗 *Oxya* sp. 种类很多，我国很多地区都有分布。❻四川西部高海拔地带的斑腿蝗科种类，为适应多风的环境，翅已完全退化。

斑腿蝗科
Catantopidae

- 体多样；
- 头短；
- 头部前端背面缺细纵沟；
- 颜面垂直或向后倾斜；
- 触角丝状；
- 前胸背板一般较平；
- 前胸腹板具突起，锥形、圆柱形或横片状；
- 前后翅均发达，短翅或退化。

常见纲介绍

>>

蜢科
Eumastacidae

- 头锥形;
- 体侧扁、圆筒形或长柱形;
- 头部颜面倾斜或垂直，掩面隆起具纵沟;
- 触角丝状、棒状或剑状，一般较短，略短于或略长于头部（少数较长）;
- 触角近端部具有1个小突起，被称为触角端器;
- 前后翅均发达，或退化，或缺如。

蚤蝼科
Tridactylidae

- 体小型，10 mm以下;
- 触角念珠状，短于身体;
- 前足适于掘土;
- 后足跳跃式;
- 多生活于近水地面，善跳，能在水中游泳。

❶交配中的乌蜢 *Erianthus* sp.，俗称马头蝗，雌雄颜色差异较大。❷乌蜢 *Erianthus* sp. 的若虫。摄于广西。❸蚤蝼 *Xya* sp. 为体甚小的直翅类昆虫，通体黑褐色具少量白色条纹，具强烈反光，后足十分粗壮，通常栖息于阴暗潮湿处，善跳跃，行动敏捷。

前翅短截革翅目，后翅如扇脉如骨；尾须坚硬呈铗状，蠼螋护卵若鸡孵。

革翅目

- 体中小型，狭长而扁平，表皮坚韧；
- 头前口式，扁阔，能活动；
- 口器咀嚼式，上颚发达，较宽；
- 复眼圆形，少数种类复眼退化，无单眼；
- 触角丝状，10~30节，多者可达50节；
- 前胸背板发达，方形或长方形；
- 有翅或无翅，有翅的种类前翅革质、短小，后翅大、膜质，扇形或半圆形，脉纹辐射状，休息时折叠在前翅下；
- 跗节3节；
- 腹部长，有8~10个外露体节，可以自由弯曲；
- 尾须不分节，钳状；
- 雌雄二型现象显著，雄虫尾钳大且形状复杂。

DERMAPTERA

后翅伸展开的蠼螋，难得一见（寒枫 摄）。

革翅目以其前翅革质而得名，俗称蠼螋。多分布于热带、亚热带地区。全世界已知约1 800种，中国已知210余种。

渐变态。在温带地区1年发生1代，常以成虫或卵越冬。雌虫产卵可达90粒，卵椭圆形，白色。雌虫有护卵育幼的习性，在石下或土下作穴产卵，然后伏于卵上或守护其旁，低龄若虫与母体共同生活。若虫与成虫相似，但触角节数较少，只有翅芽，尾钳较简单，若虫4~5龄；有翅成虫多数飞翔能力较弱，多为夜出型，日间栖于黑暗潮湿处，少数种类具趋光性。

革翅目昆虫多为杂食性，取食动物尸体或腐烂植物，有的种类取食花被、嫩叶、果实。某些种类寄生于其他动物，如鼠螋科的种类为啮齿类的外寄生生物，有些种类能捕食叶蝉、吹绵蚧以及潜叶性铁甲、夜蛾等的幼虫。

丝尾螋科
Diplatyidae

- 头较宽扁；
- 复眼较大，突出；
- 触角少于25节，通常第4~6节长大于宽，圆柱形；
- 腿节或多或少侧扁；
- 跗节第2节短小；
- 腹部近圆筒形，第10腹节明显扩宽；
- 尾铗通常对称。

大尾螋科
Pygidicranidae

- 头部扁平，后缘不内凹；
- 触角节较粗短，第4~6节长不大于宽；
- 前翅臀角圆形，翅盾片外露；
- 腿节通常侧扁。

肥螋科
Anisolabididae

- 体通常不十分扁平；
- 头长大于宽；
- 触角25节以下；
- 大部分种类完全无翅，极少具翅；
- 腿节不侧扁；
- 第2跗节正常，不延伸至第3跗节的下方；
- 尾铗对称或不对称。

❶钳丝尾螋 *Diplatys forcipatus* 的雄性，左右尾铗分别呈半圆形。❷丝尾螋 *Diplatys* sp. 的雌性，2 个尾铗较为接近。❸丝尾螋的若虫带有 2 根细长的尾须，直到羽化成虫后方才形成尾铗。❹瘤螋 *Challia* sp. 最明显的特征是腹部末节背板近后缘处具瘤状突起，尾铗长而扁，形状特殊。❺树皮下生活的肥螋科种类，完全无翅，发现于云南普洱地区。

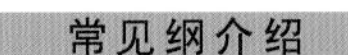

蠼螋科

Labiduridae

- 体通常不十分扁平；
- 头长大于宽；
- 触角25节以上；
- 大部分种类具翅，极少无翅；
- 腿节不侧扁；
- 第2跗节延伸至第3跗节的下方；
- 尾铗对称或不对称。

扁螋科

Apachyoidae

- 体极度扁平；
- 前翅臀角较弱，胸盾片外露；
- 尾铗内弯。

垫跗螋科

Chelisochidae

- 体中型至大型；
- 触角17~22节；
- 翅发达，极少种类缺如；
- 第2跗节狭长，延伸至第3节的基部下方；
- 尾铗对称。

❶三刺钳螋 *Forcipula trispinosa* 尾铗形状特殊，具明显波状弯曲，生活于潮湿的水边环境（周纯国 摄）。❷蠼螋 *Labidura* sp. 生活于婆罗洲的热带雨林中，有趋光性。❸扁螋 *Apachyus* sp. 是非常扁平的大型种类，生活在树皮下。此为雄性若虫。摄于云南西双版纳。❹首垫跗螋 *Proreus simulans* 尾铗粗壮直伸，内缘有时具1枚大齿。生活于土表或植物上，趋光性不明显。

>>

球螋科
Forficulidae

- 触角12~16节;
- 翅发达，极少完全无翅;
- 跗节第2节扩宽并扁平，心形;
- 尾铗对称，但个体间略有变异。

❶异螋 *Allodahlia scabriuscula* 生活在潮湿的腐木下或树木缝隙内，通体黑褐色，鞘翅宽阔，雄性尾铗基部有明显弯曲，之后直伸。❷异螋的雌虫尾夹简单，直伸。❸雄性球螋属 *Forficula* 的种类，尾铗呈圆形。❹乔球螋 *Timomenus* sp. 的雌虫，尾铗细长，具长毛。

触角九节缺翅目，一节尾须二节跗；无翅有翅常脱落，隐居高温高湿处。

缺翅目

- 体微小，体长不超过3 mm，有翅型的翅展为7 mm左右；
- 口器为咀嚼式；
- 触角9节，呈念珠状；
- 无翅型个体无单眼和复眼；
- 有翅型具有复眼和3个单眼；
- 尾须1节；
- 半变态。

ZORAPTERA

● 墨脱缺翅虫 *Zorotypus medoensis*无翅型成虫，红棕色。

缺翅虫，属昆虫纲缺翅目。成虫体长2~4 mm，是极为罕见的昆虫类群，被称作昆虫中的“活化石”。缺翅目目前仅知1科1属，全世界已知现生种类40种，化石种类9种。我国已知4种，其中中华缺翅虫和墨脱缺翅虫分布于藏东南地区，均为我国二类保护动物。缺翅虫现生种类主要分布于全球热带、亚热带的很多地区，以海岛为多。但绝大多数为窄布种类，是大陆漂移学说的很好例证。

缺翅虫多群居生活，通常是以缺翅类型出现，当种群较为拥挤或者某些特殊情况下，便产生部分有翅个体，以便于扩散到周围。但是，其身体较为柔弱，也只能进行短距离的迁飞扩散。有意思的是，缺翅型缺翅虫没有单眼和复眼，而有翅型则两者均有。当有翅型迁飞到新的居所之后，翅便像白蚁和蚂蚁的一样，自行脱落。缺翅虫一般生活在常绿阔叶林中，多发现于朽木的树皮下或者腐殖质土内，以真菌为食。

>>

缺翅虫科
Zorotypidae

❶❷❸❹

❶正在取食树皮上的地衣类植物的墨脱缺翅虫 *Zorotypus medoensis* 无翅型成虫。❷墨脱缺翅虫无翅型若虫，体白色。❸墨脱缺翅虫有翅型成虫，身体更加狭长，细小，翅为黑色。❹墨脱缺翅虫有翅型若虫，体白色，末龄时白色翅芽变为黑色。

书虱树虱啮虫目，前胸如颈唇基突；前翅具痣脉波状，跗节三两尾须无。

啮虫目

- 体小型，体长1~10 mm；
- 头大，活动自如，下口式，“Y”形头盖缝显著；
- 触角长，丝状，13~50节；
- 口器咀嚼式，明显特化，下唇基十分发达，呈球形凸出；
- 复眼大而突出，左右远离；
- 具长翅型、短翅型、小翅型和无翅型的种类；
- 胸部发达、隆出，有翅种类前胸退化似颈状，无翅种类前胸增大；
- 翅膜质，静止时呈屋脊状叠盖于背上；
- 脉相简单，1条或数条翅脉常极度弯曲；
- 足细长，跗节2~3节；
- 腹部9节或10节，第1节退化，无尾须。

PSOCOPTERA

啮虫目昆虫，中文名为“啮虫”“书虱”，简称“虱”。该目昆虫与虱目昆虫等较为近源，被认为是半翅总目中最接近原始祖先的类群。最古老的啮虫目化石出现在距今两亿多年前的古生代二叠纪。

啮虫已知5 500余种，世界各地均有分布，隶属于3亚目45科。我国啮虫资源丰富，种类繁多。目前已知近1 600种。

渐变态昆虫，若虫与成虫相似，多数种类两性生殖，卵生。一次产卵20~120粒，单产或聚产于叶上或树皮上，盖以丝网。部分啮虫具胎生能力，有些种类能营孤雌生殖。

啮虫生境十分复杂，一般生活于树皮、篱笆、石块、植物枯叶间及鸟巢、仓库等处，在潮湿阴暗或苔藓、地衣丛生的地方也常见，大部分种类属于散居生活，有的种类具群居习性。爬行活泼，不喜飞翔。

全鳞啮科
Perientomidae

- 触角长，19~50节；
- 复眼大，突出，被毛；
- 单眼3个，彼此距离较远；
- 前单眼远离复眼，侧单眼靠近复眼；
- 生活在阴潮的石头上。

重啮科
Amphientomidae

- 长翅、短翅或无翅；
- 体翅通常被鳞片；
- 触角通常14~17节，少数13节；
- 单眼2个或3个；
- 部分无翅，无单眼；
- 生活在石头上、树上及地表枯枝落叶中。

叉啮科
Pseudocaeciliidae

- 触角13节；
- 长翅型；
- 生活在活的树上。

❶这种全鳞啮生活于阴暗潮湿的石壁上，行动非常敏捷。❷这种花翅的重啮生活在潮湿长满苔藓植物的石头上。❸外形很像小蛾类的重啮科种类。摄于云南西双版纳。❹体态优美的中叉啮 *Mesocaecilius* sp.，触角很长，并有长毛（张宏伟 摄）。

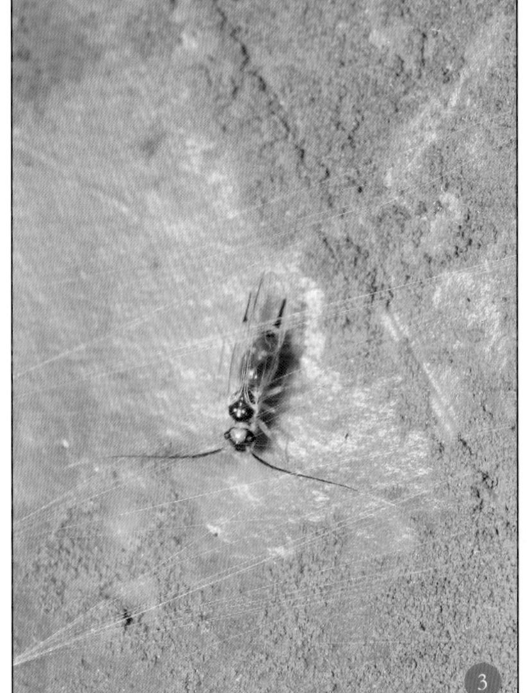

单啮科
Caeciliusidae

- 体中型;
- 触角13节，线状，或
- 鞭节第1节、第2节膨大;
- 单眼3个或无;
- 长翅、短翅或无翅;
- 翅痣发达;
- 生活在树上，或枯枝落叶中;
- 有趋光性。

狭啮科
Stenopsocidae

- 体中型;
- 触角13节;
- 长翅;
- 生活在树上或竹子上;
- 行动敏捷，活泼。

双啮科
Amphipsocidae

- 体大型，多毛，平扁;
- 触角13节;
- 长翅或短翅;
- 生活在各种活的树上;
- 行动较为迟缓。

❶单啮 *Caecilius* sp. 发现于云南丽江老君山的树叶背后。❷狭啮喜白天生活，在草叶上活动，较为活跃。❸部分狭啮科的种类会在叶片上拉出很多丝线，躲在下面，以防止天敌侵害。❹重庆四面山的双啮科啮虫，静止时翅膀平铺。

外啮科
Ectopsocidae

- 体小型啮虫，体长（到翅端）1.5~2.5 mm；
- 体暗褐色；
- 翅透明或具斑纹；
- 长翅型为主，少数种类短翅或小翅型；
- 触角13节；
- 单眼3个，或无单眼；
- 生活在树上、枯枝落叶、储藏物及蜂巢中；
- 少数种类具捕食性，取食介壳虫、蚜虫等。

美啮科
Philotarsidae

- 通常长翅，少数短翅；
- 体中型，体长（长翅型达翅端，短翅达腹端）2.5~5.5 mm；
- 触角12节或13节；
- 翅缘及翅脉具单列刚毛；
- 热带和亚热带分布；
- 生活在树上。

❶这种外啮为黑色的小型啮虫，长翅型，栖息在树叶上（寒枫 摄）。❷体扁平的外啮，在树皮上拉出丝网，躲藏在下面，以防敌害。摄于印度尼西亚努沙登加拉群岛。❸美啮科的成虫和若虫生活在叶片上，发现于广西。

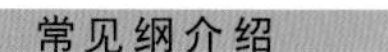

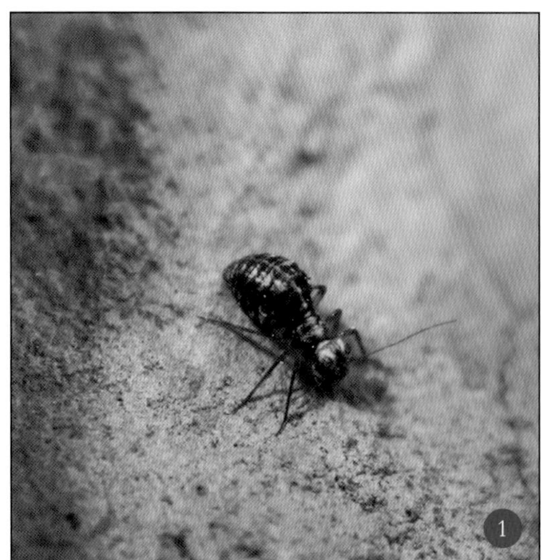

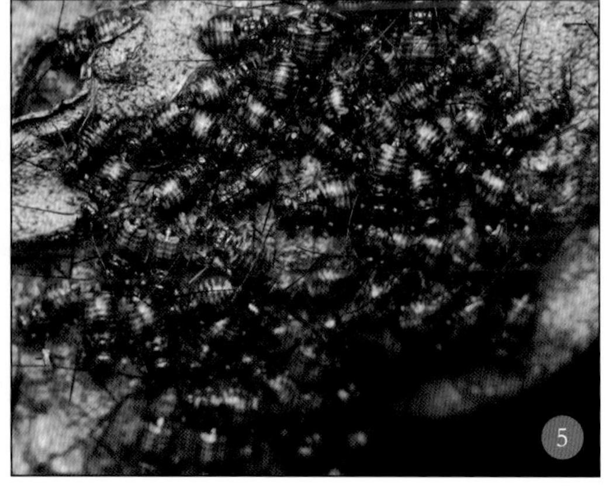

羚啮科
Mesopsocidae

- 体中型;
- 触角13节;
- 长翅或无翅;
- 长翅型单眼3个，无翅型无单眼。

啮虫科
Psocidae

- 触角13节，但长短不一;
- 跗节2节;
- 多生活在树上或石壁上。

❶在土缝中生活的无翅型羚啮，发现于重庆山区。❷分布于云南德宏铜壁关自然保护区的触啮 *Psococerastis* sp. 为大型美丽的啮虫，具有鲜艳的色彩，生活在裸露的石块上。❸云南西双版纳的一种大型啮虫，翅黑色，翅脉明显黄色，生活在木桩上，喜群居。❹大型啮虫，翅脉黑色，分布于陕西秦岭。❺很多种类啮虫的若虫都喜欢群居，一旦发现危险，则迅速四散开来。

寄生禽兽为虱目，触角短小节三五；复眼缺失或退化，胸部愈合翅全无。

虱目

- 体扁平；
- 头小；
- 复眼退化或缺，无单眼；
- 触角3~5节；
- 无翅；
- 咀嚼式口器或刺吸性口器；
- 胸部可为3节，中胸可与后胸融合，吸虱亚目的胸部3节愈合为一；
- 足短粗，具有强爪，善于钩住寄主的毛发或羽毛；
- 跗节1~2节，食毛亚目具1~2爪。

PHTHIRAPTERA

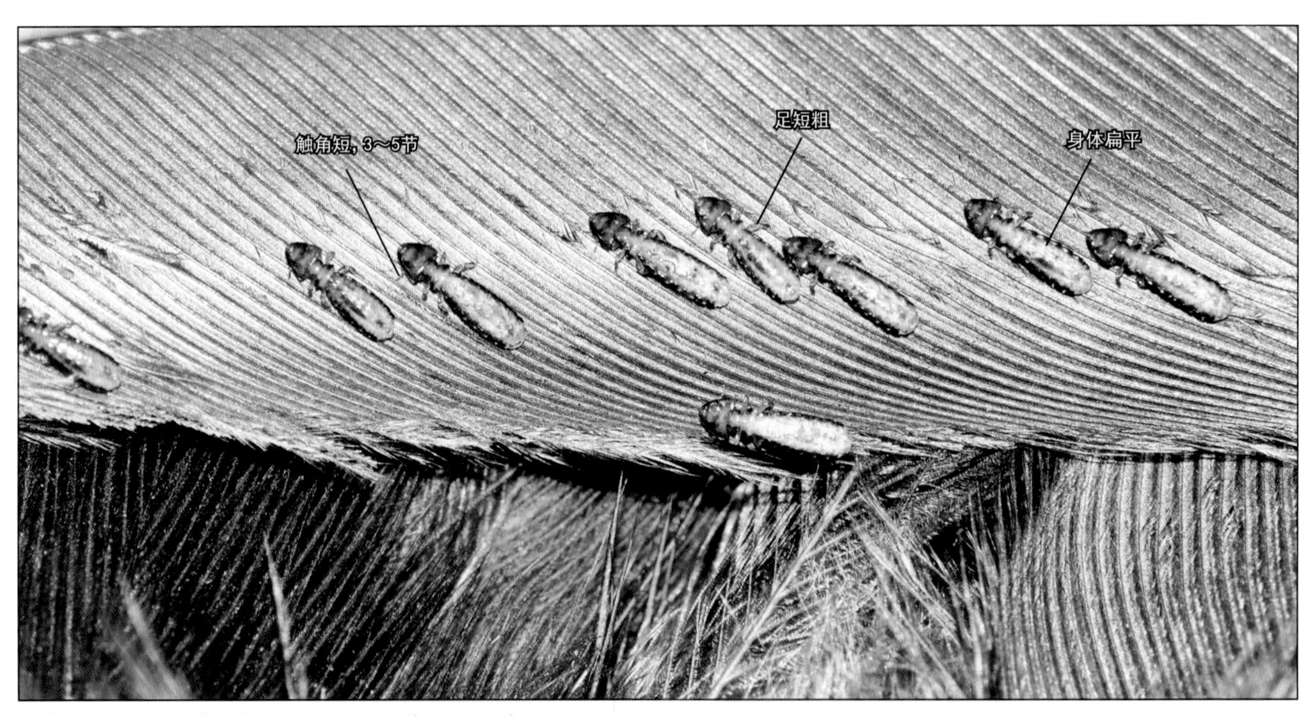

● 在鸟类翅膀上排列整齐的长角鸟虱（吴超 摄）。

虱目是一类无翅寄生昆虫的统称，体腹背扁平，通常小型，长0.5~10 mm，白色、黄色、棕色或黑色，视宿主毛色而异，通称虱、虱子或鸟虱。全世界约有3 000种，是鸟类和哺乳动物的体外永久性寄生昆虫。虱终生寄生于宿主体表，以宿主血液、毛发、皮屑等为食，有宿主专一性。

虱目昆虫雌体大于雄体，数目亦多于雄体。有一些种主要营孤雌生殖，雄体罕见。卵单个或成团，附于毛、羽上，人体虱的卵则产于贴身的衣服上，6~14天孵出（人体虱），不完全变态。若虫形似成虫而小，生活习性亦同，脱皮数次，8~16天后即成成虫。

许多鸟兽可受多种虱的侵染，多数鸟类身上有4~5种，分别寄生于不同部位。虱目可暂时离开宿主以转到另一个（同一或另一物种）宿主身上（如从猎物转到掠食者身上或因身体接触即在同种宿主个体间传播）。食毛亚目可附于虱蝇科等昆虫身上从而更换宿主，但更换宿主的情况并不多见。

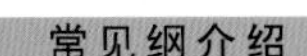

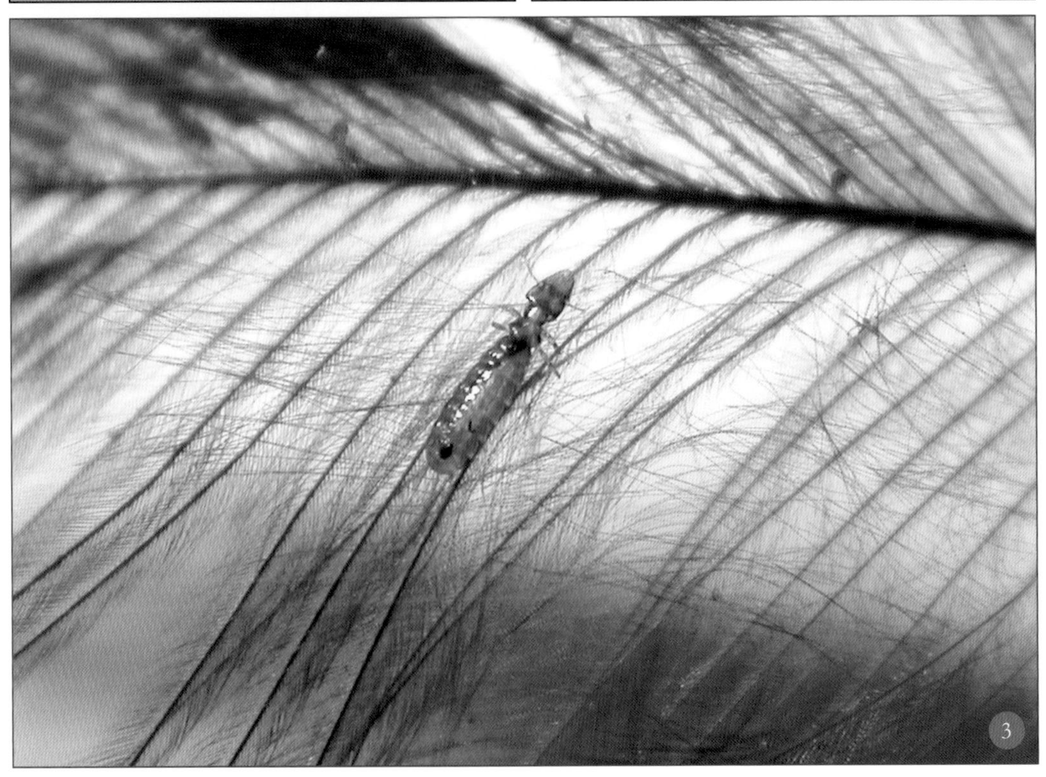

虱科
Pediculidae

- 侧背片端缘不与身体分开;
- 无显著的腹侧瘤;
- 3对足发达。

阴虱科
Phthiridae

- 全世界仅1种;
- 中后足爪很大，形似螃蟹;
- 寄生于人体阴部，附着于阴毛上。

长角鸟虱科
Philopteridae

- 触角丝状，3~5节;
- 跗节具2爪;
- 寄生在鸟类羽毛上。

❶人虱因寄生部位的不同，分为两个亚种：体虱 *Pediculus humanus corporis* 和头虱 *Pediculus humanus capitis*，图为头虱。❷阴虱 *Phthirus pubis*，又称蟹爪虱，生活在人体的阴毛上，是人类阴部特有的寄生昆虫，主要吸食血液，造成下体红肿，瘙痒难忍，难杀灭。可借助人类的性行为进行传播（刘晔 摄）。❸长角鸟虱是食毛亚目最为多见的，在世界各地的鸟类身上都可以发现。

钻花蓟马缨翅目，体小细长常翘腹；短角聚眼口器歪，缨毛围翅具泡足。

缨翅目

- 体微小至小型，细长，体长一般为0.5~15 mm。
- 头锥形，能活动，下口式；口器锉吸式，左右不对称。
- 复眼发达，小眼面数目不多。
- 单眼通常为3个，在头顶排列成三角形，无翅型常缺单眼。
- 触角短，6~10节。
- 翅常2对，狭长，膜质，边缘具长缨毛，前、后翅形状大致相同，翅脉有或无，也有无翅及仅存遗迹的种类。
- 足跗节1~2节，末端常有可伸缩的由中垫特化而成的泡囊，爪1~2个。
- 腹部常10节，纺锤状或圆筒形；无尾须。
- 锥尾亚目雌虫第8~9节腹板间生出锯齿状的产卵器，末端数节呈圆锥状，雄虫末端钝圆；管尾亚目无特化的产卵器，雌、雄虫末节均呈管状。

THYSANOPTERA

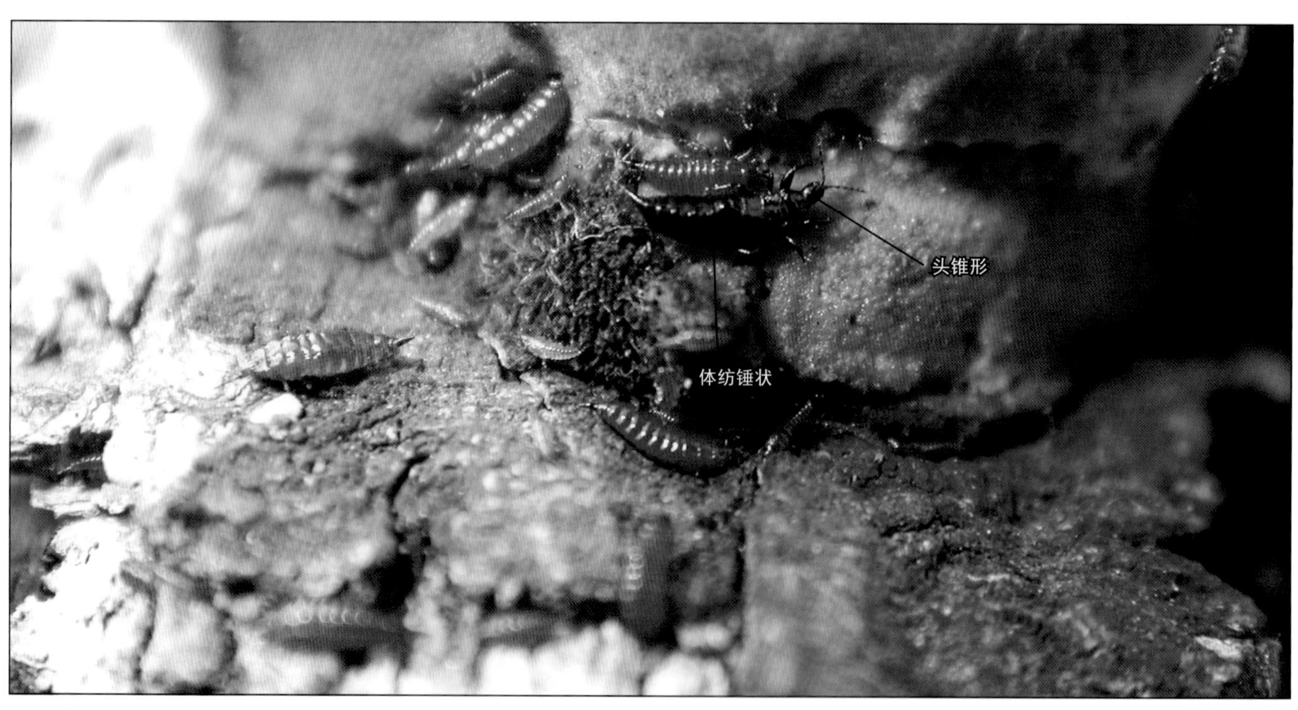

● 眼管蓟马 *Ophthalmorthrips* sp. 的成虫为黑色、若虫为红色，在真菌上共同生活。

缨翅目的昆虫通称蓟马，是一类体型微小、细长而略扁具有锉吸式口器的昆虫。蓟马若虫与成虫相似，经“过渐变态”后发育为不取食而有翅芽的前蛹或预蛹，尔后羽化为有翅的成虫，其翅边缘有缨毛，故称缨翅目。目前全世界已描述的种类有9科6 000余种，中国已知340余种。若虫与成虫多见于花蕊、叶片背面及枯叶层中。

过渐变态一生经历卵、一二龄幼虫、三四龄蛹、成虫。两性生殖和孤雌生殖，或者两者交替发生。大多数为卵生，但也有少数种类为卵胎生。若虫常易与无翅型种类的成虫相混淆，但若虫头小，无单眼，复眼很小，体黄色或白色，管尾亚目的若虫体常有红色斑点或带状红斑纹。蓟马善跳，在干旱的季节繁殖特别快，易形成灾害，常见于花上，取食花粉粒和发育中的果实。

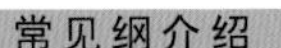

纹蓟马科
Aeolothripidae

- 体粗壮;
- 褐色或黑色;
- 翅宽阔, 翅尖钝圆;
- 翅具横脉;
- 翅面常有暗色斑纹;
- 触角9节, 末端5节愈合, 但节间仍有间缝;
- 多为捕食性, 以其他蓟马、小型昆虫或螨类为食。

蓟马科
Thripidae

- 体长一般在0.7~3.0 mm;
- 触角6~8节;
- 有翅或无翅;
- 有翅型翅狭长, 翅端尖锐;
- 大多数种类植食性, 取食叶片、嫩芽、花和果实等。

管蓟马科
Phlaeothripidae

- 腹部末端(第10腹节)呈圆管状, 称"尾管";
- 有翅或无翅;
- 有翅型前后翅相似, 翅脉消失;
- 食性复杂, 有植食性、捕食性、菌食性和取食腐殖质的种类。

❶正在叶片上捕食螨类的长角蓟马 *Franklinothrips* sp.(林义祥 摄)。❷在花间取食的蓟马(林义祥 摄)。❸瘦管蓟马 *Giganothrips* sp. 是一种比较大型的蓟马, 身体极为细长。

蝽蝉蚜蚧半翅目，同翅异翅体上覆；刺吸口器分节喙，水陆取食动植物。

半翅目

- 体小型至大型，体及体色均多样；
- 头部后口式；
- 口器刺吸式，喙管从头部后方伸出，多为3节，异翅亚目种类喙管从头的前端伸出，通常4节，休息时沿身体腹面向后伸；
- 触角多为丝状，部分刚毛状；
- 复眼发达，突出于头部两侧；
- 单眼2个或3个，位于复眼稍后方，少数种类无单眼；
- 前胸背板发达，通常呈六角形，有的呈长颈状，两侧突出呈角状；
- 中胸小盾片发达，通常呈三角形，少数半圆形或舌形，有的种类特别发达，可将整个腹部盖住；
- 胸喙亚目和头喙亚目种类前翅质地均匀，膜质或革质，休息时常呈屋脊状放置，有些蚜虫和雌性介壳虫无翅，雄性介壳虫后翅退化呈平衡棍；
- 异翅亚目种类前翅基半部骨化成革质，端半部膜质，为半鞘翅，革质部分又常分为革片、爪片、缘片和楔片，膜质部分称为膜片，膜片的翅脉数目和排列方式因种类不同而异；
- 足的类型因栖境和食性而异，除基本类型为步行足外，还有捕捉足、游泳足和开掘足等，跗节1~3节；
- 部分种类具蜡腺（胸喙亚目和头喙亚目）；
- 部分种类具臭腺（异翅亚目）；
- 部分种类可以发声（头喙亚目）。

HEMIPTERA

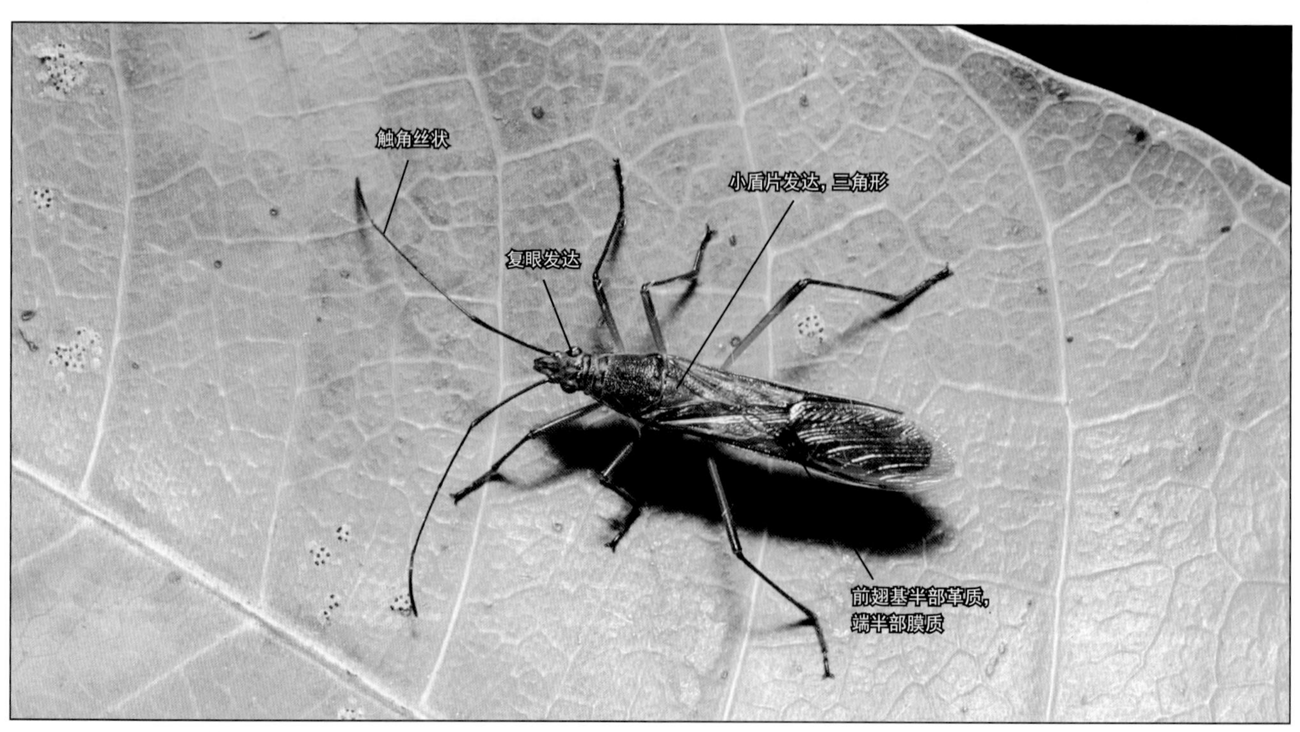

- 异翅亚目的代表（缘蝽科）。

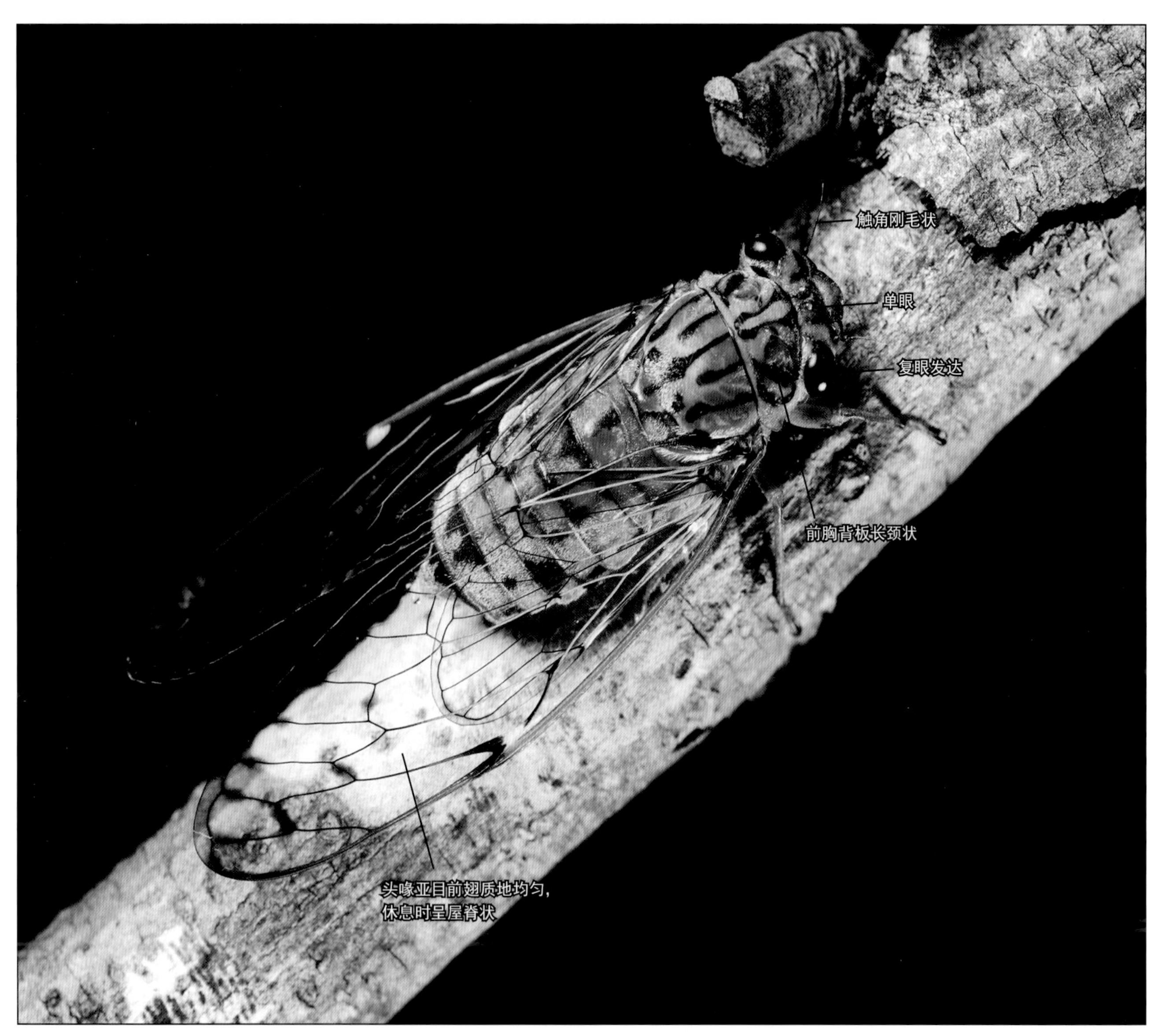

● 头喙亚目的代表（蝉科）。

半翅目包括4个亚目：胸喙亚目Stemorrhyncha、头喙亚目Auchenorrhyncha、鞘喙亚目Coleorrhyncha、异翅亚目Heteroptera。半翅目昆虫世界性分布，以热带、亚热带种类最为丰富。目前，世界已知83 000多种，中国已知6 100多种。

渐变态（粉虱和介壳虫雄虫近似完全变态），一生经过卵、若虫、成虫3个阶段。卵单产或聚产于土壤、物体表面或插入植物组织中，初孵若虫留在卵壳附近，脱皮后才分散，若虫食性、栖境等与成虫相似，一般5龄，1年发生1代或多代，个别种类多年完成1代；许多种类具趋光性。

半翅目昆虫多为植食性，以刺吸式口器吸食多种植物幼枝、嫩茎、嫩叶及果实的汁液，有些种类还可传播植物病害；吸血蝽类为害人体及家禽家畜，并传染疾病；水生种类捕食蝌蚪、其他昆虫、鱼卵及鱼苗；猎蝽、姬蝽、花蝽等捕食各种害虫及螨类，是多种害虫的重要天敌；有些种类可以分泌蜡、胶，或形成虫瘿，产生五倍子，是重要的工业资源昆虫，紫胶、白蜡、五倍子还可药用；蝉的鸣声悦耳动听，蜡蝉、角蝉的形态特异，是人们喜闻乐见的观赏昆虫。

异翅亚目
Heteroptera

奇蝽科
Enicocephalidae

- 多数种类体长在2~5 mm，少数可达16 mm；
- 多数种类雌雄异型，雌虫常短翅或无翅；
- 头部向前伸长；
- 前翅质地均一，不分成革质部和膜质部；
- 前足跗节可弯向胫端，犹如虱子的前足，有助于把握猎物；
- 很多种类有群飞习性，在异翅亚目中是唯一的。

尺蝽科
Hydrometridae

- 体细长，杆状；
- 头部多强烈伸长，并平伸向前；
- 复眼相对较小，位于头的中段，远离前胸背板；
- 触角细长；
- 足的着生位置多偏重侧方；
- 生活于长有植物的净水水体旁；
- 可在水面迅速爬行。

❶小型奇特的奇蝽，发现于马来西亚沙巴。❷尺蝽 *Hydrometra* sp. 通常在水面捕食小甲壳动物和昆虫幼虫，尤其是孑孓，有群集取食行为。

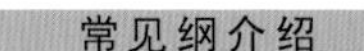

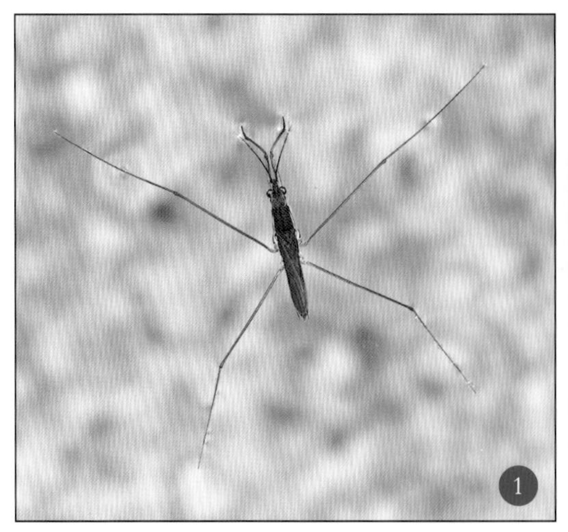

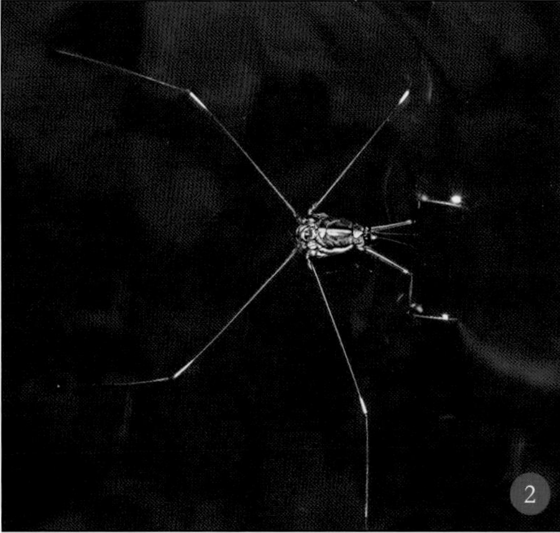

❶水黾通常在水面上划行，以掉落在水上的其他昆虫、虫尸或其他动物的碎片等物为食。图为圆臀大黾蝽 *Aquarius paludum*。摄于重庆南岸区雷家桥水库。❷巨涧黾 *Potamometra* sp. 腹部变得短小，体型较大，适合生活在激流环境中。❸大鳖负蝽 *Lethocerus deyrollei* 又称田鳖，是最大型的异翅亚目昆虫。一些种类的田鳖在广东及东南亚等地作为美食被食用。❹日拟负蝽 *Appasus japonicus* 雌虫。❺日拟负蝽 *Appasus japonicus* 雌虫将卵产于雄虫背上，雄虫常游泳至水面或者用足划水，使卵得到充分的氧气，以利孵化。

黾蝽科

Gerridae

- 体小型至大型；
- 除少数种类外，全身覆盖由微毛组成的拒水毛；
- 前足粗短变形，具抱握作用；
- 中后足极细长，向侧方伸开；
- 腿节与胫节几乎等长；
- 各足跗节均为2节；
- 前翅翅室2~4个，翅的多型现象普遍；
- 几乎终生生活在水面，包括静水、激流、海边沿岸等。

负子蝽科

Belostomatidae

- 体中型至极大型，最大的种类可达110 mm；
- 卵圆形，较扁平；
- 触角前3节一侧具叶状突起，略成鳃叶状；
- 小盾片较大；
- 前翅整体具不规则网状纹，膜片脉序也呈网状；
- 前足捕捉式；
- 多生活于静水中，常停留在水草上静候猎物；
- 有较强趋光性。

蝎蝽科
Nepidae

- 体较大型，体长15~45 mm；
- 体长筒形；
- 头部平伸；
- 前胸背板可强烈延长；
- 前翅膜片具大量翅室，不很规则；
- 前足捕捉式；中后足细长，适于步行；
- 各足跗节均为1节；
- 第8腹节背板变形，成为1对丝状构造，合并成一个长管，伸出于腹后，并接触水面，为呼吸管；
- 生活于静水水体，不善游泳；
- 捕食各种小型水生动物。

蟾蝽科
Gelastocoridae

- 体中小型，体长7~15 mm，外形似蟾蜍，身体宽短扁平，且表面凹凸不平；
- 头部极短宽，强烈垂直；
- 复眼略突出，成虫具单眼；
- 前胸背板极宽大，占据体长的比例很大；
- 前足腿节极粗大，中后足细长，步行式，多为灰黄色，与砂土相近；
- 有时也见于离岸边稍远的干燥石块下；
- 可作跳跃式运动。

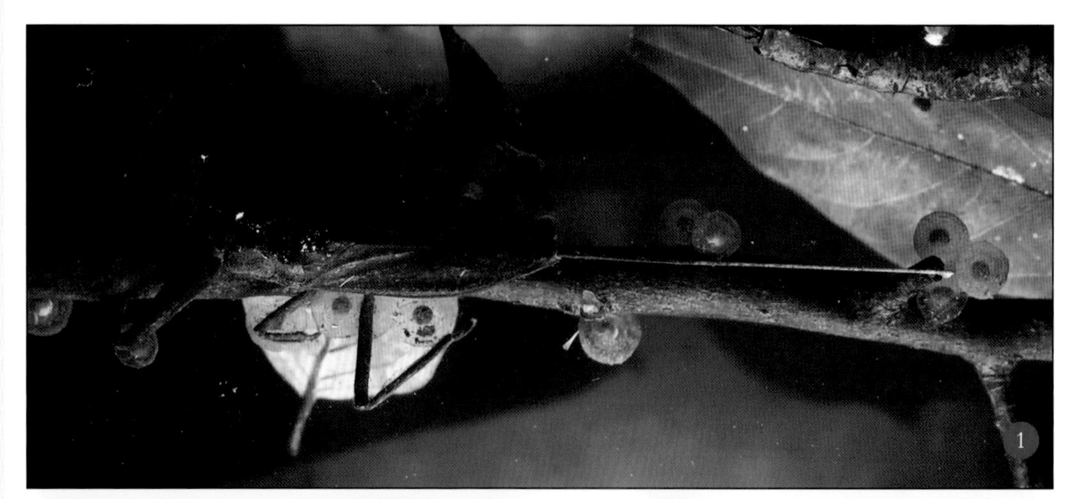

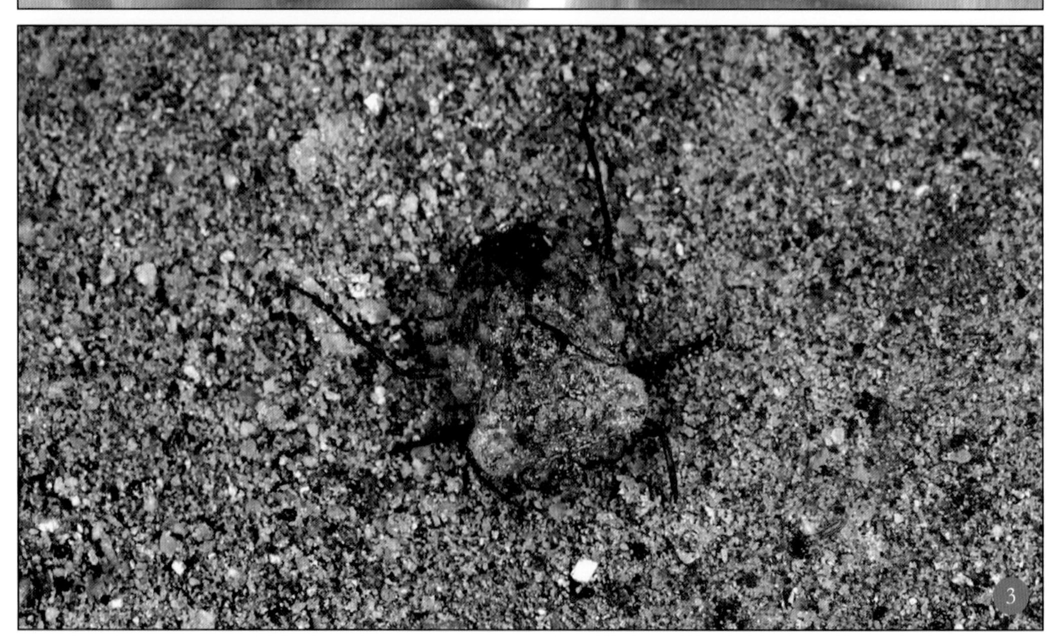

❶日壮蝎蝽 *Laccotrephes japonensis* 前胸背板前后端均有显著突起，分布广泛。❷中华螳蝎蝽 *Ranatra chinensis* 体呈狭长的棍状，我国广大地区都有分布。❸蟾蝽 *Nerthra* sp. 形似小蛙，跳跃捕食，栖息于小溪或池塘水边的泥中。摄于西藏墨脱。

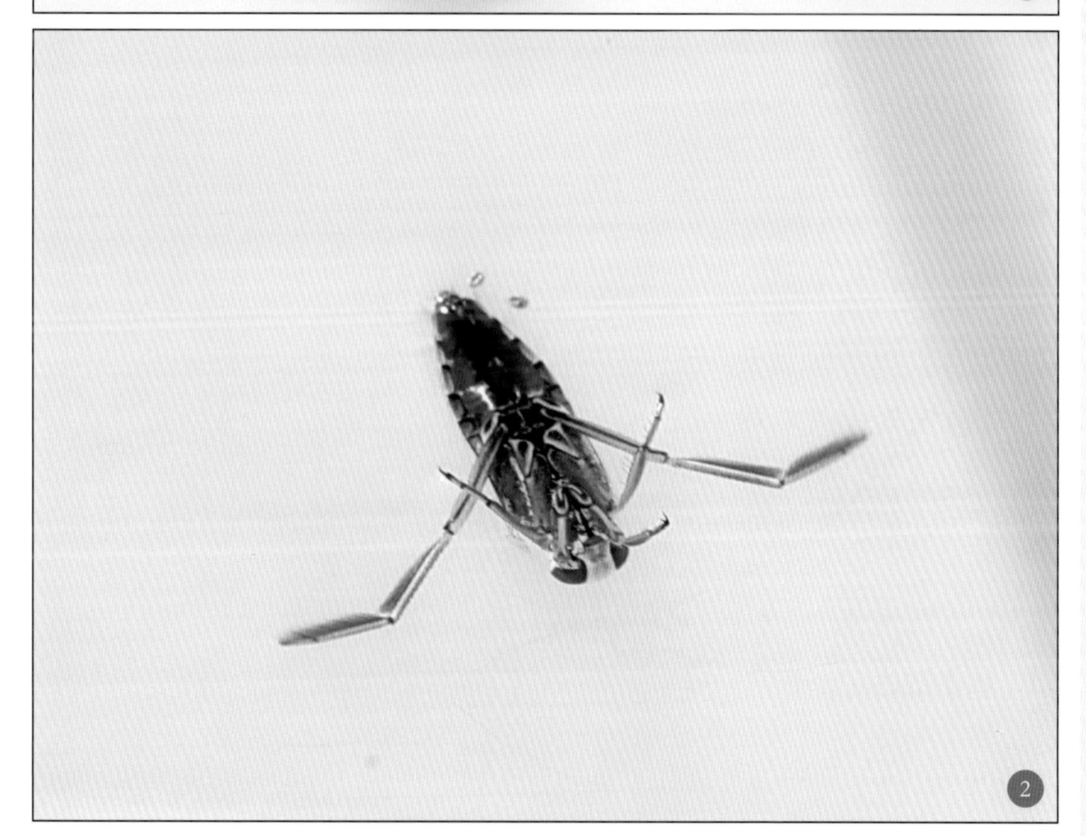

❶横纹划蝽 *Sigara substriata* 前胸背板上有 5 ~ 6 条黑色横纹，生活在池塘、湖湾、水田等浅水底层，全国广布，趋光性强。❷仰泳蝽一般生活在水的上层，腹面向上活动，肉食性。

划蝽科
Corixidae

- 体多狭长，成两侧平行的流线形，体长2.5~15 mm；
- 在较淡的底色上具有典型的斑马式斑纹；
- 头部宽短，垂直，明显的下口式；
- 触角短小，3~4节；
- 后足特化成宽扁的浆状游泳足，具缘毛；
- 生活于各种静水和流动缓慢的水域，包括大小池塘和湖泊；
- 后足划水，中足附着于水草上；
- 有很强的趋光性，有时数量极大。

仰蝽科
Notonectidae

- 体长5~15 mm；
- 常较狭长，身体向后渐狭尖，成优美的流线形；
- 复眼大；
- 触角3~4节，可部分露出于头外；
- 前翅膜片无翅脉，后足很发达，扁平，为浆状游泳足；
- 终生以背面向下，腹面向上的姿势在水中游泳生活；
- 多生活于静水池塘、湖泊或溪流中水流缓慢的区域；
- 捕食性强。

蚤蝽科
Helotrephidae

- 体微小型，体长1~4 mm;
- 体十分短宽、较为厚实;
- 头部和前胸愈合，形成头胸部，外表仅见1条很细的波状横纹;
- 头胸部约占体长的1/2;
- 身体其余部分明显向后尖狭，但小盾片极大;
- 前翅全部革质，无膜片，眼相对较小;
- 后足多形成游泳足;
- 栖息于静水池塘或溪流的回水处;
- 以腹部向上的姿势生活。

跳蝽科
Saldidae

- 体小型，体长2.3~7.4 mm;
- 卵圆形，较扁平;
- 体灰色、灰黑或黑色，常带有一些淡色或深色碎斑;
- 眼大，后缘多于前胸背板相接触;
- 生活在河湖沼泽的岸边和潮间带等处;
- 地表活动，可低飞，行动敏捷，但保护色较好，不易被发现。

❶线蚤蝽 *Distotrephes* sp. 是一种微型水生蝽类。生活在山间小溪相对平静的水湾中，可在水下石头上发现。❷跳蝽是小型且十分活跃的类群，多在山间溪流边生活。

猎蝽科
Reduviidae

- 体小型至大型种类，体多种多样；
- 头部常在眼后变细，伸长；
- 多有单眼；
- 喙多为3节，短粗，弯曲或直；
- 几乎全部为捕食性，以各种节肢动物为主要食物。

❶❷❸❹❺❻❼❽

❶蚊猎蝽属于蚊猎蝽亚科 Emesinae，六足细长，形似大蚊。❷杆修猎蝽 *Ischnobaenella* sp.，外观很像小型细长的竹节虫，但明显的区别就是前足为捕捉足。❸刺胸猎蝽 *Pygolampis* sp. 捕食各种昆虫和节肢动物，有趋光性，广泛分布于我国南方地区。❹在地面觅食的剑猎蝽 *Lisarda* sp.。摄于云南普洱。❺齿塔猎蝽 *Tapirocoris densa* 在植物丛的中上层活动，见于西南地区。❻分布于云南西双版纳的一种猎蝽，椭圆形鼓起的腹部，是它与众不同之所在。❼矛猎蝽 *Endochus* sp. 的前足腿节较粗，见于广西花山。❽红色是猎蝽较为常见的体色，或许也是一种警戒色，提醒那些捕食者："我不是好惹的。"

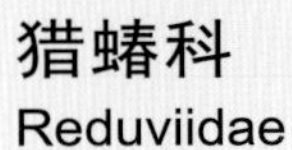

猎蝽科
Reduviidae

❶❷❸❹

瘤蝽科
Phymatidae

- 体小型至中型;
- 前足捕捉足;
- 背部扁平，身体向侧方延伸并具圆形突。

❺

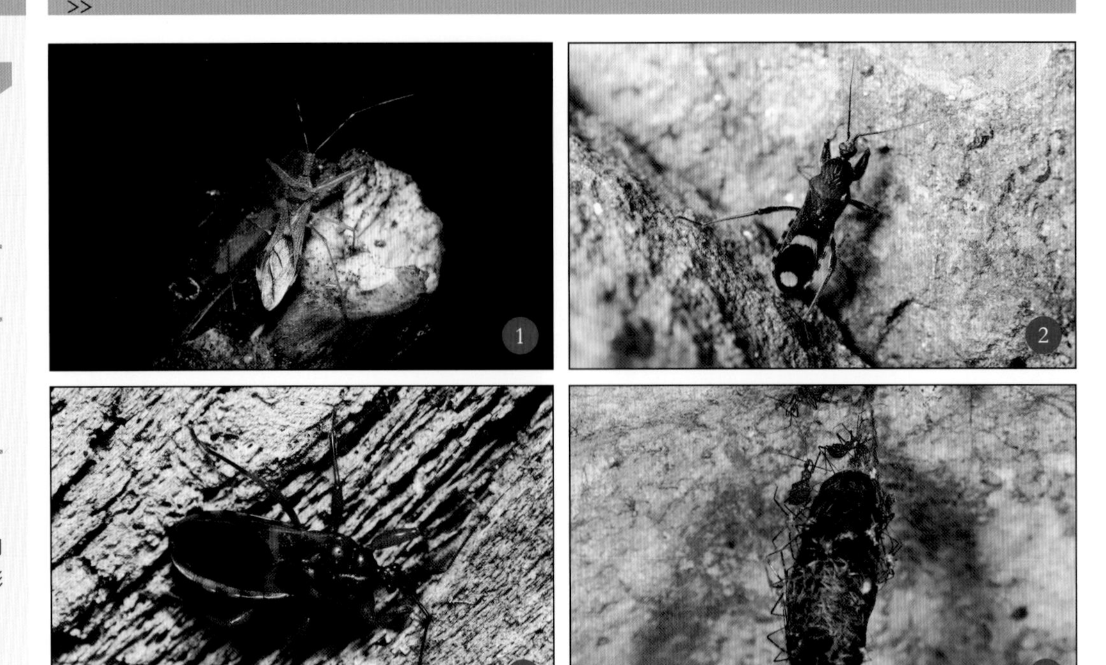

❶发现于云南德宏铜壁关自然保护区的一种素猎蝽 *Epidaus* sp.。❷日月猎蝽 *Pirates arcuatus* 的前翅上带有明显的日月斑纹，因此而得名。❸赤猎蝽 *Haematoloecha* sp. 是一种底色暗红，黑色斑纹的猎蝽种类。摄于海南岛。❹这个蛾子的蛹，已经被一群鲜红色的猎蝽若虫吸食得只剩下了一个空壳。❺螳瘤蝽 *Cnizocoris* sp. 多生活于山地植物上，以伏击其他弱小动物为食。摄于西藏东南。

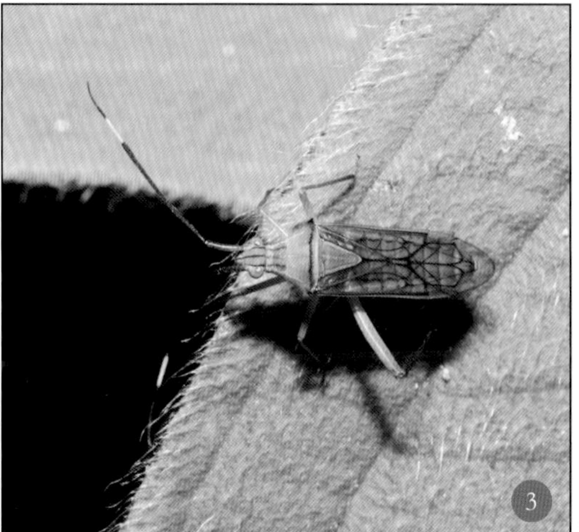

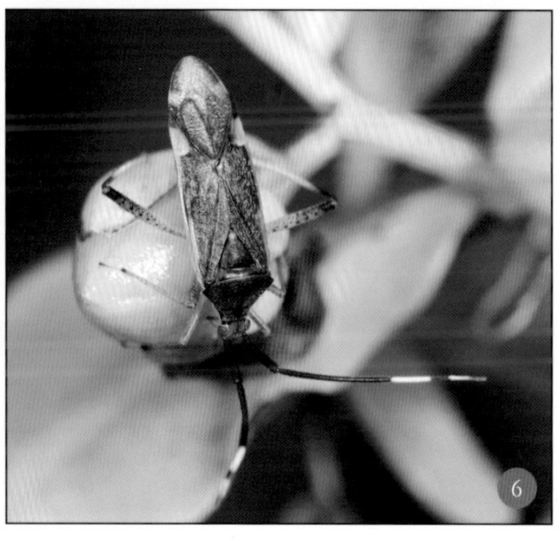

捷蝽科
Velocipedidae

- 体中型;
- 卵圆形，背面扁平;
- 头狭长，平伸;
- 头的眼前部分极长;
- 复眼距前胸背板较远，向两侧突出;
- 单眼1对;
- 喙极细长，第3节极长;
- 外革片极度扩展，致使前翅宽大;
- 在树皮下生活。

盲蝽科
Miridae

- 体小型至中型，体形多样;
- 身体较柔弱;
- 头部或多或少下倾或垂直;
- 除个别种类外，均无单眼;
- 生活在植物上，活泼，善飞翔;
- 喜吸食植物的花瓣、子房和幼果等。

❶捷蝽多在树皮下生活，以捕捉其他小型昆虫为食。图为阿特斯捷蝽 *Scotomedes ater*。摄于婆罗洲。❷通常在花上捕食小型昆虫的丽盲蝽 *Lygocoris* sp. 显得有些柔弱，但却是不折不扣的捕食者。❸透翅盲蝽 *Hyalopeplus* sp. 的翅为透明状，形态极为特殊。摄于海南岛。❹角盲蝽 *Helopeltis* sp. 的小盾片上有 1 个直立的棍状突起，顶端球状，仿佛随身携带了一根天线。昆虫爱好者则常戏称其为自带了昆虫针。❺色彩丰富的盲蝽，发现于广西崇左。❻这只生活在四川西部的盲蝽，正将刺吸式的口器插入 1 个植物的花蕾，享受着美味大餐。

常见纲介绍

网蝽科
Tingidae

- 体小型至中型；
- 体扁平，有相对较宽的前翅；
- 头相对较小；
- 无单眼；
- 触角4节，第1，第2节较短，第3节长，第4节纺锤形；
- 前胸背板后端向后形成三角形，并延伸遮盖中胸小盾片，两侧形成“侧叶”，中央前方形成“头兜”；
- 前翅全部形成革质，坚硬，外侧宽大平展；
- 前胸背板和前翅密布网格状花纹，容易辨认；
- 无鲜艳的体色；
- 多栖息于植物叶片的反面，也有生活在树皮缝隙，苔藓层下者，均为植食性。

姬蝽科
Nabidae

- 体多为中小型；
- 头平伸；
- 触角4节，具梗前节，有时此节较大，而使触角看上去像是5节；喙常弯曲，但较细长，与猎蝽科不同；
- 多栖息于植物上，捕食蚜虫等小型节肢动物。

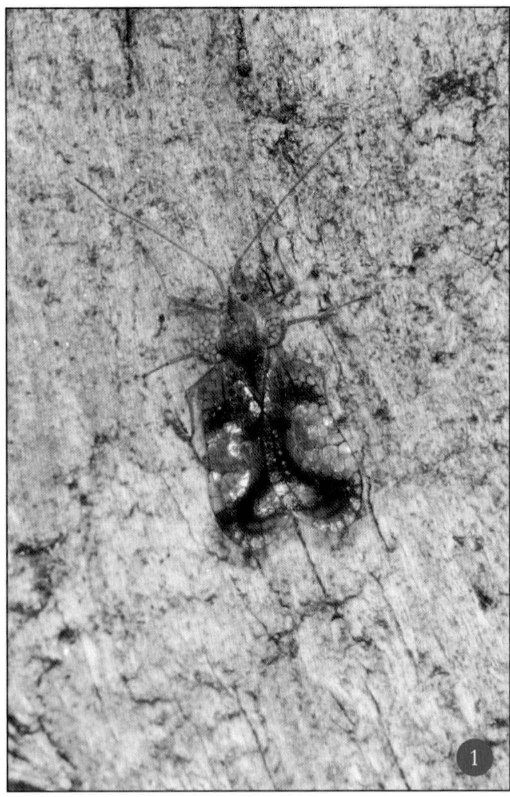

❶网蝽虽然色泽素雅，但无疑就是一件件活生生的小型工艺品。❷悬铃木方翅网蝽 *Corythucha occidentalis*，原产北美，严重危害城市行道树悬铃木，其成虫和若虫生活在叶片背面，吸食汁液，抑制植物生长，已入侵至我国西南、华南、华中及华北地区。❸姬蝽通常栖息于灌木丛间，捕食其他小型昆虫。摄于马来西亚沙巴。

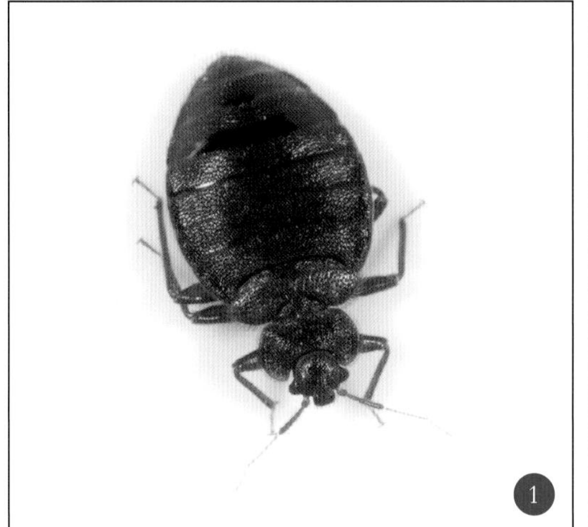

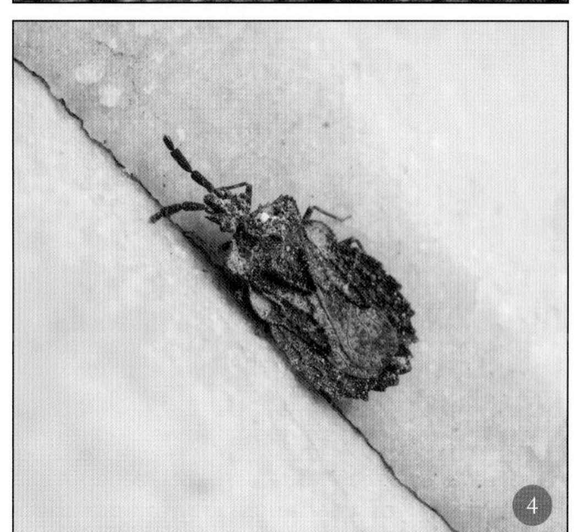

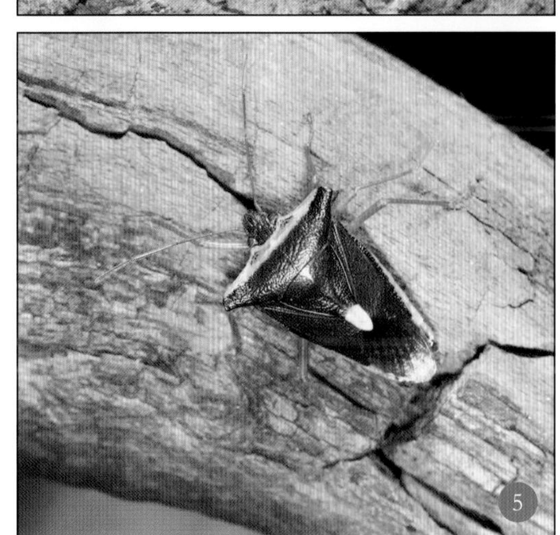

臭虫科
Cimicidae

- 体小型至中型;
- 卵圆形，扁平;
- 红褐色;
- 外观几乎无翅;
- 以鸟兽的血液为食。

扁蝽科
Aradidae

- 体小型至中型;
- 体十分扁平;
- 褐色或黑色，多无翅;
- 头平伸;
- 复眼小;
- 无单眼；触角4节。

同蝽科
Acanthosomatidae

- 体多为中型;
- 椭圆形，绿色或褐色，常带有红色等鲜艳的斑纹;
- 头向前平伸，渐狭，略呈三角形;
- 触角5节;
- 前胸背板侧角常强烈伸长成尖刺状;
- 中胸小盾片三角形，不长于前翅长度的1/2;
- 栖息于灌木或乔木上，喜食果实;
- 许多种类雌性有保护卵块和初孵幼虫免受天敌侵害的行为。

❶床虱 *Cimex lectularius*，对人类环境最为适应，它们可在世界上所有温带气候的地方被发现。❷生活在西藏的克什米尔似喙扁蝽 *Pseudomezira kashmirensis* 生活于腐烂的倒木树皮下，常成群聚居，以细长的口针吸食腐木中的真菌菌丝。❸科氏缘鬃扁蝽 *Barcinus kormilevi* 是在树干表面活动的种类。摄于海南岛的热带雨林。❹早春，在华北一带山区的石块上，可以见到这种成虫越冬的华扁蝽 *Aradus chinensis*。❺发现于云南丽江老君山的一种同蝽 *Acanthosoma* sp.。❻分布于云南红河州的同蝽科种类，身体接近椭圆形。

土蝽科
Cydnidae

- 体小型至中型;
- 黑色为主，也有褐色或黑褐色的种类，个别有白色或蓝白色花斑;
- 身体厚实，略隆起，体壁坚硬，常具光泽;
- 头平伸或前倾，常短宽，背面较平坦，前缘多呈圆弧形;
- 触角多为5节，少数4节，较粗短;
- 各足跗节3节，胫节粗扁，或变成勺状、钩状等;
- 栖息于地表或地被物下，或土壤表层、土缝之中;
- 吸食植物根部或茎部的汁液;
- 有些种类有成虫护卵和若虫聚集的习性;
- 部分种类有趋光性。

朱蝽科
Parastrachiidae

- 体为两端渐尖而中央较宽的长卵圆形;
- 头部侧叶甚宽，呈三角形，明显长于中叶;
- 前胸背板前角尖;
- 成虫有群居和护卵习性;
- 生活于林缘、灌木、草丛等处;
- 有趋光性。

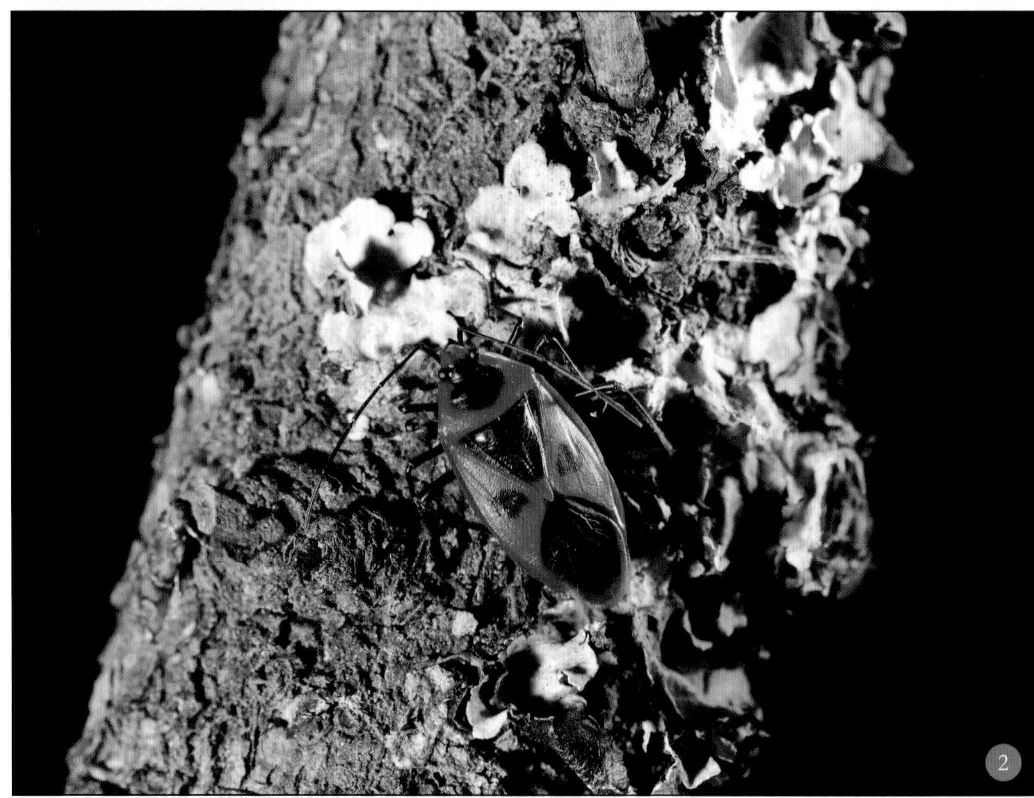

❶生活在云南西双版纳的一种体型中等的土蝽。❷日本朱蝽 *Parastrachia japonensis* 鲜红色并带有明显的黑斑。摄于云南梅里雪山。

兜蝽科
Dinidoridae

- 体中型至大型，外形与蝽科较为相似；
- 体椭圆形；
- 体褐色或黑褐色，多数无光泽；
- 触角多数5节，少数4节；
- 触角着生处位于头的腹面，从背面看不到；
- 前胸背板表面常多皱纹或凹凸不平；
- 中胸小盾片长不超过前翅长度的1/2，末端比较宽钝；
- 各足跗节2节或3节；
- 前翅膜片脉序因多横脉而成不规则的网状。

蝽科
Pentatomidae

- 体小型至大型；
- 多为椭圆形，背面一般较平，体色多样；
- 触角5节，有时第2，第3节之间不能活动，极少数4节；
- 有单眼；
- 前胸背板常为六角形；
- 中胸小盾片多为三角形，相当于前翅长度的1/2；
- 各足跗节3节；
- 大多植食性，喜吸食果实或种子，也可吸食植物的汁液；
- 益蝽亚科Asopinae的种类为捕食性，口器较粗壮。

❶大皱蝽 *Cyclopelta obscura* 跟多数兜蝽科种类一样，灰黑色，其貌不扬，完全可以用“难看”一词来形容。❷麻皮蝽 *Erthesina fullo* 体背黑色散布有不规则的黄色斑纹，成虫及若虫均以锥形口器吸食多种植物汁液，是一种常见的椿象，我国广大地区都可以见到。❸尖角普蝽 *Priassus spiniger* 前胸背板前半部玫瑰色，其他部位黄白色，非常容易识别。❹这种绿色带有黑色碎斑的蝽科昆虫分布于云南铜壁关自然保护区的密林中，当它落在林中长满苔藓和地衣类植物的树干上时，跟环境完全融为一体，难以发现。❺玉蝽 *Hoplistodera* sp. 身体短宽，玉青色、青红色相间，小盾片极大，舌状，前胸背板侧角伸出呈尖角状，较容易识别。❻削疣蝽 *Cazira frivaldskyi* 小盾片上有 2 个大型的瘤峰，前足胫节片状，极易识别。

蝽科
Pentatomidae

❶❷❸

龟蝽科
Plataspidae

- 体小型至中小型；
- 体短宽，后缘多少平截；
- 梯形或倒卵圆形，略呈龟状或豆粒状；
- 黑色有光泽，部分种类黄色，并带有斑纹；
- 触角5节，第2节甚为短小，第1节常不可见；
- 中胸小盾片极度发达，遮盖整个腹部及前翅的大部，与腹端取齐；
- 前翅在静止时全部隐于小盾片之下；
- 足较短，各足跗节2节；
- 多栖息于植物枝条上，常集小群；
- 臭腺发达，可发出强烈的臭气。

盾蝽科
Scutelleridae

- 多数色彩和花斑；
- 背强烈圆隆，卵圆形；
- 头多短宽；
- 触角4节或5节；
- 中胸小盾片极发达，遮盖整个腹部和前翅绝大部分；
- 各足跗节3节；
- 臭腺发达，可发出强烈的臭气；
- 植食性，喜吸食果实。

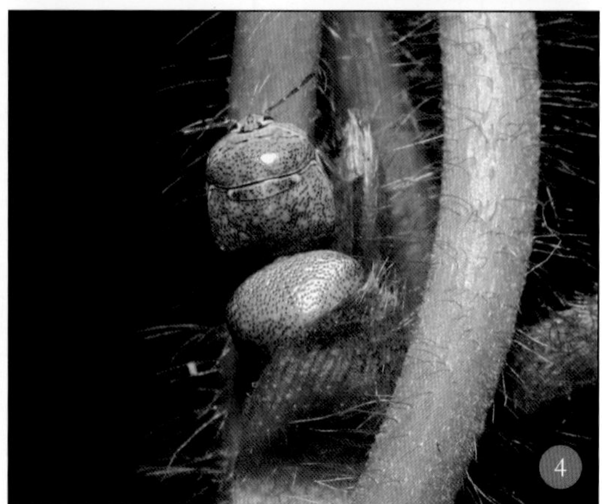

❶叉蝽 *Cressona valida* 前胸背板的两侧突起向前伸，极为明显，主要为害竹类，成虫取食后多静伏在与其身体等粗的竹侧枝节处，其叉状突酷似断枝，故较难发现。行动迟缓，有假死性。❷棱蝽 *Megarrhamphus* sp. 生活在细长的草叶上，吸食植物的汁液。摄于泰国考艾（Khao Yai）国家公园。❸益蝽亚科 Asopinae 的若虫捕食性，体液饱满的蛾类幼虫是它们的最爱。❹豆龟蝽 *Megacopta* sp. 近卵形，体淡黄褐色，复眼红褐色，均喜群居为害。摄于云南西双版纳。❺双列圆龟蝽 *Coptosoma bifaria* 近圆形，黑色光亮，复眼红褐。群集为害寄主植物，成虫在被害植物的残枝落叶、土缝、石块下越冬。❻山字宽盾蝽 *Poecilocoris sanszesignatus* 的身体具强烈的金属光泽，蓝绿色带有鲜红斑纹，前胸背板中后区两侧具“山”字形红色条纹，因此而得名。

荔蝽科
Tessaratomidae

- 体大型，外形与蝽科相似；
- 体褐色、紫褐色或黄褐色，有些具金属光泽；
- 头小型；
- 触角4～5节，第3节短小，中国种类多数4节；
- 触角着生处位于头的下方，从背部不可见；
- 喙较短，不超过前足基节；
- 各足跗节2节或3节；
- 臭腺发达，可发出强烈的臭气；
- 生活于乔木上，吸食果实和嫩梢。

❶荔蝽 *Tessaratoma papillosa* 为大型种类，棕色，是荔枝、龙眼的主要害虫，分布于我国南方各地。

❷硕蝽 *Eurostus validus* 为大型种类，身体椭圆形，紫红色带有金绿色斑，非常漂亮。成虫有假死性，遇敌或求偶时会发出声音，广泛分布于全国大多数地区。

>>

异蝽科

Urostylididae

- 绝大多数体中型;
- 体椭圆形，常较扁平;
- 体相对蝽总科其他类群显得较弱;
- 足和触角相对比较细长;
- 底色多为绿色或褐色;
- 头较短小;
- 单眼多互相靠近;
- 触角5节，少数4节，第1节很长;
- 前胸背板梯形;
- 小盾片三角形，一般不超过前翅长度的1/2;
- 膜片具6~8根纵脉，平行且简单;
- 臭腺发达，可发出强烈的臭气;
- 雄虫生殖器大，开口处常有较复杂的突起等结构，非常明显，故亦称“异尾蝽”;
- 植食性;
- 栖息于乔木之上，喜静伏于叶面背后，2触角相互靠近，向前直伸。

❶美盲异蝽 *Urolabida pulchra* 是一种色彩异常鲜艳的种类。摄于云南高黎贡山。❷壮异蝽 *Urochela* sp. 体浅棕褐色，发现于西藏林芝。

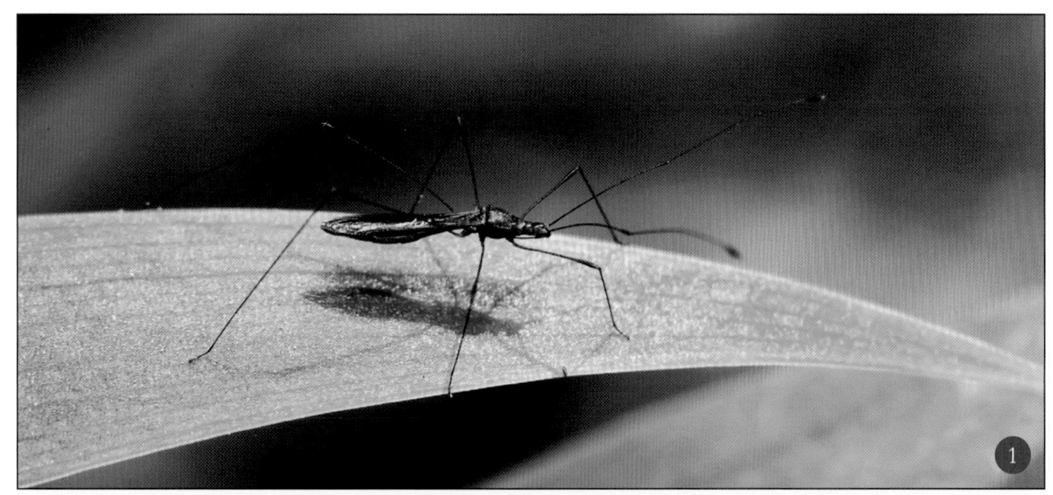

❶锤胁跷蝽 *Yemma signatus* 体狭长，淡黄褐色，成虫、若虫群聚植食性为主，有时也会吸食其他小虫，广布于全国各地。❷高粱狭长蝽 *Dimorphopterus spinolae* 体黑色，长方形，末端钝圆，成虫、若虫刺吸汁液，严重时造成叶片枯黄，植株生长缓慢。❸大眼长蝽 *Geocoris* sp. 为小型种类，眼大而突出，向后强烈斜伸，捕食性，可捕食叶蝉、盲蝽、棉蚜等若虫及鳞翅目害虫的卵及小幼虫，广泛分布。

跷蝽科
Berytidae

- 体小型至中小型；
- 体、足及触角极细长，灰黄色至红褐色；
- 运动时，身体抬高，靠细长的足支撑，犹如踩高跷，故得名；
- 有单眼；
- 触角4节，极细长，前3节长，第1节末端突然加粗，第4节短小，纺锤形；
- 前翅前缘常凹弯，成束腰状；
- 膜片脉一般为5条，简单；
- 各足腿节及胫节极细长，腿节末端加粗；
- 各足跗节均3节；
- 植食性为主，也有捕食其他昆虫的记录。

长蝽科
Lygaeidae

- 体微小型至中型，体型多样，椭圆形居多；
- 大多数种类体色暗淡，少数鲜红色带大型黑斑；
- 头多数平伸；
- 有单眼；
- 触角4节，简单；
- 前翅膜片有4~5条纵脉，简单，不分支，极少种类有1个或3~4个翅室；
- 生活在地表和地被物间，以及植物上；
- 很多喜吸食果实、种子及植株的浆液；
- 很多种类的若虫拟态蚂蚁。

常见纲介绍

>>

大红蝽科
Largidae

- 体小型至大型；
- 常为椭圆形，鲜红色或多少带有红色；
- 触角4节，着生位置为头侧面中线下方；
- 无单眼；
- 前胸背板无扁薄而且上卷的侧边；
- 前翅膜片具多条纵脉，可具分支，或形成不规则网状，基部形成2~3个翅室；
- 产卵器发达；
- 生活于植株上，或在地表爬行；
- 取食植物汁液及果实和种子，也有捕食其他昆虫的记录。

红蝽科
Pyrrhocoridae

- 体中型至大型；
- 体椭圆形；
- 体多为鲜红色，并有黑斑；
- 头部平伸；
- 触角4节，着生位置为头侧面中线下方；
- 无单眼；
- 前胸背板具扁薄而且上卷的侧边；
- 前翅膜片具多条纵脉，可具分支，或形成不规则网状，基部形成2~3个翅室；
- 产卵器退化；
- 植食性，生活于植株上，或在地表爬行；
- 主要寄主为锦葵科或其近缘科，取食果实或种子。

❶巨红蝽 *Macroceroea grandis* 为大型种类，长卵形，血红色，雄虫腹部极度延伸。成虫于7—9月出现，并以成虫在落叶堆中过冬。群栖性，受惊则假死垂地。成虫、若虫性喜静，不善飞翔。分布于南方省份。图为雄虫。❷巨红蝽的雌虫。❸斑红蝽 *Physopelta* sp. 黄褐色为主，前翅革片中央各具1个圆形黑斑，成虫有趋光性。摄于云南西双版纳。❹细斑棉红蝽 *Dysdercus evanescens* 长卵圆形，橙红色至红色，成虫有趋光性。摄于云南德宏州铜壁关自然保护区。❺阔胸光红蝽 *Dindymus lanius* 朱红色，前翅膜片大部分黑色。寄主为伞形花科等植物。南方地区分布广泛。

缘蝽科
Coreidae

- 体中型至大型，大型种类身体坚实；
- 体型多样，多为椭圆形；
- 头常短小，唇基向下倾斜，或与头部背面垂直；
- 相当种类的触角节与足有扩展的叶状突起；
- 前胸背板侧方常有各式叶状突起；
- 后足胫节有时膨大，或具齿列，后足胫节有时弯曲；
- 全部植食性，栖息于植物上，喜吸食植物营养器官、嫩芽等；
- 常分泌强烈的臭味。

❶❷❸❹❺❻

❶长腹伕缘蝽 *Pseudomictis distinctus* 为大型种类，暗褐色，雄虫后足股节粗大，胫节腹面呈三角形，极易辨识。卵聚产于叶背面或小枝上，成虫、若虫喜在嫩叶上取食。广布于南方地区。图为雄成虫。❷长腹伕缘蝽初孵若虫为黑色，吸食初发的嫩芽，外观近似受伤变黑的叶片局部，起到保护色的作用。❸长腹伕缘蝽 2 龄若虫开始变为浅红褐色，不仅色泽更加接近所停留的叶片，食性也同时扩大到嫩叶。❹达缘蝽 *Dalader* sp. 身体赭色，前胸背板侧叶向前侧方伸展较短。照片摄于陕西秦岭。❺蜂缘蝽 *Riptortus* sp. 白天活动，极为活跃，常在草丛中作短距离飞行，以成虫在枯草丛中、树洞和屋檐下等处越冬，全国各地广泛分布。❻棘缘蝽 *Cletus* sp. 为小型种类，喜聚集在寄主植物上吸食汁液。主要分布于华东、西南等地。

缘蝽科
Coreidae

❶❷❸❹

姬缘蝽科
Rhopalidae

- 体小型至中型;
- 体椭圆形;
- 体色灰暗，少数鲜红色;
- 外貌似长蝽科或红蝽科的部分种类;
- 单眼着生处隆起，但2个单眼并不靠近;
- 触角第1节较短，短于头的长度;
- 生活于植物上，尤以低矮植物为多;
- 植食性，以植物营养器官种子和花为食。

❶竹缘蝽 *Notobitus* sp. 体中型偏大，卵聚产于竹叶背面，吸食嫩竹和竹笋汁液。摄于重庆缙云山。❷暗黑缘蝽 *Hygia opaca* 体小型至中型，黑褐色，成虫、若虫常群聚为害寄主植物。❸中稻缘蝽 *Leptocorisa chinensis* 体中型，细长的种类，较为活跃，多在草丛中生活。我国各地均有分布。❹正在树枝上产卵的缘蝽，卵自上而下逐一产出。摄于泰国考艾（Khao Yai）国家公园。❺小型的姬缘蝽，可在野外菊科植物的花上见到。摄于西藏雅鲁藏布大峡谷。

胸喙亚目
Stemorrhyncha

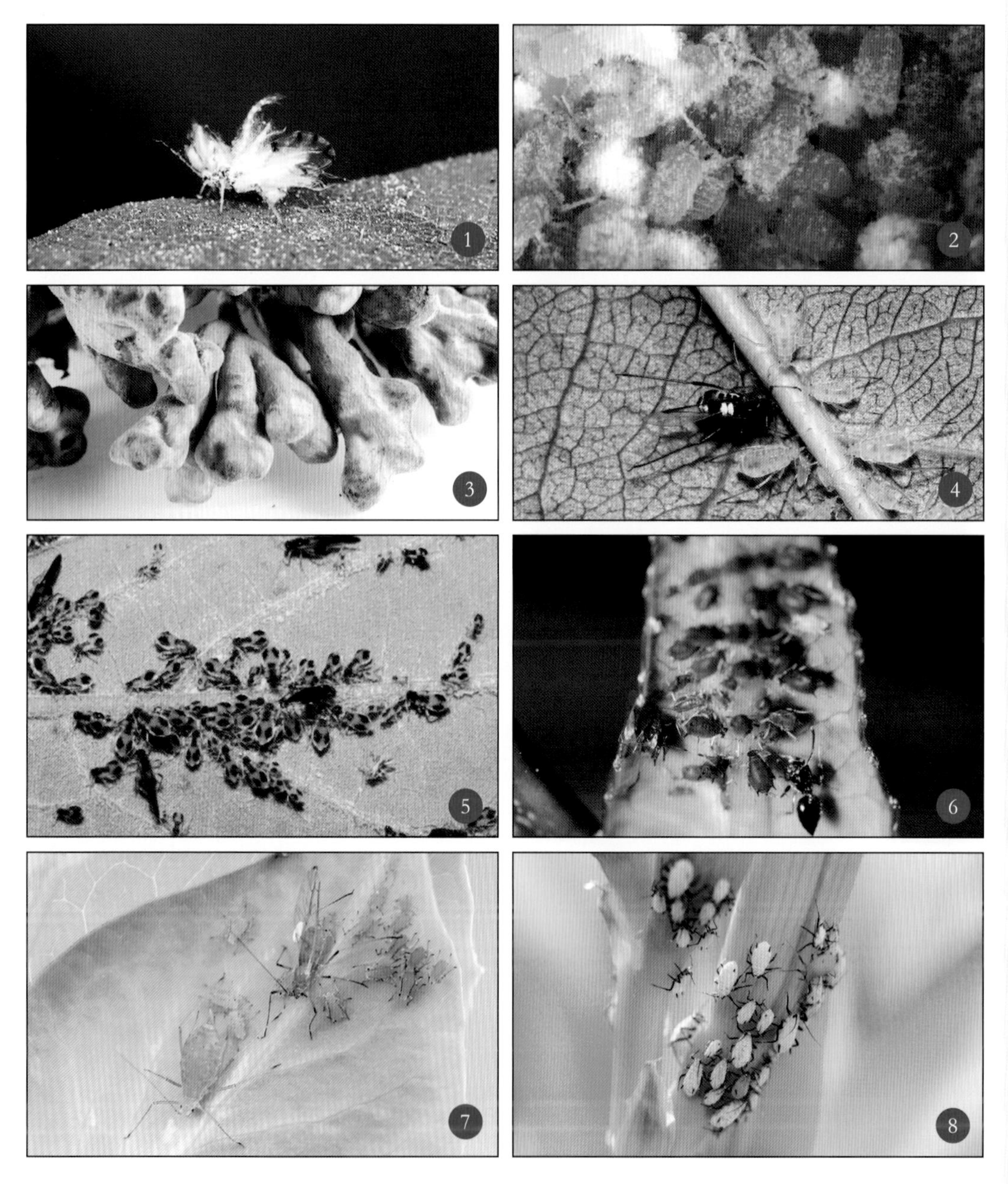

蚜科
Aphidoidae

- 部分种类孤雌生殖，胎生；
- 部分种类两性生殖，卵生；
- 前翅有4个斜脉；
- 触角4～6节，如为3节，则尾片烧瓶状；
- 头胸部之和大于腹部；
- 尾片形状多样，腹管有或无。

❶❷❸❹❺❻❼❽

❶瘿绵蚜亚科 Pemphiginae 的有翅成虫，身上长满蜡丝，飞翔的时候犹如一小团棉花飘浮在空中。❷五倍子蚜虫属瘿绵蚜亚科，寄生在漆树属植物上，形成虫瘿，称“五倍子”，是著名的中药材，又是重要的化工原料。图为虫瘿内的五倍子蚜虫。❸五倍子虫瘿，发现于重庆缙云山。❹梨日本大蚜 *Nippolachnus piri* 属大蚜亚科 Lachninae，该虫以卵越冬，3月卵孵化，5月往梨树上迁移，夏季可在梨树上繁殖多代。❺毛蚜亚科 Chaitophorinae 的种类大都群体生活，多生活在植物的叶片或嫩梢上。摄于重庆金佛山。❻蚜属 *Aphis* 的种类（蚜亚科 Aphidinae）成群聚集在新发芽的嫩叶上取食。❼长管蚜亚科 Macrosiphinae 的很多种类是重要的蔬菜害虫。❽长管蚜亚科的一些种类身体上覆盖了一层蜡质，有一种白中透绿的感觉。

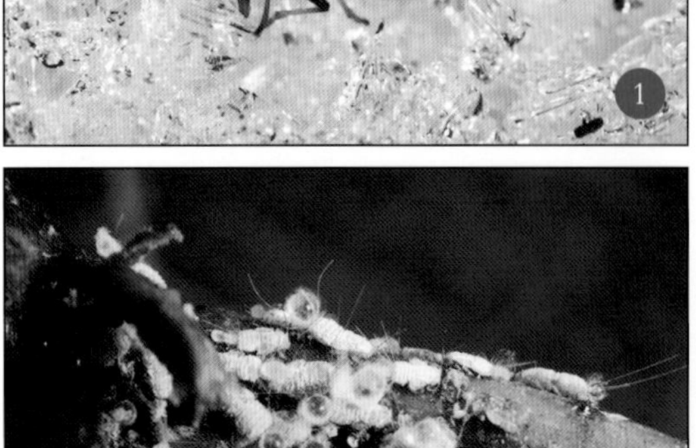

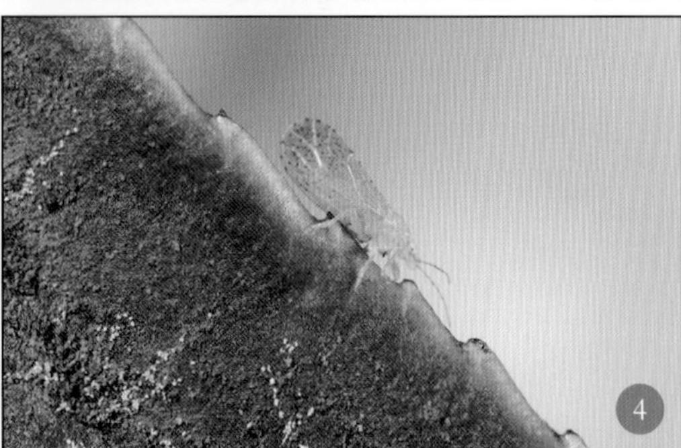

斑木虱科
Aphalaridae

- 静止时，前后翅呈屋脊状覆盖于体背；
- 头短，横宽；
- 触角第3节正常，有时稍微粗长；
- 前翅前缘有断痕。

幽木虱科
Euphaleridae

- 前胸侧缝居中；
- 前翅前缘具断痕；
- 翅脉呈两叉分支；
- 后足胫节无基齿。

木虱科
Psyllidae

- 前翅前缘有断痕；
- 有翅痣；
- 翅脉呈两叉分支；
- 后足胫节通常有基齿。

裂木虱科
Carsidaridae

- 体中型；
- 头前缘触角窝粗大外翘；
- 触角长于头宽；
- 后足胫节具基齿；
- 前翅前缘无断痕。

❶成虫越冬的斑木虱，甚至可以在雪地中见到它们的身影，11月摄于云南丽江老君山海拔4 000 m的雪地中。❷幽木虱的成虫。摄于泰国北部的考艾（Khao Yai）国家公园。❸幽木虱的若虫，可清晰见到其分泌物。摄于泰国考艾国家公园。❹黄色的木虱科种类，其翅为半透明状。摄于重庆四面山。❺分布在广西崇左的一种裂木虱科种类。

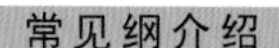

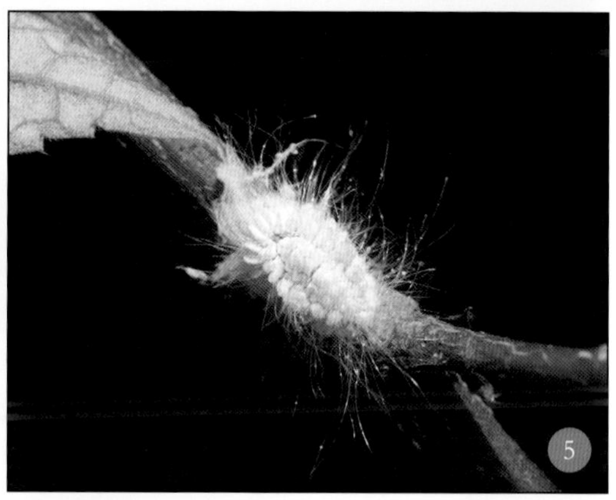

❶个木虱的翅显得较为狭长。摄于重庆四面山。❷草履蚧 *Drosicha* sp. 的雌虫，卵圆形，形似草鞋，故得名。其身体上覆盖有一层蜡粉。❸草履蚧的雄虫有 1 对翅，身体瘦小。❹埃及吹绵蚧 *Icerya aegyptiaca* 的原产地可能是埃及，后来入侵我国，1908 年发现于中国台湾地区，估计由来自印度或东南亚引进的树苗传入。❺一种吹绵蚧 *Icerya* sp. 的雌虫。❻洋红蚧 *Dactylopius coccus*，又称胭脂虫，主要寄生在仙人掌上，原产于美洲。❼洋红蚧是重要的经济昆虫，雌虫分泌出的红色液体可供提取洋红色素。

个木虱科
Triozidae

- 前翅前缘无断痕;
- 翅脉呈三叉分支;
- 无翅痣。

绵蚧科
Monophlebidae

- 体多数为大型;
- 雄虫有桑葚状复眼;
- 雄虫触角10节;
- 雄虫翅黑色或深灰色，能纵褶;
- 雄虫第9节腹板有2个生殖突;
- 雄虫第8节腹板有时每侧向后突出;
- 雌虫表皮柔软；雌胸、腹部分节明显;
- 雌虫触角11节;
- 雌虫口器及足发达;
- 雌虫蜡丝特别发达，形状不同，结构和颜色也有变化。

洋红蚧科
Dactylopiidae

- 粉蚧总科最原始的科，与绵蚧科近似，腹部无气门;
- 雌虫体卵形或椭圆形，分节明显;
- 雌虫触角和足发达，短;
- 雌虫体表被棉絮状蜡质分泌物;
- 雄虫无复眼;
- 雄虫有单眼6个;
- 雄虫有翅;
- 主要寄主为仙人掌。

>>

粉蚧科
Pseudococcidae

- 雌虫体通常卵圆形，少数长形或圆形；
- 雌虫体壁通常柔软，明显分节；
- 雌虫触角5~9节；
- 雌虫喙2节，很少1节；
- 雌虫足发达；
- 雌虫自由活动；
- 雌虫体表有蜡粉；
- 雄虫通常有翅；
- 雄虫有单眼4~6个；
- 雄虫腹部末端有1对长蜡丝。

胶蚧科
Kerridae

- 雌虫体略呈卵形，极隆起；
- 雌虫头很小；
- 雌虫触角极退化，瘤状；
- 雌虫胸部发达，占虫体大部分；
- 雌虫无足；
- 雌虫腹部极退化，短管状；
- 雄虫有翅或无翅；
- 雄虫单眼3个；
- 雄虫触角10节；
- 雄虫腹部末端有2个长蜡丝；
- 雄虫交配器为腹部长度之半；
- 雌成虫能分泌大量虫胶包裹身体，被称作紫胶，是工业生产上重要的涂料和黏合剂；
- 紫胶蜡是硬型天然蜡，用途广泛。

❶粉蚧的雄虫，腹部末端长有1对很长的蜡丝。❷云南紫胶虫 *Kerria yunnanensis* 是一种重要的经济昆虫。

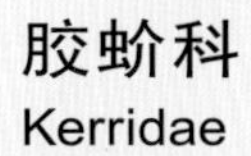

胶蚧科
Kerridae

❶紫胶虫可分泌大量虫胶。❷这种被称作紫胶的虫胶是工业上重要的防潮涂料。

>>

蜡蚧科
Coccidae

- 雌虫体长卵形、卵形；
- 雌虫体扁平或隆起呈半球形或圆球形；
- 雌虫体壁有弹性或坚硬，光滑、裸露，或被有蜡质或虫胶等分泌物；
- 雌虫体分节不明显；
- 雌虫触角通常6～8节；
- 雌虫足短小；
- 雄虫触角10节；
- 雄虫单眼4～10个，一般为6个；
- 雄虫腹部末端有2个长蜡丝；
- 寄生于乔木、灌木和草本植物上。

粉虱科
Aleyrodidae

- 体小型；
- 两性均有翅，表面被白色蜡粉；
- 复眼小眼分上下两群，分离或连在一起；单眼2个；
- 触角7节；
- 前翅脉序简单；
- 后翅只有1条纵脉；
- 两性生殖或孤雌生殖；
- 刺吸植物汁液，是柑橘及多种农林作物的重要害虫。

❶蜡蚧 *Ceroplastes* sp. 的雌虫。❷白蜡虫 *Ericerus pela* 是我国特有的重要资源昆虫，可以通过其若虫在生长过程中分泌的蜡质加工制成“白蜡”。图为雌虫分泌的白蜡。❸粉虱通常白色，或翅上略有暗色花纹，成群生活在叶片的背面，吸食叶子的汁液。

头喙亚目
Auchenorrhyncha

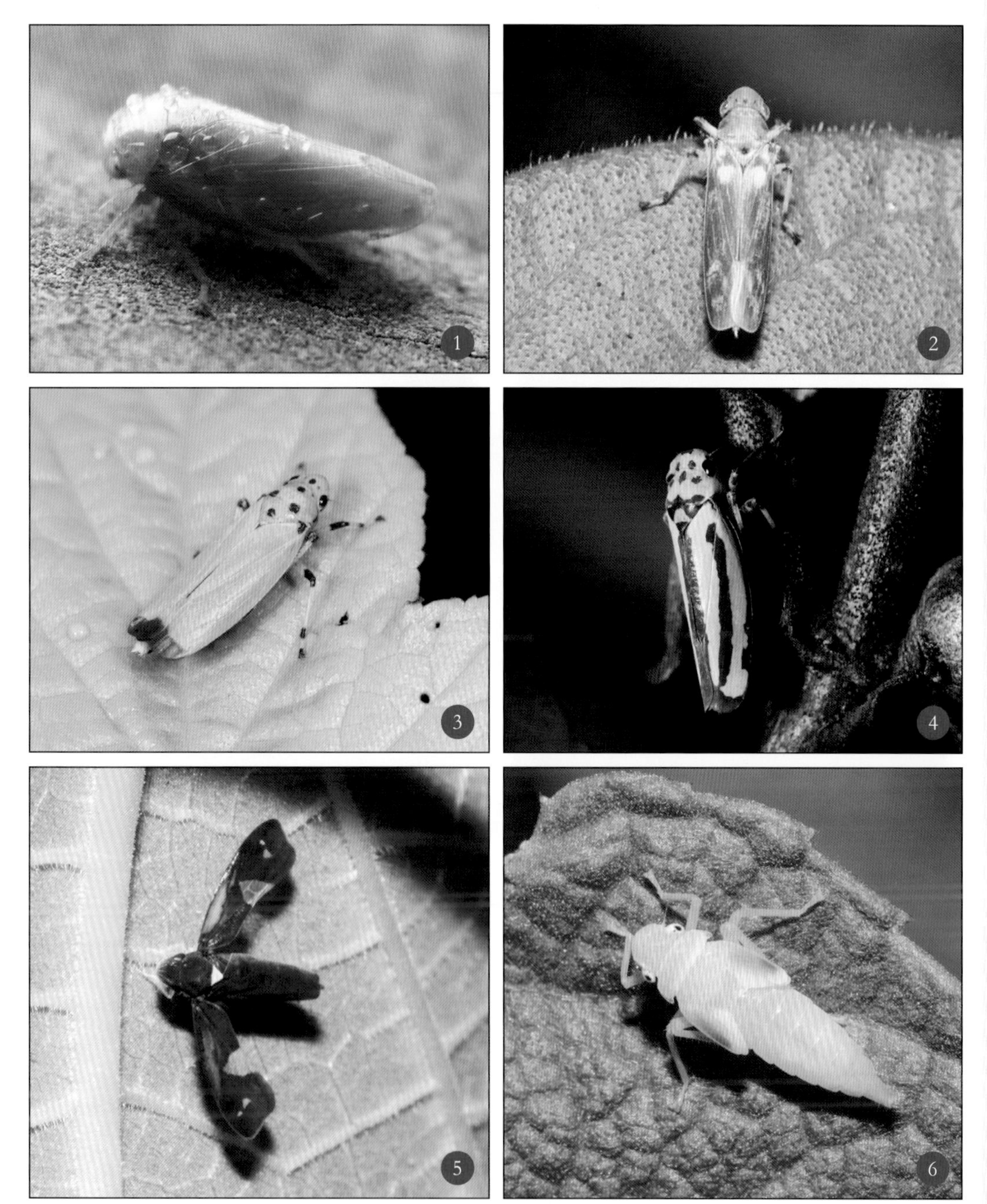

叶蝉科
Cicadellidae

- 体长3~15 mm，形态变化很大；
- 单眼2个，少数种类无单眼；
- 触角刚毛状；
- 前翅革质，后翅膜质；
- 翅脉不同程度退化；
- 后足胫节侧缘有3~4列刺状毛；
- 生活在植株上，能飞善跳；
- 主要取食植物的叶子。

①②③④⑤⑥

①短头叶蝉 *Iassus* sp. 属于叶蝉亚科 Iassinae，通体绿色。②凹大叶蝉 *Bothrogonia qiongana* 属大叶蝉亚科 Cicadellinae，体型较大，呈红褐色，头胸部常具多枚黑斑，吸食小型灌木汁液。③黑尾大叶蝉 *Bothrogonia ferruginea* 为大叶蝉亚科的种类，身体呈黄褐色、橙黄色，头胸部常具多枚黑斑。前翅末端黑色，故得名。吸食小型灌木汁液。④格氏条大叶蝉 *Atkinsoniella grahami* 属大叶蝉亚科，体绿色，前翅上有黑色纵带。⑤窗翅叶蝉 *Mileewa margheritae* 为大叶蝉亚科种类，体小型，蓝黑色，头冠无斑纹，前翅有透明区域，形如窗户，故得名。广泛分布于南方地区。⑥橙带突额叶蝉 *Gunungidia aurantiifasciata* 的若虫，属大叶蝉亚科。摄于海南尖峰岭。

叶蝉科
Cicadellidae

❶❷❸❹❺❻

❶离脉叶蝉亚科 Coelidiinae 的种类。摄于云南西双版纳。❷丽叶蝉 *Calodia* sp. 属离脉叶蝉亚科，体型中等，头宽，胸短，体色为绿色，喜吸食小型灌木汁液。摄于重庆万州王二包。❸这种离脉叶蝉静止的时候，四翅张开，与众不同。摄于广西崇左生态公园。❹离脉叶蝉亚科若虫，在植物茎上取食，善跳跃。摄于重庆四面山。❺小型的横脊叶蝉亚科 Evacanthinae 种类。摄于重庆圣灯山。❻拟片脊叶蝉 *Parapythamus* sp. 属于横脊叶蝉亚科。摄于海南岛尖峰岭。

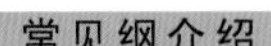

叶蝉科
Cicadellidae

❶❷❸❹❺❻

❶横脊叶蝉亚科突脉叶蝉属 *Riseveinus* 的种类。摄于四川平武县老河沟。❷广头叶蝉 *Macropsis* sp. 属广头叶蝉亚科 Macropsinae，体小型，头冠圆钝，较宽，故此得名。喜吸食灌木汁液。分布于云南。❸槽胫叶蝉 *Drabescus* sp. 为缘脊叶蝉亚科 Selenocephalinae 的种类，体中型，头冠略钝扁。头冠及胸部、小盾片等处白绿色，带浅褐色条纹（寒枫 摄）。❹窗耳叶蝉 *Ledra* sp. 属于耳叶蝉亚科 Ledrinae。体大型，胸部形成耳状突起，头冠较扁，呈鸭嘴状，两侧有透明区域，故名“窗耳”。新吸食灌木汁液。❺点翅耳叶蝉 *Confucius* sp. 属于耳叶蝉亚科，是一种外貌奇特的耳叶蝉。雄虫头冠片状、弧形，向前极度伸出。❻角胸叶蝉 *Tituria* sp. 为耳叶蝉亚科种类，体大型或中型，该属头冠扁平，成薄片状，胸部侧边形成角状侧叶。

叶蝉科
Cicadellidae

①②③④⑤⑥

❶片头叶蝉 *Petalocephala* sp. 属耳叶蝉亚科，体中型，头冠扁平，成薄片状，体绿色，吸食灌木汁液。❷片头叶蝉 *Petalocephala* sp. 的若虫，扁片状，几乎完全透明。❸一种小型的耳叶蝉亚科种类。摄于重庆四面山。❹脊冠叶蝉亚科 Aphrodinae 多为小型或中型种类，常为暗褐、绿色或黑色，有时具有黄色、黑色或褐色等色彩及斑纹。常具短翅型和性二型种类。❺片角叶蝉亚科 Idiocerinae，多为小到中型种类，色彩多样，绝大多数以木本植物为食。❻小叶蝉亚科 Typhlocybinae 的种类通常只有 2 ~ 4 mm，多以乔木或灌木为寄主。

叶蝉科
Cicadellidae

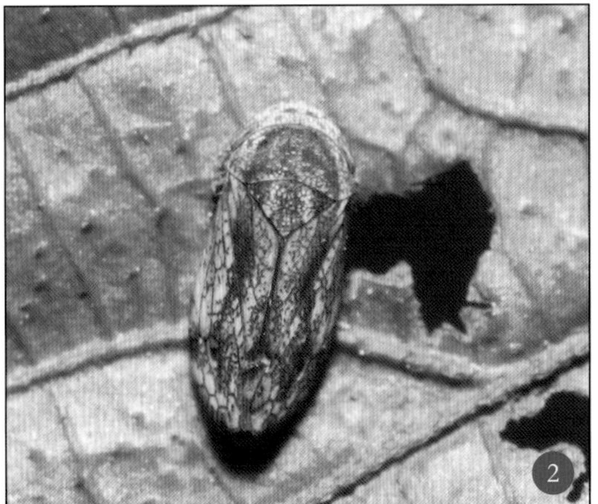

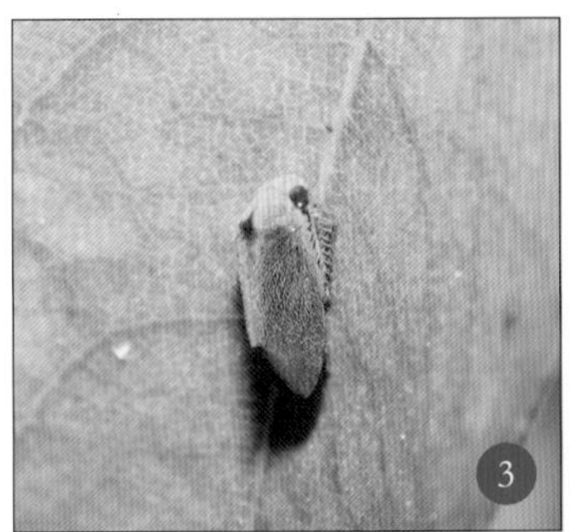

❶小叶蝉亚科的种类多细小柔弱。❷乌叶蝉亚科 Penthimiinae 多为小到中型种类，体形宽短、扁平，体色通常较暗。❸乌叶蝉亚科网背叶蝉属 *Reticuluma* 的种类。摄于海南吊罗山自然保护区。❹杆叶蝉亚科 Hylicinae 的种类大多中至大型，且长相奇特。照片中的种类胸部有 4 个刺状突起。摄于云南西双版纳。❺杆叶蝉亚科的桨头叶蝉属 *Nacolus* 种类，头部向前极度延伸，犹如船桨。❻瘤叶蝉 *Hylica* sp. 属于杆叶蝉亚科，长相甚为奇特，不仔细观察，很难将其跟叶蝉联系起来，甚至会认为其并非昆虫。摄于泰国考艾（Khao Yai）国家公园。

叶蝉科
Cicadellidae

❶❷❸❹❺

❶沟顶叶蝉亚科 Selenocephalinae 的种类。摄于云南西双版纳。❷秀头叶蝉亚科 Stegelytrinae 小头叶蝉属 *Placidus* 的种类。摄于海南尖峰岭。❸额垠叶蝉亚科 Mukariinae 的种类。摄于云南西双版纳。❹角顶叶蝉亚科 Deltocephalinae 的种类，大多中等大小，体色不一，多为绿色、黄色、褐色等。头部形状多样，但绝非片状。❺角顶叶蝉亚科部分种类翅短于体长。

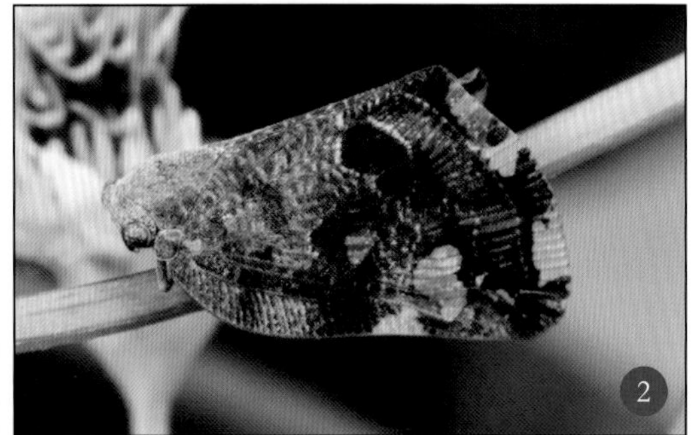

广翅蜡蝉科
Ricaniidae

- 体中型至大型；
- 外观似蛾子，静止的时候，翅呈屋脊状覆盖在身体上方；
- 头宽，与前胸背板等宽或相近；
- 前胸背板短，具中脊线；
- 中胸背板很大，隆起，有3条脊线；
- 前翅宽大，三角形，前缘和后缘几乎等长，前缘多横脉，但不分叉；
- 后翅小，翅脉简单。

蜡蝉科
Fulgoridae

- 体中型至大型；
- 体色艳丽而奇特；
- 头大多圆形，有些种类有大型头突，直或弯曲；
- 胸部大，前胸背板横形，前缘极度突出，达到或超过复眼后缘；
- 中胸盾片三角形；
- 前后翅发达，膜质，翅脉呈网状；
- 后足胫节多刺。

❶眼纹疏广蜡蝉 *Euricania ocellus* 翅透明，前翅面近中部有“6”字形黑斑，中间白色不透明。吸食灌木汁液。广泛分布。❷八点广翅蜡蝉 *Ricania speculum* 前翅烟褐色，中部圆形透明区有褐色环绕的黑色斑点。翅面散布白色蜡粉。分布于西南地区。❸正在羽化中的广翅蜡蝉。摄于海南五指山。❹广翅蜡蝉的若虫腹部末端的蜡丝翘起，仿佛孔雀开屏，云南有些少数民族称之为“小白鸡”。❺斑悲蜡蝉 *Penthicodes atomaria* 头及前胸背板黄褐色，微呈绿色，前翅黄褐色，很多不规则斑点。摄于云南西双版纳。❻龙眼鸡 *Pyrops candelaria* 体大型，头额延伸前突向上稍弯如长鼻。前翅绿色，斑纹交错。吸食龙眼树树汁。分布于广东、广西、海南。❼长着“长鼻子”的蜡蝉若虫。摄于泰国南部的考索（Khao Sok）国家公园。

颜蜡蝉科
Eurybrachidae

- 体中型，美丽的类群；
- 头顶宽度为长度的3倍或更多；
- 头连复眼的宽度等于或大于前胸背板的宽度；
- 触角鞭节不再分节；
- 前胸背板短，后缘平直
- 中胸盾片短，阔三角形；
- 翅平铺，不呈屋脊状；
- 翅在端部不加宽或略加宽；
- 后翅和前翅一样宽或者更宽。

璐蜡蝉科
Lophopidae

- 体中小型；
- 头连复眼通常明显比前胸背板狭窄；
- 触角鞭节不分节；
- 前胸背板短阔，后缘平直；
- 中胸盾片短阔，有3条脊线；
- 前、中足胫节常扁而扩张；
- 后足胫节末端加粗；
- 前翅革质；
- 前翅前缘基部强烈弯曲，端缘阔圆形或平截，使翅形略呈长方形；
- 后翅膜质，翅脉简单；
- 停息时，前翅放置略呈屋脊状，形似卷蛾。

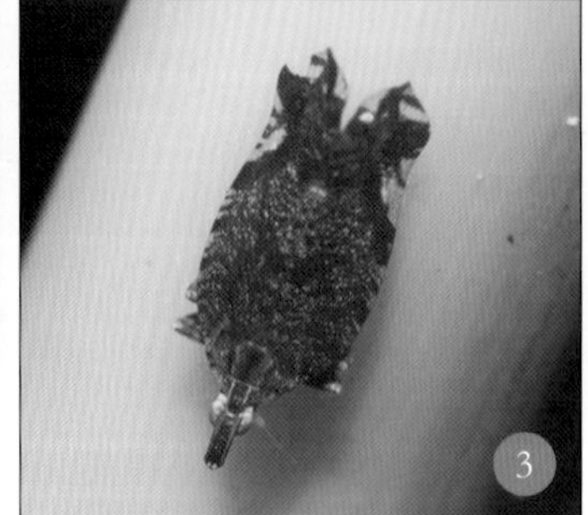

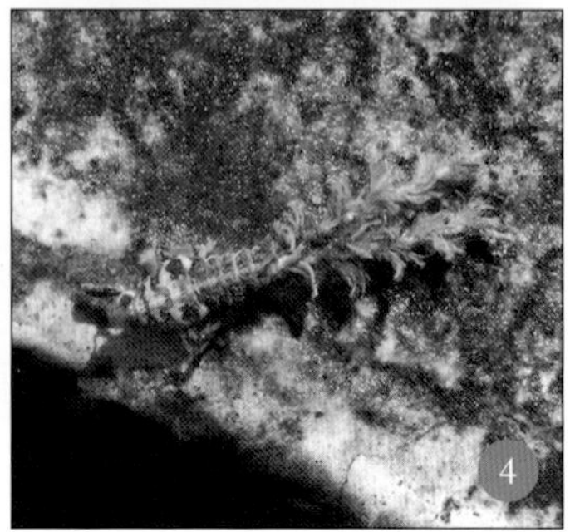

❶美丽的绿色珞颜蜡蝉 *Loxocephala* sp.，前翅带有1个眼睛状的斑纹，非常特别。摄于云南高黎贡山。❷珞颜蜡蝉 *Loxocephala* sp. 前翅前缘基半部绿色，带蓝色斑点；其下方大部分橙色带白色斑点；端半部橙色，翅脉白色网状，带有较大的黑色斑点。摄于陕西秦岭。❸奇异的尖头璐蜡蝉 *Bisma longicephala*，头部向前延伸，前翅端部呈尖角状。摄于海南尖峰岭的热带雨林中。❹璐蜡蝉的若虫，腹部末端的蜡丝很长，并且显得十分蓬松，犹如鸡毛掸子状。摄于泰国考索（Khao Sok）国家公园。

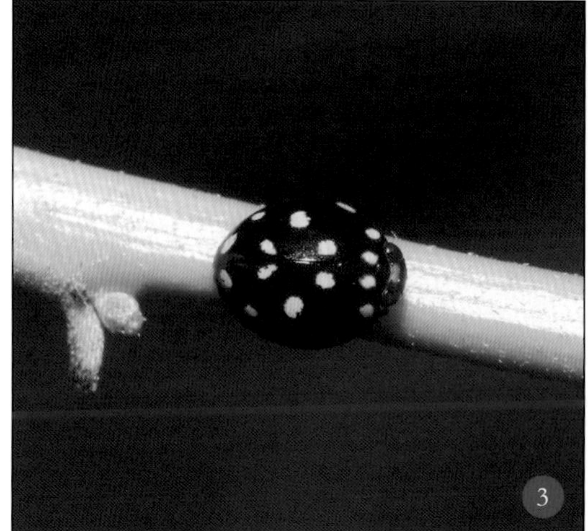

瓢蜡蝉科
Issidae

- 体中小型；
- 体近圆形且前翅隆起，有的外形似瓢虫；
- 头和前胸背板一样宽或更宽；
- 触角小，不明显，鞭节不分节；
- 前胸背板短，前缘圆形突出；
- 中胸盾片短，通常不及前胸长度的2倍；
- 前足正常，极少种类呈叶状扩张；
- 后足胫节有2～5个侧刺；
- 前翅一般不长，偶尔极短，较厚，革质或角质，通常隆起，有的带有蜡质光泽；
- 前翅前缘基部强度弯曲。

❶❷❸❹❺❻

❶褚球瓢蜡蝉 *Hemisphaerius testaceus* 为小型种类，体卵圆形，黄褐色，翅黑色，光亮。❷脊额瓢蜡蝉 *Gergithoides carinatifrons* 为小型种类，体卵圆形，灰褐色，翅面上有蜡粉。❸星斑圆瓢蜡蝉 *Gergithus multipunctatus* 为小型种类，体卵圆形，褐色，翅黑色带鲜黄色斑点，极似瓢虫，光亮。❹分布于海南的这种瓢蜡蝉，为少见的长卵圆形，头较大。❺黄瓢蜡蝉 *Flavina* sp. 为小型种类，体卵形，灰褐色，翅面上有云状花纹。❻豆尖头瓢蜡蝉 *Tonga westwoodi* 整体外观呈翠绿色，翅面散布黄色小斑点。分布于华南和西南地区（倪一农 摄）。

>>

蛾蜡蝉科
Flatidae

- 体中型至大型，体形似蛾；
- 头比前胸窄；
- 单眼2个；
- 翅比体长，静止时呈屋脊状，有的则平置于腹背上；
- 前翅宽大，近三角形；
- 前翅前缘区多横脉，臀区脉纹上有颗粒；
- 后翅宽大，横脉少，翅脉不呈网状；
- 成虫和若虫均喜群居。

菱蜡蝉科
Cixiidae

- 体小型；
- 体略扁平；
- 头部短，不向前凸出；
- 单眼3个，有的种类无中单眼；
- 前胸宽阔，后缘凹入；
- 中胸盾片很大，菱形，常有3条或5条脊线；
- 翅膜质，静止时翅合拢呈屋脊状；
- 成虫善跳，受到惊扰后迅速跳开。

❶彩蛾蜡蝉 *Cerynia maria* 前翅有 3 条黑线较易与其他种类区分开，吸食植物汁液。❷卵翅蛾蜡蝉 *Phromnia intacta* 翅形为卵圆形，跟其他种类明显不同。❸碧蛾蜡蝉 *Geisha distinctissima* 体色青白色或黄绿色，体被白色蜡粉，翅脉网状，翅顶角突。❹蛾蜡蝉若虫体常被有弯曲的长蜡丝，此为羽化后的蜕皮。❺喜马叶蛾蜡蝉 *Atracis himalayana* 静止的时候将四翅平铺在树干上，与其他蛾蜡蝉呈屋脊状不同，其体色黄褐色，斑纹杂乱，与树上的小块霉菌形成的色斑几乎相同，为极佳的保护色。❻蛾蜡蝉的若虫体多蜡质的丝状物，行动敏捷，善跳跃。❼贝菱蜡蝉 *Betacixius* sp. 体褐色，浑身仿佛生锈或者发生了霉变，很像树枝上的一处突起。

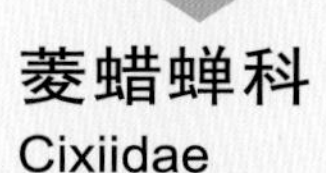

菱蜡蝉科
Cixiidae

❶❷❸❹

象蜡蝉科
Dictyopharidae

- 多数种类体型中等；
- 头多明显延长呈锥状或圆柱状；
- 复眼圆球形；
- 触角小；
- 单眼2个，位于复眼前方或下方；
- 无中单眼；
- 中胸盾片三角形，少有菱形；
- 前翅狭长，有明显翅痣，端部脉纹网状；
- 后翅大或小，短翅型种类没有后翅；
- 足细长，有些种类前足腿节和胫节宽扁，呈叶状；
- 大多数种类成虫和若虫都喜欢生活在潮湿的草地和灌丛；
- 植食性，多吸食草本植物汁液。

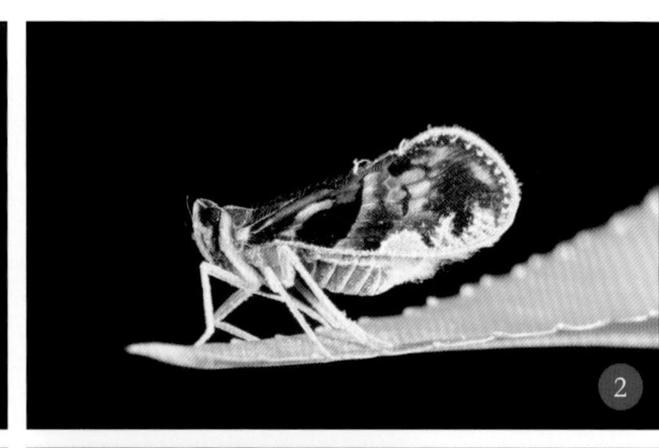

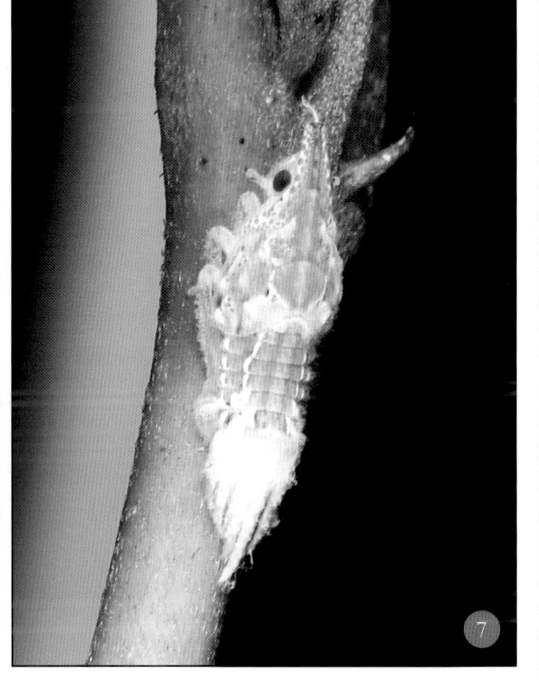

❶斑帛菱蜡蝉 *Borysthenes maculatus* 前翅灰白色，半透明，散布有许多不规则的大型褐斑，南方较为常见的种类。❷小型菱蜡蝉，停息时翅呈屋脊状，较侧扁，头部略翘起。摄于重庆四面山。❸小型菱蜡蝉，翅透明，具有黑褐色斑，休息时翅呈屋脊状放置。摄于云南西双版纳。❹小型美丽的菱蜡蝉，体橙红色，翅透明并带有黑色的翅痣。摄于重庆四面山。❺瘤鼻象蜡蝉 *Saigona gibbosa* 为长相非常奇特的种类，头突比腹部稍短，中部有3对瘤状突起，端部呈棒锤形。翅透明，前后翅翅脉均为深褐色。❻中野象蜡蝉 *Dictyophara nakanonis* 的头冠极度延长呈象鼻状，带有蓝绿色荧光条纹。体常红绿色，翅透明。❼象蜡蝉的若虫，腹部末端带有蜡丝。摄于海南尖峰岭。

常见纲介绍

>>

袖蜡蝉科
Derbidae

- 体小型至中型；
- 体柔软；
- 头通常小且极狭窄，比前胸背板狭窄；
- 没有突出呈明显的头部突起；
- 复眼很大，占头部很大部分，但有的也极度退化；侧单眼突出，位于头的侧区、复眼的前方；
- 触角小，柄节圆柱形；
- 胸部通常狭窄；
- 前胸背板一般短；
- 中胸盾片较大，无明显的脊线；
- 足细，常很长；
- 前翅大小中间差异很大，很多为长翅型，有的前翅超过腹部，有的甚至长过腹部数倍；
- 后翅有的跟前翅一样大，但多数退化并且脉纹简单；
- 腹部通常较小。

❶波纹长袖蜡蝉 *Zoraida kuwayanaae* 前翅狭长，褐色半透明，有黑褐色斑，近前缘端部的部分脉红色。摄于泰国考艾（Khao Yai）国家公园。❷幂袖蜡蝉 *Mysidioides* sp. 前翅狭长，近端部加宽，白色有灰黑色斑纹。❸极为细小的袖蜡蝉，翅透明并有强烈反光。摄于海南尖峰岭。❹小型美丽的广袖蜡蝉 *Rhotana* sp.，体白色，翅半透明，具黄绿色条纹，翅相对较短，呈三角形，静止时平铺。

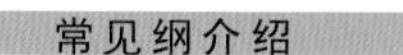

扁蜡蝉科
Tropiduchidae

- 体中小型;
- 体多扁平;
- 头比前胸背板狭窄，常突出，突出短，三角形或钝圆形，偶尔为细长的圆柱形;
- 复眼近球形;
- 触角不显著;
- 1对单眼小，通常生在复眼前，触角上方;
- 前胸背板短，有3条脊线;
- 中胸盾片大，四方形，也有3条脊线;
- 翅透明;
- 前翅大，一般透明或半透明，主脉简单;
- 前翅无明显的翅痣;后翅脉纹简单。

❶条扁蜡蝉 *Catullia* sp. 微小型细长的种类，体红色，翅黑色为主。摄于广西弄岗自然保护区。❷海南扁蜡蝉 *Paricanoides orientalis* 为中型种类，头前方圆弧形，翅透明，端部带有黑斑。

颖蜡蝉科
Achilidae

- 体中型;
- 体扁平;
- 休息时前翅后半部分左右互相重叠;
- 头通常较小，狭而短，一般不及胸部宽度的1/2;
- 复眼通常较大;
- 触角小;
- 成对的侧单眼位于头的侧区、复眼的前方;
- 中胸背板大或很大，菱形，有3条脊线，前缘强度向前突出;
- 前翅通常很宽大，基部2/3明显加厚，与端部1/3明显不同。

娜蜡蝉科
Nogodinidae

- 体小型至中型;
- 头连复眼约和前胸背板等宽;
- 触角小;
- 前胸背板短阔，前缘有时突出在复眼的前缘;
- 中胸盾片大，长过其最大宽度，有3条脊线;
- 翅透明或半透明，翅脉网状;
- 前翅大，通常略向端部加宽。

❶这是一种中型的颖蜡蝉，静止时翅略呈弧形平铺在身体上，左右前翅有部分重叠。摄于海南尖峰岭。❷莹娜蜡蝉 *Indogaetulia* sp. 的身体蜡黄色，头部额长大于宽，有3条纵脊，翅透明，翅脉黑色，翅痣黑色明显。摄于泰国考索（Khao Sok）国家公园。

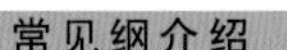

沫蝉科
Cercopidae

- 体小型至中型;
- 头部变化较大，常比前胸背板狭;
- 触角短，刚毛状，位于复眼前方;
- 单眼2个，位于头冠;
- 前胸背板大，平或明显隆起;
- 小盾片长于或等于前胸背板;
- 后足胫节有1~2个侧刺，末端有1~2个端刺;
- 因若虫常埋藏于泡沫中而得名;
- 泡沫是由若虫腹部第7~8腹节表皮腺分泌的黏液从肛门排出时混合空气而形成的;
- 生活在树上、灌木丛或草丛中，善跳跃。

❶❷❸❹❺❻

❶七带铲头沫蝉 *Clovia multilineata* 体中型，翅面有复杂黄褐色花纹。头胸有纵向黄褐色条纹，延伸至翅面。分布于华南地区(李元胜 摄)。❷稻赤斑黑沫蝉 *Callitettix versicolor* 全体黑色有光泽，前翅乌黑，近基部有2个大白斑，近端部雄性有1个肾状大红斑，雌性有2个一大一小红斑，是水稻常见害虫之一。❸克伦疣胸沫蝉 *Phymatostetha karenia*，头部红褐色，前胸背板奶白色，前翅棕黑色，带有白色斑纹，翅顶端红褐色。摄于云南西双版纳。❹疣胸沫蝉 *Phymatostetha rengma* 大型沫蝉，橘红色，带有蓝黑色斑纹，非常漂亮的种类。摄于云南西双版纳。❺集群生活的丽沫蝉 *Cosmoscarta* sp.。摄于西藏林芝县通麦。❻黑点曙沫蝉 *Eoscarta liternoides* 中型沫蝉，体翅均为橙红色，翅上有若干红褐色斑点。摄于海南吊罗山自然保护区。

常见纲介绍

>>

沫蝉科
Cercopidae

巢沫蝉科
Machaerotidae

- 头比前胸狭窄;
- 颜面强度隆起;
- 小盾片末端尖锐或有1个弯曲的强刺;
- 前翅端部膜质;
- 若虫在木本双子叶植物上建石灰质的巢管，自身浸泡在管内清澈的分泌液中。

角蝉科
Membracidae

- 体小型至中型，体长2~20 mm;
- 形状奇特，一般黑色或褐色，少数色彩艳丽;
- 头顶通常有向上的突起;
- 复眼大，突出;
- 单眼2个，位于复眼之间;
- 触角短，鬃状;
- 前胸背板特别发达，向后延伸形成后突起，盖住小盾片、腹部一部分或者全部，常有背突、前突或侧突;
- 若虫背上常长满刺，分泌蜜露，常有蚂蚁共生。

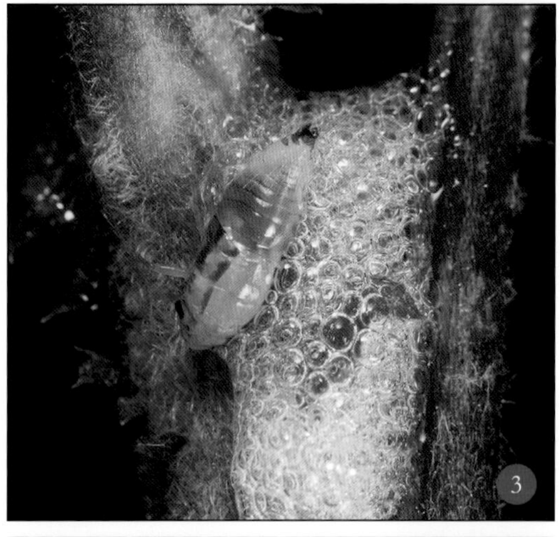

❶四斑象沫蝉 *Philagra quadrimaculata* 体中型，头冠延长，上翘，呈象鼻状，体色常灰色、褐色。摄于陕西秦岭。❷刚刚羽化完成的大连脊沫蝉 *Aphropsis gigantea*，可见其蜕皮，以及身后硕大的泡沫。摄于重庆金佛山。❸沫蝉的若虫和它的泡沫巢穴。摄于重庆金佛山。❹棘蝉 *Machaerota* sp. 体小型，外观与角蝉近似，但与角蝉科的前胸背板形成的突起不同，为较少见的珍奇种类。吸食灌木，若虫在植物上做1个石灰质的管状巢，分泌液体并躲藏其中。摄于广西崇左生态公园。❺云南屈角蝉 *Anchon yunnanensis* 小型种类，角状突起较为奇特，前部1对角状突起呈长耳状。略张开，后部角状突起向上伸直，在最高处呈直角弯曲向后，形成1个尖刺，并超过腹部末端。摄于云南西双版纳。❻埃角蝉 *Ebhul* sp. 小型褐色种类，角状突起呈波浪形。摄于云南西双版纳。

蝉科
Cicadidae

- 体中型至大型，有些种类体长超过50 mm；
- 触角短，刚毛状或鬃状，自头前方伸出；
- 单眼3个，呈三角形排列；
- 前后翅均为膜翅，常透明，翅脉发达；
- 后翅小；
- 翅合拢时屋脊状放置；
- 前足腿节发达，常具齿或刺；
- 跗节3节；
- 雄虫第1腹节腹面有发达的发音器；
- 雌虫第1腹节腹面有发达的听器；
- 雌虫产卵器发达；
- 成虫生活于植物的地上部分，产卵于嫩枝内；
- 若虫地下生活，吸食植物根部汁液；
- 雄虫具有极强的发音能力，鸣声通常很大。

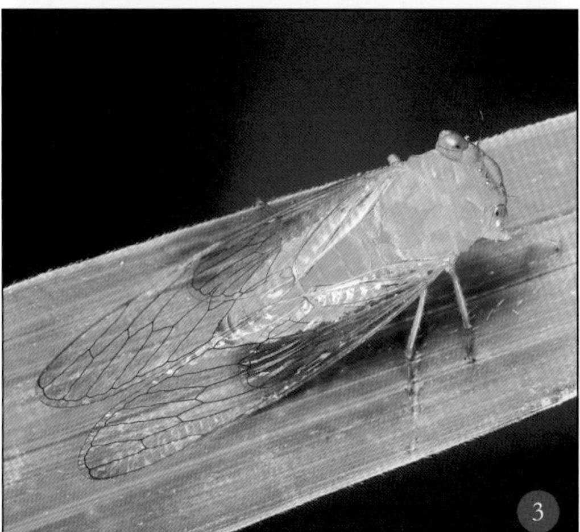

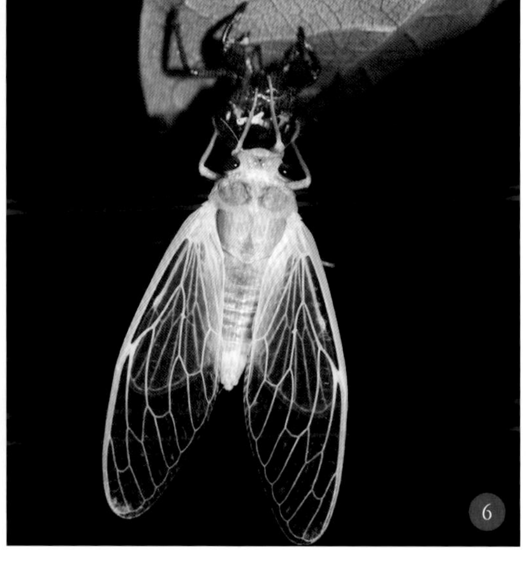

❶峨眉红眼蝉 *Talainga omeishana* 体中等大小，复眼红色，翅面有网状花纹，翅脉黑色。分布于四川、重庆等地。❷蟪蛄 *Platypleura kaempferi* 体中型，灰褐色，体表有黄色细绒毛，头胸部有绿色斑纹。翅面上带有黑白花纹。分布于国内大部分地区。❸薄翅蝉 *Rihana ochracea* 翠绿色，翅有完全透明感，体色、翅脉黑色，夜间有趋光性。摄于云南西双版纳。❹草蝉 *Mogannia* sp. 小型蝉科种类，头冠尖，体黑色带有紫色、蓝色、绿色等金属光泽。常发现于草丛中。❺正在产卵的蝉科昆虫。摄于重庆圣灯山。❻羽化中的蝉。摄于陕西秦岭。

脉翅目

- 体壁通常柔弱，生毛或覆盖蜡粉；
- 头部一般呈三角形，复眼大，半圆形，具有金属光泽；
- 触角形状多样，一般为线状、杆状、棒状以及栉齿状等；
- 口器为咀嚼式，上颚通常较发达；
- 胸部3节分界明显，前胸矩形，少数延长(如螳蛉)，中、后胸相似；
- 足通常细长，跗节5节，一般具爪1对；
- 少数种类的前足特化成类似螳螂的捕捉足(如螳蛉、刺鳞蛉)；
- 成虫的翅通常膜质，前缘具有颜色明显加深的翅痣；
- 前后翅大小相近，但是旌蛉科后翅特化呈长杆状或者矛状；
- 成虫静止时通常4个翅折叠在一起，呈屋脊状覆于身体两侧；
- 翅脉发达(除粉蛉外)，形成网状脉纹；
- 成虫腹部细长，一般10节，第1~2节以及尾节较宽大；
- 一般不具尾须；
- 雌虫有时形成细长的产卵器。

NEUROPTERA

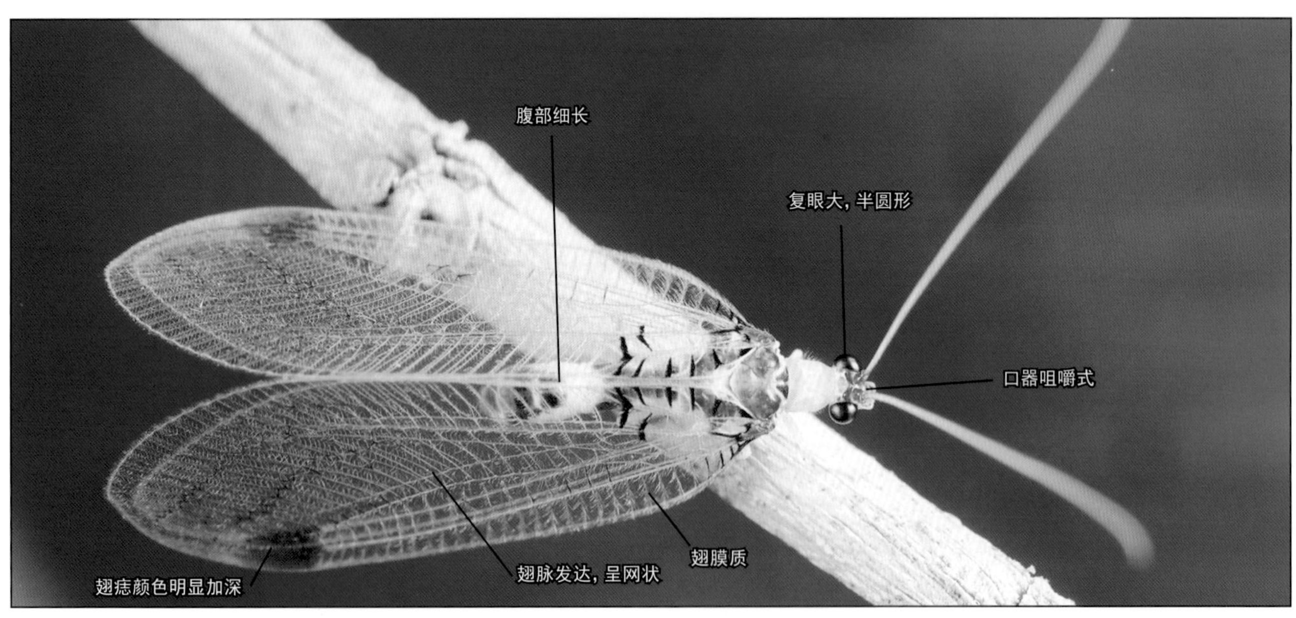

• 意草蛉 *Italochrysa* sp.

脉翅目昆虫以丰富的翅脉而得名，中文名字一般都是以“蛉”结尾，属于完全变态昆虫，一生经历卵、幼虫、蛹、成虫4个时期。体形由小至大，形态多样。最小的粉蛉翅展只有3~5 mm，最大的蚁蛉翅展可达155 mm。目前世界上脉翅目昆虫有17科6 000余种，我国已记录的脉翅目昆虫有14个科约650种。常见的有草蛉、褐蛉、粉蛉、蚁蛉、蝶角蛉以及螳蛉。脉翅目昆虫前后翅大小相近，翅脉相似，与蜻蜓类似。其食性复杂，包括捕食、植食以及寄生等，但是绝大多数为捕食性，主要以蚜虫、蚂蚁、叶螨、介壳虫等及各种虫卵为食。

成虫飞翔力弱，多数具趋光性。成虫通常将卵产在叶背面或者树皮上。脉翅目幼虫生活环境多样，一般为陆生，部分类群水生(如泽蛉、水蛉)，而溪蛉幼虫一般发现于水边，通常认为其是半水生昆虫。幼虫口器比较特殊，其上颚和下颚延长呈镰刀状，相合形成尖锐的长管，以适于捕获和吮吸猎物体液，故又称为捕吸式口器或双刺吸式口器。

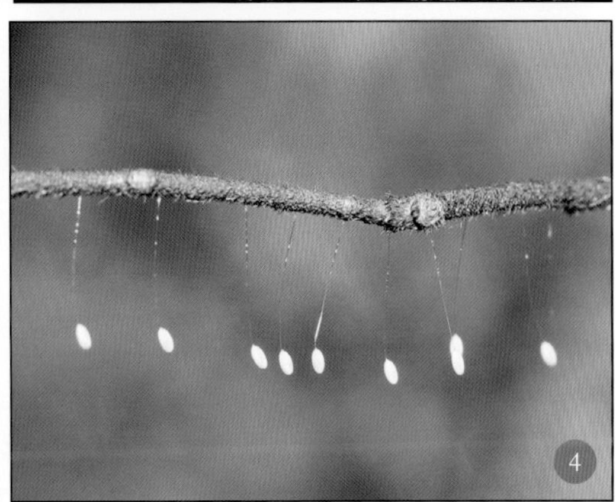

❶粉蛉从外观上看明显不同于其他脉翅类昆虫，除了体型微小之外，全身覆盖的蜡粉，使其更像是半翅目的粉虱，但狭长的前翅，还是可以很方便地加以区分。❷草蛉通常绿色，大多数种类外观近似，从科的角度极易辨别，但从属种的角度就非一般爱好者所能轻易分辨了。❸意草蛉 *Italochrysa* sp. 色彩十分惊艳的大型草蛉，头部粉红色，复眼蓝色，前胸背板黄色，中后胸及腹部粉色和白色为主。摄于云南西双版纳。❹草蛉科昆虫的卵白色，多数带有一个细长的柄。❺草蛉的幼虫在我国古代被称为“蛃蝂”，喜欢将吃过的昆虫躯壳粘在背上作为伪装，以防止敌害侵扰。

粉蛉科
Coniopterygidae

- 体小型，体长2~3 mm，翅展3.5 ~ 10 mm；
- 体翅均覆盖灰白色蜡粉；
- 翅脉简单，无翅痣。

草蛉科
Chrysopidae

- 体中型至大型；
- 身体和翅脉多为绿色，少数种类除外；
- 复眼半球形，突出于头两侧，金黄色；
- 触角细长多节，线状，比翅长稍短或较长；
- 口器上颚发达；
- 头部多具黑斑；
- 前胸梯形或矩形；
- 中后胸粗大；
- 足细长；
- 翅宽大而透明，后翅较窄；
- 翅缘各脉之间无短小缘饰；
- 卵有细长的丝柄；
- 幼虫称作“蚜狮”，有些种类可以把吸食之后的蚜虫等空壳粘贴在背上作伪装，古书称之为“蛃蝂”。

褐蛉科
Hemerobiidae

- 体小型至中型，翅展在7~15 mm，最大可达34 mm;
- 体翅黄褐色，翅多具褐色斑纹;
- 触角长过翅的1/2，或者约等于翅长，念珠状;
- 前胸短阔，两侧多有叶突;
- 中胸粗大，小盾片大;
- 后胸小盾片小;
- 足细长，基节长，胫节有小距，跗节5节;
- 翅型多样，卵形或狭长;
- 翅缘各脉之间有短小缘饰，脉上有大毛。

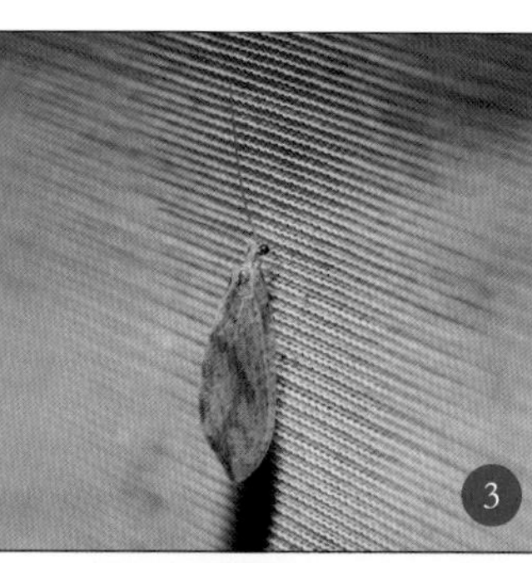

❶脉线蛉 *Neuronema* sp. 是大型的褐蛉，翅上具黑褐色斑，较易分辨。摄于重庆山区。❷褐蛉科的种类。摄于云南丽江老君山。❸褐蛉科的种类。摄于西藏雅鲁藏布大峡谷。❹蔷褐蛉 *Psectra* sp. 是小型奇特的种类，身体和翅均为黄褐色至褐色；翅较宽，静止时，平铺，呈屋脊状。摄于云南西双版纳。

溪蛉科
Osmylidae

- 体中型至大型;
- 翅面多具褐斑;
- 头部有3个单眼;
- 触角线状，短于翅长的1/2;
- 前后翅相似，有翅疤和缘饰;
- 幼虫水生，少有陆生于树皮下;
- 部分种类有趋光性。

栉角蛉科
Dilaridae

- 体中型，黄褐色，似褐蛉;
- 单眼3个，大而显著;
- 雄性触角栉状，雌性触角线状或念珠状;
- 雌性腹端有细长的针状产卵器弯在背上;
- 前翅宽大卵形，多褐斑组成波状横纹，具明显的翅疤和缘饰;
- 后翅斑纹少，仅在前缘和翅端;
- 腹部短粗;
- 幼虫生活在树皮下，捕食蛀木昆虫。

❶分布于云南丽江老君山的溪蛉种类，翅透明，有少许红褐色斑纹。❷以棕红色为主的溪蛉种类，翅面花纹较复杂。摄于陕西秦岭。❸西藏栉角蛉 *Dilar tibetanus* 的雄虫，其触角呈栉状，翅宽大而端部较圆，褐色半透明。摄于西藏雅鲁藏布大峡谷。❹栉角蛉的雌虫产卵器外露，细长，通常蜷曲在腹部背上，有时也拖在腹部末端。摄于云南丽江老君山。

蝶蛉科
Psychopsidae

- 体中型至大型，前翅长10~35 mm；
- 头部短小；
- 复眼大，单眼退化或无；
- 单眼退化或无，常为1对有毛的眼突；
- 触角很短，念珠状；
- 前胸短且较狭；
- 中胸背板宽大，有大的小盾片；
- 足短小，跗节5节；
- 翅很宽大，翅端圆阔，后翅较前翅为窄；
- 翅膜上很多微毛，前缘和纵脉多大毛，翅的正反两面都给人以丝绢感；
- 无翅痣；
- 腹部较短小；
- 成虫白天在林间静伏，夜晚活动，有趋光性。

蚁蛉科
Myrmeleontidae

- 大型健壮种类，前翅长20~40 mm，最大翅展可达150 mm；
- 触角较短，短于前翅长的1/2，端部膨大呈棒状或匙状；
- 头和胸部多有长毛；
- 足多短粗多毛；
- 翅多狭长，脉呈网状；
- 有翅痣；
- 腹部很长；
- 幼虫称"蚁狮"，多在沙土中做漏斗状穴，捕食滑落的昆虫。

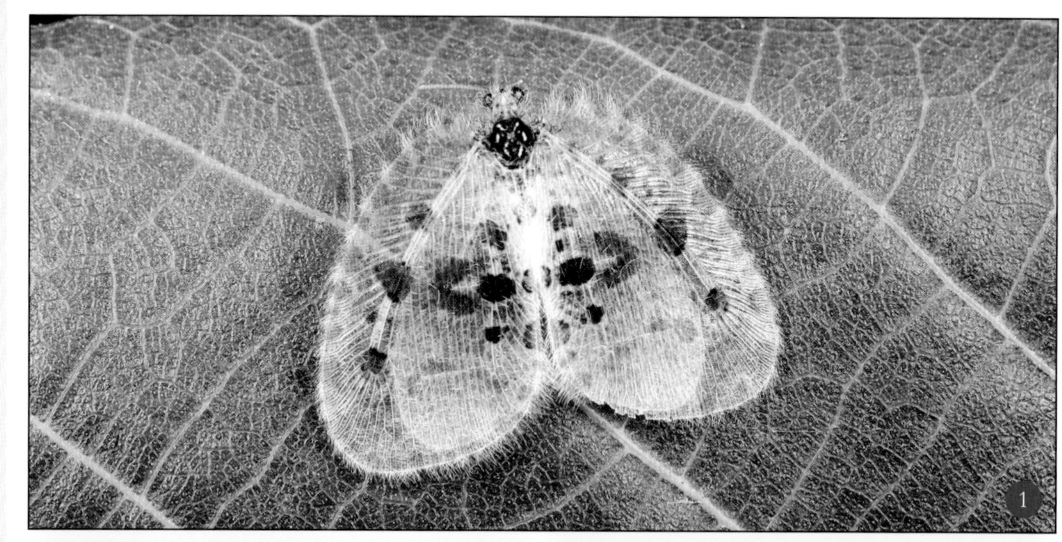

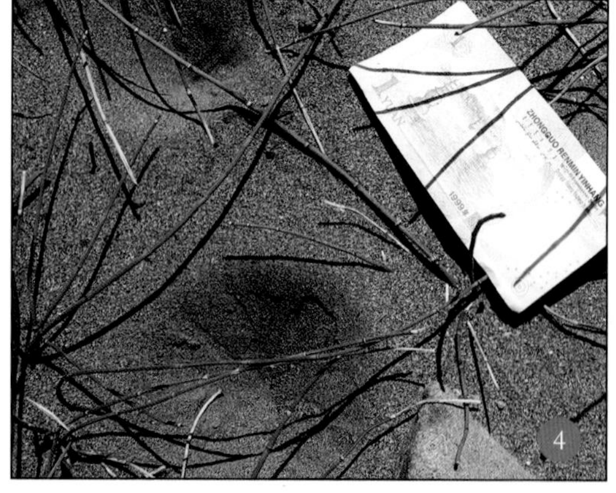

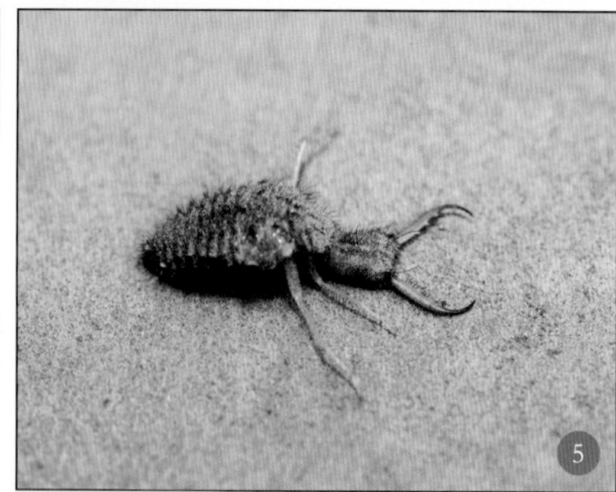

❶川贵蝶蛉 *Balmes terissinus* 翅宽大，美丽似蝶，翅展约 25 mm，触角极短，念珠状。分布于贵州、四川、重庆等地。蝶蛉较罕见，成虫具有趋光性。❷较小型的蚁蛉，翅透明，无斑纹，有白色翅痣。摄于重庆江津四面山。❸锦蚁蛉 *Gatzara* sp. 橙色种类，且具有褐色斑纹。翅透明，多褐色斑及白色斑。成虫白天栖息于密林边缘的树枝上，夜间活动。摄于云南丽江老君山。❹蚁蛉的幼虫被称作"蚁狮"，它们在地面的沙地上做一个漏斗状的穴，蚁狮伏在沙中，只在巢的底部伸出其口器，以捕食过路的小虫。河边沙地上，蚁狮的巢变成了巨无霸。摄于云南梅里雪山下的金沙江畔。❺蚁狮，口器为双刺吸式，用以吸食落入陷阱的昆虫体液。

蝶角蛉科
Ascalaphidae

- 体大型，极易被误认为是蜻蜓；
- 触角细长，长于前翅的1/2，端部突然膨大呈球杆状，像蝴蝶的触角，故得名；
- 头部复眼大而突出；
- 头和胸多密生长毛，足短小多毛；
- 翅脉多，呈网状；
- 有翅痣，翅痣下无狭长的翅室；
- 腹部多狭长，雌虫有的腹部较短；
- 成虫白天在林间飞行、栖息，动作敏捷；
- 部分种类有趋光性。

螳蛉科
Mantispidae

- 体中型至大型，很像小型的螳螂；
- 前胸很长，数倍于宽；
- 前足捕捉式，基节大而长，腿节粗大；
- 翅2对相似，翅痣长而特殊。

❶色锯角蝶角蛉 *Acheron trux* 为大型种类，翅半透明或浅褐色。成虫发生在5—8月。广布于南方各地。❷黄花蝶角蛉 *Libelloides sibiricus* 体黑色，密被毛。前翅基部黄色，后翅基部和翅端具褐色斑，中部具黄色斑。分布于华北、东北等地，为春天的常见美丽种类（吴超 摄）。❸褐斑瘤螳蛉 *Tuberonotha campioni* 体黄褐色，外形似胡蜂。分布于广西、福建、海南等地。❹螳蛉的蛹羽化之前，会从茧里爬出来，找合适的地点羽化，将四翅展开。

鱼蛉泥蛉广翅目，头前口式眼凸出；四翅宽广无缘叉，幼虫水生具腹突。

广翅目

- 体小型至大型，外形与脉翅目相似；
- 头大，多呈方形，前口式；
- 口器咀嚼式，部分种类雄虫上颚极长；
- 复眼大，半球形；
- 翅宽大，膜质、透明或半透明，前后翅形相似，但后翅具发达的臀区；
- 脉序复杂，呈网状。

MEGALOPTERA

• 碎斑鱼蛉 *Neochauliodes parasparsus*。

广翅目是完全变态类昆虫中的原始类群，目前全世界已知仅300余种，属于比较小的类群，包括齿蛉、鱼蛉和泥蛉3大类群，分布于世界各地。我国种类丰富，已知100余种。

完全变态。生活史较长，完成1代一般需1年以上，最长可达5年。卵块产于水边石头、树干、叶片等物体上。幼虫孵化后很快落入或爬入水中，常生活在流水的石块下或池塘及静流的底层。幼虫捕食性；幼虫形，头前口式，口器咀嚼式，上颚发达；腹部两侧成对的气管腮。蛹为裸蛹，常见于水边的石块下或朽木树皮下。成虫白天停息在水边岩石或植物上，多数种类夜间活动，具趋光性。

广翅目幼虫对水质变化敏感，可作为指示生物用于水质监测。幼虫还可以作为淡水经济鱼类的饵料，并具有一定的药用价值。

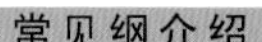

齿蛉科

Corydalidae

- 体中型至大型，通称为齿蛉或鱼蛉；
- 头部有3个单眼；
- 足跗节各节形状相似，均为圆柱状；
- 幼虫体较大，常见于流速较急的石下。

❶东方巨齿蛉 *Acanthacorydalis orientalis* 体大型，上颚极其发达，特别是雄虫，约等于头及前胸的长度，图为雌性，上颚约等于头部的长度。此种在我国广泛分布。❷巨齿蛉 *Acanthacorydalis* sp. 的幼虫，在云南部分地区被当作一种美食。人们从小河中的石块下面捉到幼虫后，去掉头部和内脏，然后油炸，十分美味。摄于云南景东无量山。❸阿氏脉齿蛉 *Nevromus aspoeck* 为中型种类，头胸部均为黄色，胸部带有 4 个黑色斑，翅无色，基本完全透明，前翅部分横脉黑色。摄于云南西双版纳。

齿蛉科
Corydalidae

泥蛉科
Sialidae

- 体小型，体长10～15 mm，种类稀少；
- 体多黑褐色，翅暗灰色；
- 头部无单眼；
- 足跗节第4节分为两瓣状。

❶黄胸黑齿蛉 *Neurhermes tonkinensis* 头部黑色，前胸背板鲜黄色，翅黑色，具若干乳白色圆斑。喜在白天活动，但夜晚也上灯。华南、西南部分地区有分布。❷散斑鱼蛉 *Neochauliodes punctatolosus* 为中型种类，雄性触角栉状，雌性锯齿状，头部及前胸橙黄色，翅上有很多褐色斑点。分布于云南等地。❸齿蛉 *Neoneuromus* sp. 的幼虫。摄于云南西双版纳。❹古北泥蛉 *Sialis sibirica*，头部为黑色并具黄褐色斑，前胸背板完全黑色，翅浅灰褐色，翅脉深褐色。摄于蒙古国。

头胸延长蛇蛉目，四翅透明翅痣乌；雌具针状产卵器，幼虫树干捉小蠹。

蛇蛉目

- 体细长，小型至中型，多为褐色或黑色；
- 头长，后部缢缩呈三角形，活动自如；
- 触角长、丝状；
- 口器咀嚼式；
- 复眼大，单眼3个或无；
- 前胸极度延长，呈颈状；
- 中、后胸短宽；
- 前、后翅相似，狭长，膜质、透明，翅脉网状，具翅痣；
- 后翅无明显的臀区，也不折叠；
- 腹部10节；
- 无尾须；
- 雌虫具发达的细长产卵器。

RAPHIDIOPTERA

• 刚刚羽化的云南盲蛇蛉 *Inocellia yunnanica* 雌虫，翅尚未完全硬化。

蛇蛉目通称蛇蛉，是昆虫纲中的一个小目。目前，全世界已知230种，以古北区种类居多，在南非和澳大利亚尚未发现，我国已知现生种类30种、化石种类20余种。

完全变态。成虫和幼虫均为肉食性。幼虫陆生，主要生活在山区，多为树栖，常在松、柏等松散的树皮下，捕食小蠹等林木害虫。蛹为裸蛹，能活动。成虫多发生在森林地带中的草丛、花和树干等处，捕食其他昆虫，是一类天敌昆虫。

>>

蛇蛉科

Raphidiidae

- 头部有单眼；
- 翅痣内有横脉。

盲蛇蛉科

Inocelliidae

- 头部无单眼；
- 翅痣内无横脉。

❶戈壁黄痔蛇蛉 *Xanthostigma gobicola*，头部略呈三角形，足黄色，腹部褐色，两侧各具1条淡黄色的纵斑。摄于北京门头沟小龙门林场。❷盲蛇蛉 *Inocellia* sp. 的雌虫，头部略呈方形，带有很长的产卵器。摄于重庆四面山。❸云南盲蛇蛉 *Inocellia yunnanica* 的蛹，发现于云南无量山的枯树树皮下。❹丽盲蛇蛉 *Inocellia elegans* 是唯一一种翅上带有黑斑的蛇蛉目昆虫，非常罕见。分布于贵州和重庆的部分地区。

硬壳甲虫鞘翅目，前翅角质背上覆；触角十一咀嚼口，幼虫寡足或无足。

鞘翅目

- 体小型至大型；
- 体壁坚硬；
- 头壳坚硬，前口式或下口式；
- 口器咀嚼式；
- 复眼常发达，有的退化或消失；
- 常无单眼；
- 触角多样，为丝状、棒状、锯齿状、栉齿状、念珠状、鳃叶状或膝状等；
- 前胸发达，能活动；
- 中、后胸愈合，中胸小盾片三角形，常露出鞘翅基部之间；
- 前翅坚硬、角质化，为鞘翅，静止时常在背中央相遇呈一直线；
- 后翅膜质；
- 足常为步行足，因功能不同，形态上常发生相应的变化；
- 雌虫腹部末端数节变细而延长，形成可伸缩的伪产卵器，产卵时伸出。

COLEOPTERA

● 绿鳞象甲 *Hypomeces squamosus*

鞘翅目通称甲虫，是昆虫纲乃至动物界种类最多、分布最广的第一大目，占昆虫种类的40%左右。在分类系统上，各学者见解不一，一般将鞘翅目分为2~4个亚目、20~22个总科。目前，全世界已知35万种以上，中国已知约10 000种。

完全变态。一生经过卵、幼虫、蛹、成虫4个虫态。卵多为圆形或圆球形。产卵方式多样，雌虫产卵于土表、土下、洞隙中或植物上。幼虫多为寡足型或无足型，一般3龄或4龄，少数种类具6龄，如芫菁科部分种类；蛹为弱颚离蛹。很多种类的成虫具假死性，受惊扰时足迅速收拢，伏地不动，或从寄主上突然坠地。有的类群具有拟态。

成虫、幼虫的食性均复杂，有腐食性、粪食性、尸食性、植食性、捕食性和寄生性等。

步甲科
Carabidae

- 体长1~60 mm;
- 体色以黑色为多，部分类群色泽鲜艳;
- 头稍窄于前胸背板;
- 唇基窄于触角基部;
- 触角11节，丝状;
- 鞘翅一般隆凸，表面多具刻点行或瘤突;
- 后翅一般发达，土栖种类的后翅退化，随之带来的是左右鞘翅愈合;
- 足多细长，适于行走，部分类群前、中足演化成适宜挖掘的特征;
- 跗节5-5-5式。

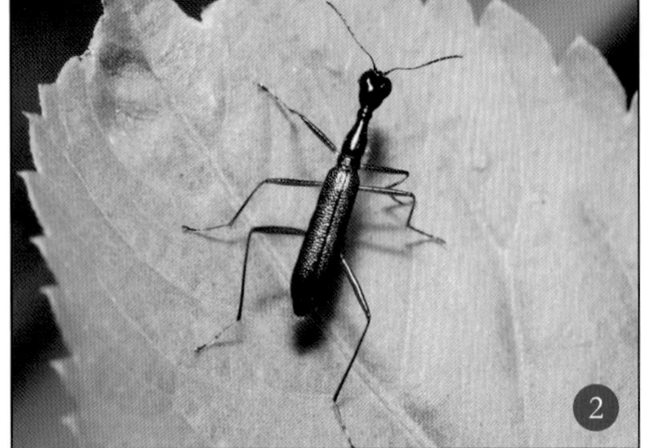

❶金斑虎甲 *Cosmodela aurulenta* 属虎甲亚科 Cicindelinae，头和前胸背板大部铜色至金绿色，鞘翅大部深蓝色，每鞘翅各具 4 个白斑。栖息于溪流或湖泊附近的细沙地上。摄于泰国考索（Khao Sok）国家公园。❷树栖虎甲 *Neocollyris* sp. 属虎甲亚科，体形狭长，个体略小，鞘翅绿色具金色光泽，栖息于草上或低矮灌木上，善于飞翔。摄于广西崇左生态公园。❸虎甲的幼虫大多数土栖，在土中打洞，将头顶在洞口，捕食过路的小昆虫。摄于云南梅里雪山脚下金沙江畔。❹虎甲的幼虫。摄于云南梅里雪山脚下金沙江畔。❺疤步甲 *Carabus pustuleifer* 属步甲亚科 Carabinae，多数标本全体深蓝色或鞘翅略带绿色光泽，但湖北、贵州、重庆、四川东北部的个体颜色鲜艳，前胸背板及头部红色，鞘翅绿色。鞘翅具 3 行巨大瘤突，大瘤突行之间有成行的细小瘤突。摄于贵州桐梓。

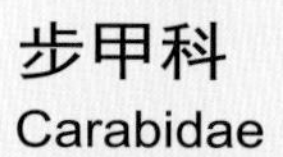

步甲科
Carabidae

❶❷❸❹❺❻❼

❶黑斑心步甲 *Nebria pulcherrima* 属心步甲亚科 Nebriinae，身体全黄色，鞘翅中央区域在后半部具 2 个大型黑色圆斑，栖息于水边。摄于云南梅里雪山。❷印步甲中华亚种 *Paropisthius indicus chinensis* 属心步甲亚科，鞘翅上刻点明显，易于识别。摄于陕西秦岭。❸蝼步甲 *Scarites* sp. 属蝼步甲亚科 Scaritinae，黑色，上颚极大并前伸，前足挖掘式，胫节宽扁。摄于四川平武老河沟。❹青步甲 *Chlaenius* sp. 属畸颚步甲亚科 Licininae，头、前胸背板绿色，带紫铜色光泽；鞘翅墨绿或黑色带绿色光泽，夜间活动，有趋光性。摄于广西崇左生态公园。❺屁步甲 *Pheropsophus* sp. 属气步甲亚科 Brachininae，头顶有黑斑，倒三角形，前胸背板前后缘黑色，鞘翅黑色，中部具黄色横斑，成虫栖息于水边或潮湿地方的石头下面，受惊吓时喷出高温烟雾。摄于陕西秦岭。❻屁步甲 *Pheropsophus* sp. 喷出的高温烟雾。摄于重庆四面山。❼被屁步甲的高温烟雾喷过的手指，留下明显的焦黄痕迹。

步甲科
Carabidae

条脊甲科
Rhysodidae

- 体小型，体长4～8 mm；
- 身体多为黑色；
- 头部、前胸背板、鞘翅表面均具深沟，使沟间的脊显发达；
- 触角粗短，念珠状；
- 前胸腹板在前足基节间宽大，超过部分膨大；
- 后胸腹板在后足基节前无横缝。

沼梭甲科
Haliplidae

- 体长3～5 mm；
- 体多淡黄色具黑色斑纹；
- 头小；
- 复眼发达；
- 触角短，11节，光滑无毛；
- 前胸背板基部约与鞘翅基等宽，端部收狭；
- 鞘翅两侧呈流线形，与前胸背板共同形成椭圆形，表面隆凸；
- 前、中足接近，基节球状；
- 后足长，基节膨大成片状，覆盖于腹部前3节，有的可盖及全腹；
- 足上有毛，善游泳。

❶凹唇步甲 *Catascopus* sp. 属壶步甲亚科 Lebiinae，体背绿色带紫铜色光泽，复眼半球形相当突出，鞘翅末端凹弧，栖息于倒木表面，行动敏捷，捕食其他昆虫。摄于广西崇左。❷五斑棒角甲 *Platyrhopalus davidis* 属棒角甲亚科 Paussinae，形状十分奇特，棕褐色，鞘翅黑色，中央具"X"形斑纹；触角2节，圆片形，在石块下面，与蚂蚁共栖。华北、华东、西南等地均有分布。❸雕条脊甲 *Omoglymmius* sp. 为小型奇特的甲虫，体深棕褐色，体表坚硬，头部三角形，复眼小，触角念珠状，鞘翅两侧平行，具深条沟。多见于潮湿的热带亚热带地区，栖息于朽木的木质部。摄于云南高黎贡山。❹沼梭甲 *Peltodytes* sp. 为小型水生昆虫，身体梭状，流线型，鞘翅密布刻点。有趋光性。摄于重庆江津四面山。

❶日本真龙虱 *Cybister japonicus* 为大型甲虫，卵圆形，后足粗壮适于划水，雄性前足跗节强烈膨大，前胸背板及鞘翅侧缘具黄边，生活于水中，捕食水生的蝌蚪、蜗牛和小鱼等小动物。广布于我国东部地区。❷黄条斑龙虱 *Hydaticus bowringii*，卵圆形，背面隆起，鞘翅黑色，近翅缘处具 2 条黄色纵带，纵带平行，广泛分布于南方各地。❸龙虱的幼虫水生，以其他小型昆虫和节肢动物等为食。摄于陕西秦岭。❹大豉甲 *Dineutus mellyi*，体躯背面光滑，有光泽，中央青铜黑色，两侧深蓝色，多在静水地带的水面打转，于水面捕食猎物。广泛分布于南方各地。❺云南无量山的小河中的一种小型豉甲，卵圆形，集群在被水中大块岩石遮挡的阴凉处的静水水面迅速打转。

龙虱科
Dytiscidae

- 体长1.3~45 mm;
- 体色多为黑色;
- 身体背、腹面均隆凸，体形流线形;
- 头小，部分隐藏于前胸背板下;
- 触角11节，多数超过前胸背板;
- 足较短，后足远离前中足;
- 跗节扁平具游泳毛;
- 雄虫前足跗节膨大，形成抱握足，用分泌出的黏性物质抱住雌虫。

豉甲科
Gyrinidae

- 体长4~17 mm;
- 体色多为黑色、蓝黑色或绿色;
- 头部约与前胸背板前缘等宽;
- 触角短，不及前胸背板前缘，第2节膨大，端部数节成粗棒状;
- 复眼分上、下2个;
- 前胸背板与鞘翅侧缘形成流线形;
- 前足最长，与中足远离，中后足相近，极短，扁形。

隐翅虫科
Staphylinidae

- 体长0.5~50 mm，多数种类在1~20 mm；
- 体多为狭长形，但有时也可能为长圆形或近卵圆形；
- 强烈隆凸至平扁，体表光滑或被直立或卧毛；
- 触角多为丝状，有时向端部逐渐扩粗，少数情况形成明显端锤，着生点多露出；
- 鞘翅一般极短，平截，露出3节或更多腹节背板，个别种类完整或只露出1节或2节；
- 跗节多为5-5-5式，有时为2-2-2式或3-3-3式，或者为不同的异跗节式；
- 腹部一般可以背腹弯曲运动；
- 有6节或7节可见腹板，前1个或2个腹节背板膜质。

❶❷❸❹❺❻

❶红斑束毛隐翅虫 *Dianous* sp. 体黑色，鞘翅中部具1对红斑，生活于溪流中间或溪流边的石块上，常数百头集群。摄于重庆圣灯山。❷蓝束毛隐翅虫 *Dianous* sp. 体全金属蓝色，鞘翅带虹彩光泽。摄于云南普洱。❸筒隐翅虫亚科 Osoriinae 的种类，身体扁平，前胸和鞘翅略呈方形，在树皮下生活。摄于云南西双版纳。❹尖腹隐翅虫亚科 Tachyporinae 的一种隐翅虫。摄于吉林长白山区的洞穴中。❺毒隐翅虫 *Paederus* sp. 属毒隐翅虫亚科 Paederinae，体色鲜艳，体大部分为橙红色，鞘翅为深蓝色略带金属光泽，体长形，头大，颈部细，腹部末端尖。捕食小型节肢动物，多活动于水域附近地面，具趋光性，体液具毒素，能引起隐翅虫皮炎。摄于吉林长白山。❻硕出尾蕈甲 *Scaphidium grande* 属出尾蕈甲亚科 Scaphidiinae，体梭形，侧面观较厚，出尾蕈甲与多数隐翅虫体形差异较大，鞘翅覆盖腹部大部。头部小，复眼略突出，触角细长，端部5节略膨大；前胸背板梯形，基部最宽；鞘翅中部较宽，末端平截。成虫及幼虫均取食真菌。广布于南亚和东南亚。

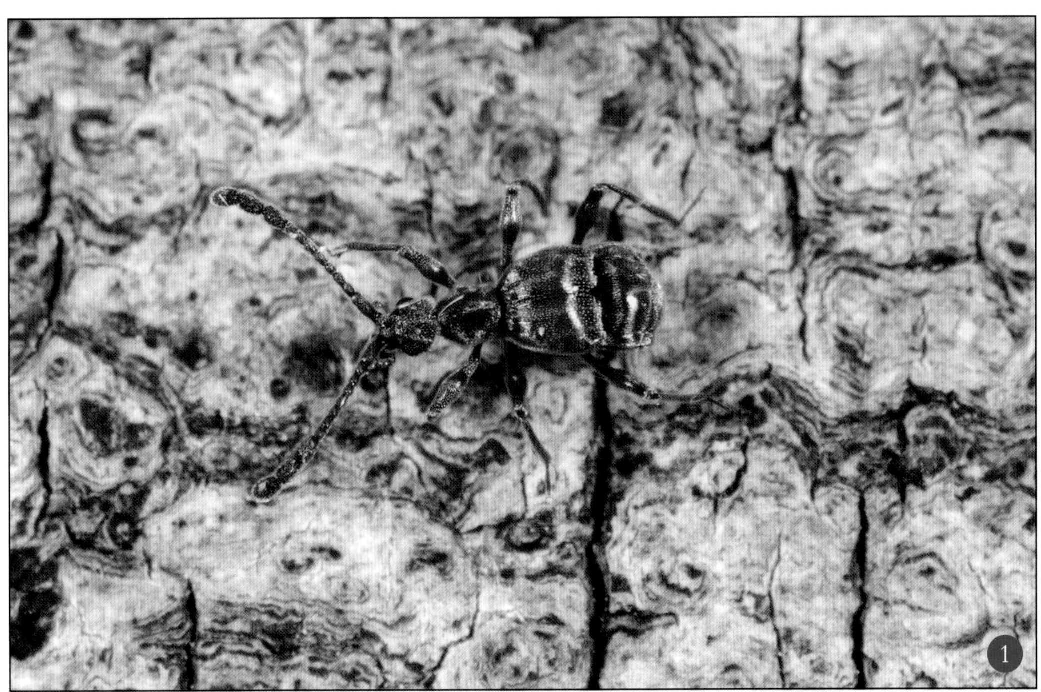

蚁甲科
Pselaphidae

- 体长0.5~5.5 mm，多数在1~2.5 mm；
- 体狭长，稍凸起或平扁；
- 通常前胸背板窄于鞘翅或腹部；
- 多为红色或红棕色；
- 触角向端部逐渐膨大，或有1个1~5节组成的端锤；
- 跗节多为3-3-3式，有时2-2-2式；
- 鞘翅较短，大部分腹部裸露，但与隐翅虫不同，蚁甲腹部无法自由活动，且比头部要宽阔。

埋葬甲科
Silphidae

- 体长7~45 mm；
- 体卵圆或较长，平扁；
- 通常背面光滑；
- 触角末端3节组成的端锤表面绒毛状，第9节和第10节有时梳状，有时触角膝状；
- 小盾片很大；
- 鞘翅有时平截，露出1个或2个腹节背板。

❶小型棕色蚁甲，多生活于树皮下。摄于马来西亚沙巴。❷滨尸葬甲 *Necrodes littoralis* 体长形，略扁平，黑色，触角末端3节黄色，鞘翅较柔软，方形，后端略宽，具3条平行的脊。腐食性，成虫有趋光性。分布于我国大部分地区。❸尼覆葬甲 *Nicrophorus nepalensis* 复眼突出，触角11节，锤状；前胸背板宽大，盾形，鞘翅长方形，末端平截，露出腹节背板，鞘翅前后部各具波浪状橙色斑纹。以动物尸体为食，有趋光性，常有螨类附着在身体上，属共生现象。国内大部分地区有分布。

常见纲介绍

>>

水龟虫科
Hydrophilidae

- 体长0.9~40 mm;
- 体卵圆形，背面隆凸；腹面平扁，背面一般光滑无毛；
- 腹面多有拒水毛被，形成气盾；
- 头顶多有"Y"形缝；触角7~9节，末端3节锤状，较长，并不紧密收缩；
- 鞘翅刻点成行排列或呈线状，多9行或10行；
- 成虫和幼虫均为水生；
- 有较强趋光性。

阎甲科
Histeridae

- 体长0.5~20 mm;
- 体卵形到长圆形，强烈隆凸，个别属狭长或极平扁；
- 体表无毛；
- 体色黑色，或金属色，少数红色或双色；
- 头部通常向后深缩在前胸背板中；
- 触角略呈膝状，几乎总是10节或11节，由3节组成的端锤缩合在一起，有时端锤的3节合生为一体；
- 上颚前突，有时颏扩大，将下颚遮盖起来；
- 鞘翅平截，体后尾露出1个或2个腹节，刻点为6行或较少；
- 前足胫节外侧具齿。

❶尖突水龟虫 *Hydrophilus* sp. 是一种国内大部分地区常见并且个体较大的水生昆虫，有较强的趋光性。摄于陕西秦岭。❷黑阎甲 *Hister* sp. 体黑色，具光泽；体卵形，背面略隆起。上颚较长，左右不对称；头小，通常缩在前胸背板中，鞘翅末端平截，露出腹部背板。生活在牲畜粪中，捕食蝇蛆。摄于云南梅里雪山。

锹甲科
Lucanidae

- 锹甲是鳃角类中一个独特类群，因其触角端部3~6节向一侧延伸而归入鳃角类，又以其触角肘状，上颚发达（特别是雄虫），多呈似鹿角状而区别于其他各科；
- 体中型至特大型，多大型种类；
- 长椭圆形或卵圆形，背腹颇扁圆；
- 体色多棕褐色、黑褐色至黑色，或有棕红色、黄褐色等色斑，有些种类有金属光泽，通常体表不被毛；
- 头前口式；
- 性二态现象十分显著，雄虫头部大，接近前胸之大小，上颚异常发达，多呈鹿角状，同种雄性个体也因发育程度不同，大小、形态差异甚为显著；
- 复眼通常不大；
- 触角肘状10节，鳃片部3~6节，多数为3~4节，呈栉状；
- 前胸背板横大于长；
- 小盾片发达显著；
- 鞘翅发达，盖住腹端；
- 跗节5节，爪成对简单。

❶褐黄前锹甲 *Prosopocoilus astacoides* 两性体色都呈黄褐色或红褐色，雄虫体形细长，个体较大，大颚发达，头部近前缘有1对角状突起，易于识别，白天常见于流汁树上，成虫有明显趋光性。分布于华北、华南、西南、台湾等地。图为雄性。❷雌性褐黄前锹甲。❸姬角葫芦锹甲 *Nigidius acutangulus* 体黑色，雌雄外观无明显差异，翅鞘具有明显纵沟，夜晚具趋光性。摄于云南保山龙陵县邦腊掌热泉。❹拉叉深山锹甲 *Lucanus laminifer* 属大型锹甲，雄性大颚极长并弯曲，特征明显，易于分辨。摄于云南盈江勐莱河。

常见纲介绍

锹甲科
Lucanidae

❶❷❸❹

黑蜣科
Passalidae

- 体较狭长扁圆，鞘翅背面常较平，全体黑而亮；
- 头部前口式；
- 头背面多凹凸不平，有多个突起，上唇显著；
- 触角10节，常弯曲不呈肘形，末端3~6节栉形；
- 前胸背板大；
- 小盾片不见；
- 鞘翅有明显纵沟线，腹部背面全为鞘翅覆盖。

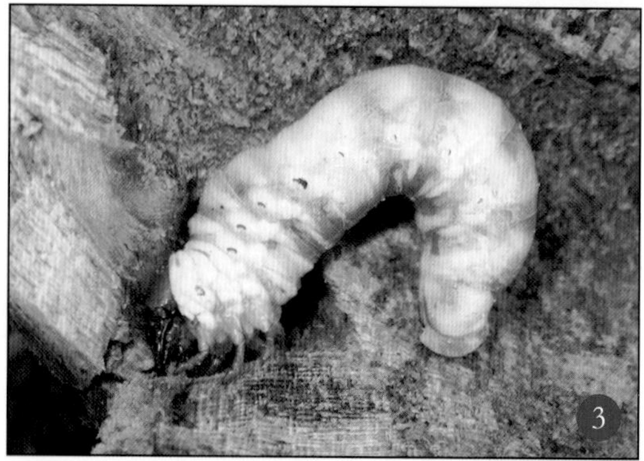

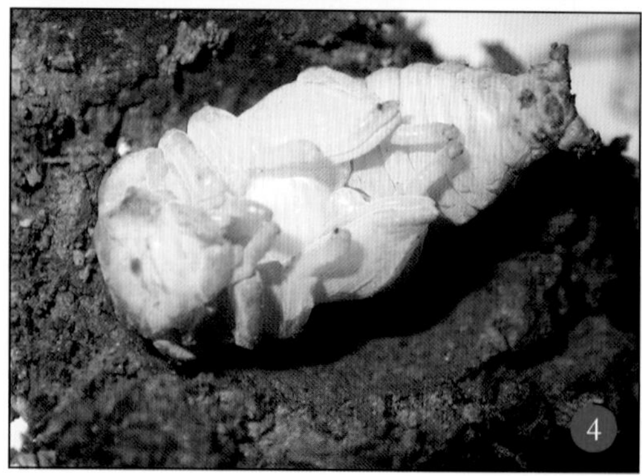

❶弗瑞深山锹甲 *Lucanus fryi* 云南西部常见的一种大型威武的锹甲种类。摄于云南高黎贡山。❷安达扁锹甲 *Dorcus antaeus* 体黑色，多光泽，雄虫的大颚在中段弯曲，具粗壮的内齿，成虫常于枯木或流汁树上发现，有趋光性。分布于海南、广东、广西、云南、西藏等地。❸扁锹甲 *Dorcus titanus* 的幼虫，在朽木中取食。❹扁锹甲的蛹。❺黑蜣 *Aceraius grandis* 体亮黑色，触角鳃片状，体略扁，前胸背板与鞘翅分界明显，鞘翅具有明显条沟，幼虫取食朽木，成虫常在朽木上发现。广东、广西、海南、福建、台湾、香港等地均有分布。

❶华武粪金龟 *Enoplotrupes sinensis* 体亮黑色带蓝绿色、蓝色或紫色金属光泽，头部具1个突起向后弯曲的角，前胸背板具向前突生的两角，取食粪便。中国南方大部分地区广布。❷暗驼金龟 *Phaeochrous* sp. 暗红褐色，具光泽，肉食性的金龟子，常成群取食地面上的昆虫尸体。

粪金龟科
Geotrupidae

- 体多中型至大型；
- 多呈椭圆形、卵圆形或半球形；
- 体多呈黑色、黑褐色或黄褐色，不少种类有蓝、紫、青、绛等金属光泽，或有黄褐色、红褐色等斑纹；
- 头大，前口式；
- 唇基大，上唇横阔，上颚大而突出，背面可见；
- 触角11节，鳃片部3节；
- 前胸背板大而横阔；
- 小盾片发达；
- 鞘翅多有深显纵沟纹；
- 体腹面多毛；
- 前足胫节扁大，外缘多齿至锯齿形；
- 跗节通常较弱，爪成对简单；
- 有些属性二态现象显著，其雄体之头面、前胸背板有发达角突及横脊状突。

驼金龟科
Hybosoridae

- 体颇扁薄，长卵圆形，背面隆拱；
- 头前口式，上唇外露，上颚弯曲，背面可见；
- 触角10节，鳃片部3节；
- 前胸背板阔大，两侧常扩延成敞边；
- 小盾片显著；
- 前足胫节外缘锯齿形；
- 各足有成对爪。

常见纲介绍

>>

金龟科
Scarabaeidae

- 体小型至大型；
- 触角不很长，端部3~8节向前延伸呈栉状或鳃片状；
- 头通常较小；
- 前口式，口器发达；
- 前胸背板大，通常宽大于长；
- 多数种类有小盾片，少数没有；
- 后翅通常发达，善于飞行。

❶蜉金龟亚科 Aphodiinae 的种类体小型到中型，以小型者居多，体常略呈半圆筒形，体多呈褐色至黑色，也有赤褐色或淡黄褐色等色，鞘翅颜色变化较多，头前口式，唇基十分发达。为粪食、腐食性类群。摄于西藏雅鲁藏布大峡谷。❷蜣螂亚科 Scarabaeinae 的种类小至大型，卵圆形至椭圆形，体躯厚实，体多黑色、黑褐色到褐色，或有斑纹，少数属种有金属光泽。头前口式，唇基与眼上刺突连成一片似铲，小盾片于多数不可见。很多属、种性二态现象显著，其成虫之头面、前胸背板生有各式突起。成虫、幼虫均以动物粪便为食。成虫常在夜间活动，亦多有白天闻粪而动者，有趋光性。图为中国最大的象粪蜣螂 *Heliocopris dominus*。摄于云南西双版纳。❸双叉犀金龟 *Allomyrina dichotoma* 属犀金龟亚科 Dynastinae，俗称独角仙，是著名的观赏昆虫。雄虫头上面有 1 个强大的双叉角突，分叉部缓缓向后上方弯。幼虫栖息于腐殖土内，成虫为灯光所吸引。分布于我国大部分地区。❹橡胶木犀金龟 *Xylotrupes gideon* 也属犀金龟亚科，雄虫头上有 1 个双分叉角突，前胸背板中央有 1 个短壮、端部有燕尾分叉的角突，角突端部指向前方。雌虫头上粗糙无角突。幼虫栖息于腐殖土内，成虫为灯光所吸引。

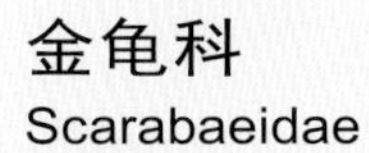

金龟科
Scarabaeidae

❶格彩臂金龟 *Cheirotonus gestroi* 属臂金龟亚科 Euchirinae，极大型的甲虫，体长约 60 mm，前胸背板铜色，鞘翅黑褐色，有许多不规则小黄斑，雄虫前足胫节极度延长，用作交配时控制住雌虫。幼虫栖息于大型朽木之内，成虫为灯光所吸引。分布于云南西部铜壁关自然保护区。❷亮条彩丽金龟 *Mimela pectoralis* 属丽金龟亚科 Rutelinae，体中型，卵圆形，体色变异大，常见金属绿色。前胸背板后缘无边，鞘翅具明显脊，脊间鞘翅布细密颗粒。幼虫取食腐殖质，成虫白天访花。摄于西藏雅鲁藏布大峡谷。❸淡色牙丽金龟 *Kibakoganea dohertyi* 属丽金龟亚科，上颚细长，弧形，非常突出，红色并有深褐色线条。摄于云南高黎贡山。

>>

金龟科
Scarabaeidae

❶❷❸❹

❶云斑鳃金龟 *Polyphylla* sp. 属鳃金龟亚科 Melolonthinae，体栗色或黑褐色，体表被乳白色鳞片组成的云状花纹。雄虫触角 7 节，十分宽长，向外弯曲，幼虫取食腐殖质，成虫趋光。摄于云南丽江老君山。❷单爪鳃金龟 *Hoplia* sp. 属鳃金龟亚科，全身绿色，无光泽。足较长，爪不等长。摄于重庆铁山坪。❸东方码绢金龟 *Maladera orientalis* 属鳃金龟亚科，体卵圆形，褐色，身体密布短小的细绒毛，非常常见的类群。摄于河北衡水湖。❹小青花金龟 *Oxycetonia jucunda* 属花金龟亚科 Cetoniinae，常见的中小型金龟子，食性杂，喜访花。花金龟亚科鞘翅前阔后狭，飞行时前翅并不张开，后翅从前翅侧缘的弧形凹槽中伸出，与其他金龟子区别明显。

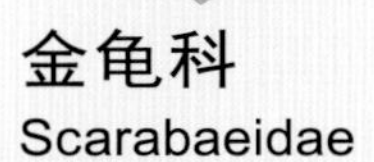

金龟科
Scarabaeidae

❶黄粉鹿花金龟 *Dicronocephalus wallichii* 属花金龟亚科，体中大型，雄虫唇基发达，呈鹿角状，雌虫不发达。成虫取食嫩竹。分布于我国大部分地区。❷婆罗洲瘦花金龟 *Coilodera helleri* 十分活跃，善于飞行。摄于婆罗洲。❸中型的胖金龟（花金龟亚科）种类。摄于四川平武老河沟。

>>

绒毛金龟科
Glaphyridae

- 体较狭长、多毛，多有金属光泽；
- 头面、前胸背板无突起；
- 触角10节，鳃片部3节光裸少毛；
- 头前口式，唇基基部多少狭于额，上唇、上颚发达外露，背面可见；
- 前胸背板狭于翅基；
- 小盾片舌形；
- 鞘翅狭长；
- 体腹面密被具毛刻点；
- 足较细长，爪成对简单。

吉丁虫科
Buprestidae

- 体长1.5~60 mm；
- 头部较小向下弯折；
- 触角11节，多为短锯齿状；
- 前胸与体后相接紧密，不可活动；
- 鞘翅长，到端部逐渐收狭；
- 足细长；
- 跗节5-5-5式，第4节双叶状；
- 成虫喜阳光，白天活动；
- 幼虫在树木中钻孔为害，属钻蛀性昆虫。

❶绒毛金龟 *Amphicoma* sp. 体中型，狭长，多毛，幼虫取食朽木，成虫常在朽木上被发现。摄于重庆璧山青龙湖。❷云南脊吉丁 *Chalcophora yunnana* 体黑褐色或铜褐色，前胸背板及鞘翅上具突起发亮的脊纹，脊纹之间的区域被满灰白色的鳞毛。前胸背板具5条纵脊纹，鞘翅具8条纵脊纹。寄主为各种松类，主要危害大龄马尾松。分布于我国南方各地。❸窄吉丁 *Agrilus* sp. 前胸背板及头红铜色有光泽，鞘翅灰蓝色；体形细长，鞘翅末端渐尖。窄吉丁属种类很多，广泛分布于我国各地，可通过细长的体形识别它们。常见于枯木表面或灌木叶片上，善飞行。❹潜吉丁 *Trachys* sp. 体长约3 mm。体黑色略具铜色金属光泽，体短小，近三角形，前胸背板短宽，后缘波浪状；鞘翅三角形，向后变窄，末端圆钝。常见于灌木、杂草的叶片上，受惊扰时假死。摄于重庆圣灯山。

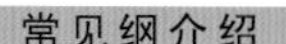

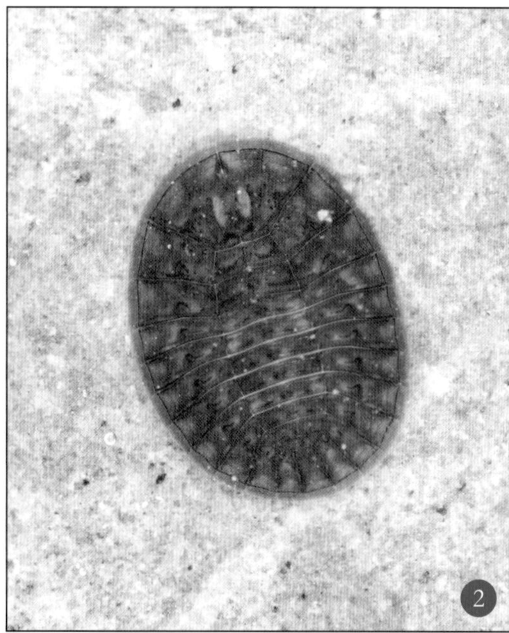

❶粗扁泥甲 *Cophaesthetus* sp. 为小型甲虫，体卵圆形，棕褐色，触角雄虫栉状，雌虫丝状，此为雄虫。摄于广西大明山。❷扁泥甲的幼虫扁平，生活于溪流里的石头上。❸毛泥甲科昆虫多数体形类似叩甲，但头部强烈向下弯曲，藏于前胸背板之下，体壁较为柔软，体表被短绒毛，触角较长，栉状，雄虫尤其明显。成虫栖息于山中流水附近的植物之上，幼虫水生。摄于重庆四面山。❹掣爪泥甲 *Eulichas* sp. 体灰褐色至黑褐色，鞘翅表面通常带有灰白色毛被形成的花纹；体长形；头较小，鞘翅长，末端渐尖；掣爪泥甲通常被误认为叩甲，但可通过前胸腹板与中胸腹板之间无榫状结构的叩器，且体形不似叩甲扁平、紧凑而易区别。幼虫水生，发现于溪流中的落叶之中；成虫栖息于水边，有趋光性，有时数量很大。摄于广西大明山。

扁泥甲科
Psephenidae

- 体长1.5~6 mm;
- 体卵圆形，黑色或黑褐色，体背密布短绒毛;
- 头部下弯;
- 触角细长，稍具锯齿状;
- 前胸背板基部宽，端部窄;
- 幼虫蚧虫形，头足等藏于腹下，附着在水中石块上。

毛泥甲科
Ptilodactylidae

- 体长4~6 mm;
- 体色黑色、黄褐色等;
- 体背具密集的绒毛;
- 头部较突出;
- 复眼发达;
- 触角11节，稍带锯齿状，长度一般达鞘翅中部;
- 前胸背板近似半圆形;
- 鞘翅长，具纵刻线;
- 跗节5-5-5式，第3节双叶状，第4节较小。

掣爪泥甲科
Eulichadidae

- 本科原为毛泥甲科一部分，所以大多数特征相同或相近;
- 本科种类前足基节横形;
- 有发达的擎爪片。

溪泥甲科
Elmidae

- 体长2~15 mm；
- 体黑色或亮黄色；
- 体表具刻点或突起颗粒并伴有细纤毛；
- 头下弯；
- 触角11节，丝状或球杆状；
- 前胸背板变化较大，具中纵沟或亚侧脊或平隆；
- 鞘翅通常有8个刻点列；
- 足长，中后足基节远离，跗节5-5-5式。

缩头甲科
Chelonariidae

- 体长5~6 mm，体高度紧凑，椭圆形；
- 头部向下弯曲，从背面看不到；
- 触角11节，略呈锯齿状；
- 触角和足收缩时，嵌入腹面的凹陷中；
- 跗节5-5-5式。

❶溪泥甲为小型水生甲虫，长形。摄于婆罗洲。❷缩头甲 *Chelonarium* sp.，体深褐色，鞘翅具白色毛；卵圆形，强烈隆起；头小，可弯折于前胸背板之下的凹槽内，于背面不可见。摄于马来西亚沙巴。

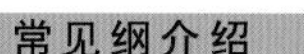

叩甲科
Elateridae

- 体小型至大型，多狭长，较原始类群多大型，体壮硕；
- 体色多灰暗，体表多被细毛或鳞片状毛，组成不同的花斑或条纹，也有体色艳丽、光亮无毛的；
- 头形多为前口式，深嵌入前胸；
- 触角着生靠近复眼，11~12节，锯齿状、丝状、栉齿状，有的雌雄异形，雄虫锯齿状，雌虫栉齿状、梳齿状；
- 前胸背板向后倾斜，与中胸连接不紧密，其后角尖锐；
- 前胸腹板前缘具半圆形叶片向前突出，腹后突尖锐，插入中胸腹板的凹窝中，形成弹跳和叩头关节；
- 足较短，活动自如；
- 跗节5-5-5式。

❶叩甲科的种类，多数都是棕黑色，长椭圆形。摄于云南梅里雪山。❷巨四叶叩甲 *Tetralobus perroti* 体形十分粗大且厚。黑色，略光亮，被棕色细毛，触角短，自第4节起明显栉状，着生紧密。成虫多见于5—8月，有趋光性。广泛分布于我国南方各地。❸部分叩甲有较为鲜明的色彩，很多为鲜红色或暗红色。摄于重庆四面山。

叩甲科
Elateridae

❶❷❸❹

❶丽叩甲 *Campsosternus auratus* 体大型，金属绿色至蓝绿色，带铜色光泽，极其光亮。成虫6—8月发生，见于树干上。南方地区广布。❷丽叩甲腹面观，可清楚看到前胸腹板尖锐的腹后突，插入中胸腹板的凹窝中，以利弹跳。❸在枯树枝上产卵的丽叩甲。❹一种丽叩甲的弹跳过程。

萤科
Lampyridae

- 体长4~18 mm;
- 体扁形，多黑色、红褐色或褐色;
- 头隐于前胸背板下;
- 触角11节，丝状、栉状等;
- 复眼发达;
- 前胸背板多为半圆形;
- 跗节5-5-5式;
- 鞘翅扁宽，盖及腹端，翅面多具脊线;
- 雌虫多缺翅;
- 腹部可见7~8节，末端2节（雄）或1节（雌），可以发光;
- 成、幼虫均捕食性，一般多发生在水边和温暖潮湿的地方。

❶窗萤 *Pyrocoelia* sp. 雌雄异形，雄虫头黑色，完全被橙黄色的前胸背板覆盖，前胸背板前缘有1对月牙形透明斑，触角黑色，锯齿状，鞘翅黑色。产自重庆巫山五里坡。❷曲翅萤 *Pteroptyx* sp. 小型萤火虫，头黑色，胸及鞘翅橙黄色，鞘翅末端黑色。摄于云南西双版纳。❸成群发光飞舞的萤火虫。摄于广西崇左生态公园。❹萤火虫的幼虫。❺萤火虫幼虫正在捕食蜗牛。❻萤火虫的幼虫也可以发光。

红萤科
Lycidae

- 体长3~20 mm;
- 体扁形，两侧平行;
- 体红色，也有黄色、黑色等色;
- 头下弯;
- 复眼突出;
- 触角11节，丝状、锯齿状、栉状、羽状等;
- 前胸背板三角形，多有发达的凹洼和隆脊所形成的网络;
- 鞘翅细长，具发达的纵脊和刻点形成的网纹;
- 跗节5-5-5式;
- 腹部可见7~8节，不发光;
- 成虫白天活动，常见于植物叶面、花间等;
- 幼虫生活于树皮下或土壤中;
- 成、幼虫均捕食性。

花萤科
Cantharidae

- 体长4~20 mm;
- 体蓝色、黑色、黄色等;
- 头方形或长方形;
- 触角11节，丝状，少数锯齿状或端部加粗;
- 前胸背板多为方形，少数半圆或椭圆形;
- 鞘翅软，有长翅和短翅两种类型;
- 足发达，跗节5-5-5式;
- 成、幼虫均捕食性。

❶发现于西藏雅鲁藏布大峡谷的薄翅红萤，刚刚羽化，身体尚未完全硬化，其幼虫生活在树皮下。❷摄于陕西秦岭的赤喙红萤 *Lycostomus* sp.，暗红色为主，前胸背板带有黑色斑纹。❸部分红萤的雌性成虫，保持了幼虫的体态，看上去跟早已灭绝的远古节肢动物三叶虫极为相似。这种成虫阶段依旧保有幼虫形态的特性，被称为幼态持续。这种漂亮的红缘三叶虫红萤 *Platerodrilus* sp. 分布于马来西亚沙巴州神山一带。❹糙翅钩花萤 *Lycocerus asperipennis* 头黑色，额部橙色，前胸背板橙色，具1个倒三角形大黑斑，鞘翅黑色。摄于重庆四面山。

❶斑皮蠹 *Trogoderma* sp. 体长圆形，较拱隆，体黑色，前胸背板及头密被灰白色鳞毛，鞘翅具由灰白色鳞毛组成的 3 条带状条纹。触角棒状部分 4 ~ 5 节，末节十分宽扁；前胸背板梯形，后缘中央突出；鞘翅较短，末端渐窄。幼虫危害动物性储藏物。摄于马来西亚。❷郭公亚科 Clerinae 的种类，红黑相间，属于标准的郭公虫体形。摄于云南西双版纳。❸枝角郭公 *Cladiscus* sp. 属于细郭公亚科 Tillinae，体形火柴棍状，头、前胸和中胸红色，触角深褐色，成虫在树叶间捕食。摄于广西弄岗自然保护区。❹赤颈腐郭公 *Necrobia ruficollis* 属于隐跗郭公亚科 Korynetinae，体红褐色和蓝绿色，全身被褐色长毛。在野外见于腐肉上，以腐肉或其他昆虫为食；亦为重要的仓储害虫，危害腊肉、火腿等动物性制品。世界广布。

皮蠹科
Dermestidae

- 体长1~8 mm;
- 体卵圆或长椭圆形;
- 体红褐色或黑褐色，被鳞片及细绒毛;
- 头下弯，复眼突出;
- 绝大多数种类具中单眼;
- 触角10~11节，棒状或球杆状;
- 前胸背板侧部具凹槽可纳入触角;
- 鞘翅常有由不同颜色的毛和鳞片组成的斑纹;
- 跗节5-5-5式;
- 部分种类为仓库害虫，为害皮毛、毛织品、标本、粮食等仓储物。

❶

郭公虫科
Cleridae

- 体小型至中型;
- 长形，体表具竖毛;
- 体色黑红色、绿色等，并具金属光泽;
- 头大，三角形或长形;
- 触角11节，多为棍棒状，少数为锯齿状或栉齿状;
- 前胸背板多数长大于宽，表面隆突成具凹洼;
- 鞘翅两侧平行，表面毛长且密;
- 跗节5-5-5式，1~4节双叶状;
- 成虫、幼虫多为捕食性，部分类群为重要的仓库害虫。

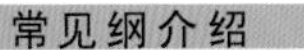

>>

细花萤科
Prionoceridae

- 体中型，体长5～20 mm；
- 身体柔软，多少扁平；
- 鞘翅通常黄色或橙色并混有黑色，部分种类金属蓝色或绿色；
- 跗节5-5-5式；
- 外观与拟天牛科和花萤科的种类相近。

拟花萤科
Melyridae

- 体小型，柔软，蓝绿色、黑褐色或黄色；
- 体背面多具长竖毛；
- 触角10～11节，丝状，锯齿状或扇状；
- 前胸背板多近方形；
- 鞘翅刻点明显，但不具任何脊，多数盖及腹端，个别有稍短者；
- 足较细长，跗节端部第2节多为双叶状；
- 成、幼虫多为捕食性，成虫常发现于花间，也有些为害禾本科植物。

❶细长而柔弱的细花萤，头部前端橙色，自复眼前缘开始蓝黑色，前胸背板橙色，鞘翅蓝黑色。摄于重庆四面山。❷囊花萤 *Malachius* sp. 体形较扁，体壁柔软；头三角形，复眼突出，触角丝状，到达前胸基部；前胸背板方形，表面凹陷，后角圆；鞘翅长方形。成虫早春出现，访花。摄于北京昌平虎峪。

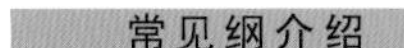

蛛甲科
Ptinidae

- 微小型或小型，体长2~5 mm，外形似蜘蛛；
- 头部及前胸背板较其他部分狭；
- 触角丝状或念珠状，11节，生于复眼之前方，其基部相互接近；
- 前胸无侧缘，明显狭于鞘翅；
- 鞘翅圆形，隆起，翅端盖住腹端；
- 后足腿节端部通常膨大，后足胫节常弯曲；
- 跗节5-5-5式；
- 部分种类为仓库害虫，发现于各类贮藏室及仓库，朽木、鸟巢等中也可发现。

长蠹科
Bostrychidae

- 体长3~20 mm；
- 体表强烈骨化，黑色或黑褐色；
- 头被前胸腹板遮盖；
- 触角8~10节，端部3~4节成棒状；
- 前胸背板端部隆突，如帽子形状，表面多有颗粒突起；
- 鞘翅端部有翅坡和刺突；
- 跗节5-5-5式，第1节极小；
- 成虫钻蛀木材和竹子，幼虫也在木、竹中蛀食，为害粮食、书籍、电缆铅皮等。

❶拟裸蛛甲 *Gibbium aequinoctiale* 棕红色有强烈光泽，体背强烈隆起呈球形。头小且下垂，触角丝状，11节，约等于体长。见于室内，主要危害粮食类储藏物。成虫行动迟缓，有假死习性。世界广泛分布于热带亚热带地区。❷一些种类的蛛甲胸部常有隆起，相貌奇特。摄于云南红河州（陈尽 摄）。❸长蠹多为小型甲虫，黑色，触角短，末端膨大。摄于云南西双版纳。

常见纲介绍

>>

筒蠹科
Lymexylidae

- 体细长，圆形、柔软；
- 头小，复眼极为发达；
- 触角11节，锯齿状、丝状或纺锤形；
- 前胸背板长大于宽，方形；
- 鞘翅分为长翅和短翅形，长翅形可盖住腹端，短翅形其鞘翅约与前胸背板等长，后翅发达，但不及腹端，也不折叠；
- 跗节5-5-5式，等于或长于胫节；
- 成、幼虫均菌食，幼虫可入坚木，为害木材。

锯谷盗科
Silvanidae

- 体长1.5~5 mm；
- 体长形或卵圆形；
- 头明显，三角形或半圆形；
- 触角11节，端部3节成棒状；
- 前胸背板长形，少有卵圆形者，基部窄于鞘翅；
- 鞘翅长，盖及腹部；
- 跗节一般5-5-5式，少数雄虫为5-5-4式；
- 成虫常见于树皮下或蛀木蠹虫虫道中，仓库、竹器等物品中。

❶筒蠹也是一类非常容易识别、长相奇特的甲虫，成虫有趋光性及较强的飞行能力。摄于云南西双版纳。❷锯谷盗 *Oryzaephilus surinamensis* 黄褐色，体长形，扁平，触角念珠状，前胸背板两侧具6枚大锯齿，背面具3条纵脊，为重要仓储害虫，危害粮食等储藏物。广布于全世界。❸齿缘扁甲 *Uleiota* sp. 小型种类，棕红色，触角长，生活于树皮下。摄于云南铜壁关自然保护区。

❶四斑露尾甲 *Librodor japonicus* 黑色具光泽，每鞘翅各具2个黄色至红色的锯齿状斑纹，雄虫上颚十分发达，触角第1节延长，端部形成端锤。常见于树干上，取食树干伤口流出的发酵汁液。分布于东北、华北及中国南方大部分地区。❷扁露尾甲 *Soronia* sp. 棕褐色，鞘翅颜色略深；体椭圆形，十分扁平，体背稀疏被毛。常见于树干上，取食树干伤口流出的发酵汁液。摄于重庆圣灯山。❸蓝翅扁甲 *Cucujus mniszechi*，发现于云南梅里雪山。身体扁平，生活于树皮下。

露尾甲科 Nitidulidae

- 体长1~7 mm;
- 体宽扁，黑色或褐色;
- 头显露，上颚宽，强烈弯曲;
- 触角短，11节，柄节及端部3节膨大，中间各节较细;
- 前胸背板宽大于长;
- 鞘翅宽大，表面有纤毛和刻点行，臀板外露或末端2~3节背板外露;
- 前足胫节外侧具锯齿突起;
- 跗节5-5-5式，第3节双叶状，第4节很小，第5节较长;
- 成、幼虫均食腐败植物组织、花粉、花蜜等，常见于腐烂物、松散的树皮及潮湿处。

扁甲科 Cucujidae

- 体长1.5~2.5 mm;
- 体长形，极扁，多为黑色、红色或褐色;
- 头大，三角形;
- 复眼较小;
- 触角11节，丝状、棒状或念珠状;
- 前胸背板两侧较圆，常具锯齿状突起;
- 跗节5-5-5式、5-5-4式或4-4-4式;
- 一般生活于树皮下或仓库中，少数有捕食习性。

大蕈甲科
Erotylidae

- 体长3~25 mm；
- 体长形；
- 头部显著，复眼发达；
- 触角11节，端部3节膨大成棒状；
- 前胸背板长宽近似相等；
- 鞘翅达及腹端，翅面多具刻点纵行；
- 跗节5-5-5式，第4节较小；
- 成、幼虫均菌食性，常见于蕈体、土壤及植物组织中。

❶粗拟叩甲 *Megalanguria* sp. 属拟叩甲亚科 Languriinae，体蓝黑色，前胸背板橙红色，具黑色斑纹，触角较粗，端部 4 节强烈膨大，形成明显宽扁的端锤。摄于云南龙陵邦腊掌热泉。❷小型细长的特拟叩甲 *Tetraphala* sp. 种类，属拟叩甲亚科，棕红色，带有金属光泽。摄于重庆四面山。❸四斑沟蕈甲 *Aulacochilus* sp. 体长卵圆形，体背较拱隆；黑色具光泽，鞘翅具 2 组橙红色锯齿状斑纹，成虫及幼虫均取食真菌。摄于广西崇左生态公园。❹蓝斑蕈甲 *Episcapha* sp. 体形与前种相似，但鞘翅上的锯齿状斑纹为亮蓝色，死后斑纹变为浅黄绿色。同样取食真菌，有时藏匿于树皮之下。摄于云南盈江勐莱河。

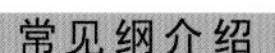

瓢虫科
Coccinellidae

- 体长0.8~16 mm;
- 体多为卵圆形，个别为长形，体色多样;
- 头部多被背板覆盖，仅部分外露;
- 触角11节，可减少至7节，锤状、短棒状等;
- 前胸背板横宽窄于鞘翅，表面隆凸;
- 鞘翅盖及腹端;
- 足腿节一般不外露;
- 跗节4-4-4式（隐4节），第2节多为双叶状，第3节小，位于其间；有些类群跗节为3-3-3式或4-4-4式（第3节并不缩小）。

❶❷❸❹❺❻

❶异色瓢虫 *Harmonia axyridis* 属瓢虫亚科 Coccinellinae，浅色前胸背板上有“M”形黑斑，鞘翅上色斑常变化，近末端 7、8 处有 1 个明显的横脊痕，取食多种蚜虫、蚧虫、木虱等。广泛分布于全国各地。❷龟纹瓢虫 *Propylea* sp. 是一类小型瓢虫，属瓢虫亚科，其斑纹变化很大，容易被误认为是很多不同的种类。摄于四川平武老河沟。❸裸瓢虫 *Calvia* sp. 的一种，每个鞘翅上有 4 条橙黄色条形斑纹。摄于西藏雅鲁藏布大峡谷。❹正在捕食蚜虫的瓢虫幼虫。摄于四川平武老河沟。❺马铃薯瓢虫 *Henosepilachna vigintioctomaculata* 属食植瓢虫亚科 Epilachninae 近卵形或心形，背面强烈拱起，被毛。每一鞘翅有 14 个斑，常见于路旁灌草丛、农田、菜地。在我国广泛分布，已记录 13 科 30 种寄主植物，主要有葫芦科（黄瓜、西葫芦、南瓜）、茄科（马铃薯、茄、番茄、龙葵、枸杞）等。❻食植瓢虫亚科，食植瓢虫属 *Epilachna* 的一种，淡黄色，带有黑色斑点。摄于四川平武老河沟。

伪瓢虫科
Endomychidae

- 体长1~8 mm;
- 体椭圆，隆突;
- 头小，大部分位于前胸背板下;
- 触角11节，端部3节膨大成棒状;
- 前胸背板近半圆形，前角突出，侧缘具折边;
- 鞘翅两侧及端部圆弧形，表面具刻点行及长竖毛;
- 跗节4-4-4式，第2节双叶状，第3节小，位于其间。

蜡斑甲科
Helotidae

- 体型中等;
- 体扁平，长椭圆形;
- 头小，复眼较为突出;
- 触角10~11节，端部3~4节呈球杆状;
- 前胸背板基部宽阔，后角突出;
- 鞘翅具黄色蜡斑;
- 跗节5-5-5式;
- 成虫常栖于树上，取食树液。

❶在大型层孔菌上生活的奥原伪瓢虫 *Eumorphus austerus* 家族。摄于泰国考艾（Khao Yai）国家公园。❷六斑辛伪瓢虫 *Sinocymbachus excisipes* 是一种较为常见的伪瓢虫，其棒状触角十分明显，特征突出。摄于重庆四面山。❸蜡斑甲 *Neohelota* sp. 紫铜色具金属光泽，部分区域带绿色光泽，鞘翅具成行细刻点并具4个蜡黄色圆斑。多见于较高阔叶植物的花和细枝干上，也见于草丛中。摄于重庆金佛山。

❶云南西双版纳的黄角缘伪叶甲 *Schevodera gracilicornis* 成群聚在一起，取食树上落下来的花朵。❷伪叶甲亚科 Lagriinae 细长的绿色种类，十分美丽。头及前胸背板带有强烈的金属光泽，鞘翅为具有磨砂效果的金属光泽。摄于陕西秦岭。❸朽木中生活的齿甲 *Uloma* sp.。摄于云南普洱。❹瘤翅窄亮轴甲 *Morphostenophanes papillatus* 的雌虫，属于毒甲族 Toxicini。摄于重庆四面山。❺雄性的食蕈甲 *Boletoxenus* sp. 前胸背板具 2 个向前伸出的突起，生活在朽木的树皮下。摄于云南景东无量山自然保护区。

拟步甲科
Tenebrionidae

- 体小型至大型，体长2～35 mm;
- 体壁坚硬;
- 体型变化极大，有扁平形、圆筒形、长圆形、琵琶形等;
- 体色有黑色、棕色、绿色、紫色等多种，温带以单一黑色者最普遍，热带者则富有各种金属光泽，有些还有红色或白色斑纹，或白色鳞片（毛）;
- 头部通常卵形，前口式至下口式，较前胸为小;
- 触角生于头侧下前方，丝状、棍棒状、念珠状、锯齿状和饱茎状等，通常11节，稀见10节者;
- 复眼通常小而突出;
- 前唇基明显;
- 前胸背板较头宽，形状多变;
- 足细长;
- 跗节通常5-5-4式，稀见5-4-4式或4-4-4式，第1节总是长过第2节，无分裂的叶状节;
- 鞘翅完整、末端圆，有些有明显翅尾;
- 鞘翅侧缘下折部分拥抱腹部一部分;
- 翅面光滑，有条纹或毛带、有瘤突或脊突;
- 有些荒漠种类的鞘翅完全或部分地愈合。

拟步甲科
Tenebrionidae

幽甲科
Zopheridae

- 体长1.2~35 mm;
- 体极为坚硬;
- 体暗黑色或深褐色;
- 体扁平，两侧平行，或长椭圆形，或宽卵形;
- 触角10~11节，念珠状或棒状;
- 表面刻点很深，有的有突出的结，有些种类具柔软的短毛或鳞片;
- 跗节5-5-4式或4-4-4式。

❶朽木甲 *Cteniopinus* sp. 体鲜黄色，触角、各足腿节末端、胫节、跗节黑色；成虫栖息于植物上。摄于四川平武老河沟。❷树甲 *Strongylium* sp. 身体瘦长，最宽处在鞘翅基部，足十分细长；体黑色，略具铜色金属光泽，复眼较大，触角细长，长于体长之半；成虫见于朽木或树干上，幼虫蛀木。摄于广西崇左生态公园。❸呆舌甲 *Derispia* sp. 体长约 3 mm；身体圆形，十分拱隆，足及触角通常缩在身下；体黄褐色，鞘翅黄色，具大型黑色斑块。这类拟步甲体形和瓢虫十分接近，但触角为丝状，栖息于枯枝条或树皮上，菌食性。摄于重庆四面山。❹坚甲亚科 Colydiinae 的种类，鞘翅上具成列的毛簇，发现于枯树皮之下。摄于云南景东无量山。

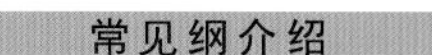

长朽木甲科
Melandryidae

- 体长3~20 mm，长而隆起；
- 头部强烈倾斜；
- 触角11节，稀见10节，丝状或略粗，或锯齿状；
- 眼小，横卵形；
- 前胸背板与鞘翅基部等宽；
- 跗节5-5-4式，第1节长，倒数第2节常常扩大且有凹缘；
- 小盾片多变，三角形或卵形；
- 鞘翅完整，端圆，有或无条纹；
- 具后翅；
- 成、幼虫见于干燥朽木中、落叶树皮下、干菌内或花中；有些幼虫肉食性，其他植食性。

三栉牛科
Trictenotomidae

- 体大型，外观似天牛或锹甲；
- 头前口式，上颚强大，向前突出；
- 触角生于眼之前方近上颚基部，11节，先端3节向内侧膨大，呈短栉齿形或锯齿形；
- 眼幅广，前缘弯曲；
- 前胸侧缘略有尖齿状突起；
- 前胸背板基部稍狭于鞘翅；
- 幼虫与天牛幼虫相似，居于枯木内。

❶长朽木甲 *Dircaeomorpha sp.*，体形接近叩甲，黑色，鞘翅具黄色锯齿状斑纹。幼虫蛀食朽木，成虫有趋光性。产自云南大围山。❷雄性的威氏王三栉牛 *Autocrates vitalisi*，巨大的种类，上颚大型，向上弯曲，非常威武。发现于云南高黎贡山。

常见纲介绍

>>

花蚤科
Mordellidae

- 体长1.5~15 mm;
- 头大, 卵形, 部分缩入前胸内, 和前胸背板等宽, 眼后方收缩;
- 触角11节, 丝状, 末端略粗或锯齿状;
- 眼侧置, 较发达, 小眼面中等, 卵形;
- 前胸背板小, 前面窄, 与鞘翅基部等宽, 形状不规则;
- 后足很长;
- 跗节5-5-4式;
- 翅长;
- 身体光滑, 呈流线形, 有驼峰状的背, 端部尖。

芫菁科
Meloidae

- 体柔软, 大多数种长形;
- 体长3~30 mm;
- 颜色多变, 有时有鲜明金属彩色;
- 头下口式, 比前胸背板大;
- 复眼大, 左右分离;
- 触角11节, 通常丝状或念珠状, 有时雄虫中间的节变粗;
- 前胸背板比鞘翅基部窄;
- 足长, 跗节5-5-4式;
- 鞘翅完整或变短, 有时极度分离;
- 遇惊吓时常从腿节分泌黄色液体, 含有强烈斑蝥素, 能侵蚀皮肤, 使之变红, 形成水泡。

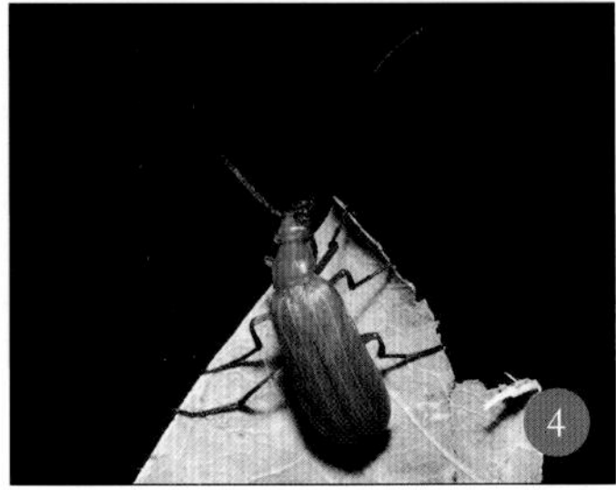

❶带花蚤 *Glipa* sp. 体壁为黑色，表面具灰白色、金黄色绒毛组成的花纹，鞘翅具灰白色波浪状条带，前胸背板呈金黄色；体流线形，背面凸起；头部半圆形；腹部末端延长。成虫见于花上。摄于海南尖峰岭。❷豆芫菁 *Epicauta* sp. 体黑色，头部橙红色，鞘翅黑色；体壁柔软，无长毛；成虫有时大量聚集，主要取食豆科植物。摄于四川西部。❸地胆芫菁 *Meloe* sp. 体深蓝色至黑色，具金属光泽；体壁柔软，无毛；腹部通常十分膨大，鞘翅短，仅盖住腹部部分，后翅退化；雌虫触角念珠状，雄虫触角与雌虫相同或在中部 5 ~ 7 节特化，成虫偶见于地面。摄于重庆金佛山。❹分布于云南西双版纳的橙黄色芫菁，仅复眼、触角和足的胫节和跗节为黑色。

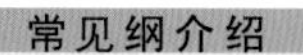

❶多异双距拟天牛 *Diplectrus variicollis*，分布于西藏墨脱。❷黑蚁形甲 *Formicomus* sp. 身体全为黑色，体形和蚂蚁很类似，头部大而圆，复眼较小，前胸背板长圆形，鞘翅卵圆形，被白色细毛。摄于云南高黎贡山。❸赤翅甲 *Pseudopyrochroa* sp. 头黑色，前胸背板、鞘翅大红色，鞘翅被细绒毛；赤翅甲与红萤易混淆，但前者头于眼后形成变窄的颈部，前胸基部明显窄于鞘翅。幼虫生活于朽木树皮下，捕食其他昆虫。摄于西藏雅鲁藏布大峡谷。

拟天牛科 Oedemeridae

- 体中型，体长5～20 mm，背面略扁；
- 头小并倾斜，比前胸窄，常长大于宽；
- 触角11节，多丝状；
- 眼大，卵形；
- 跗节5-5-4式；
- 鞘翅完整，宽于前胸背板基部，顶端圆；
- 成虫访花。

蚁形甲科 Anthicidae

- 体小型，体长1.6～15 mm；
- 头大而下垂，在眼后方强烈细缢；
- 触角11节；
- 前胸背板与头部近等大，窄于鞘翅，略长卵形；
- 跗节5-5-4式；
- 鞘翅完整；
- 栖息于潮湿处，常见于地面和植物上，善速爬。

赤翅甲科 Pyrochroidae

- 体中型，体长5～15 mm；
- 身体近乎扁平，多赤色或暗色；
- 头部突出，近方形，向前伸出；
- 触角11节，从丝状到棒状；
- 前胸背板比鞘翅窄；足长；
- 跗节5-5-4式，端跗节2叶状；
- 见于朽木寄生菌上。

天牛科
Cerambycidae

- 体小型至大型，体长4~65 mm；
- 体长形，颜色多样；
- 头突出，前口式或下口式；
- 复眼发达，多为肾形，呈上、下两叶；
- 触角通常11节，少数较多，甚至达30节，丝状为主；
- 前胸背板多具侧刺突或侧瘤突，盘区隆突或具皱纹；
- 鞘翅多细长，盖住腹部，但一些类群鞘翅短小，腹部大部分裸露；
- 足细长；
- 植物的钻蛀性害虫。

❶❷❸❹❺❻

❶脊翅天牛 *Nepiodes costipennis* 属锯天牛亚科 Prioninae，鞘翅黑褐色带有红棕色条纹。摄于云南盈江昔马。❷樟扁天牛 *Eurypoda batesi* 属锯天牛亚科，红褐色，体扁，有趋光性。摄于云南西双版纳。❸毛角天牛 *Aegolipton marginale* 属锯天牛亚科。摄于云南西双版纳。❹膜花天牛 *Necydalis* sp. 属膜花天牛亚科 Necydalinae，前翅短，后翅发达，非常活跃的种类，飞行时很像蜂类。摄于西藏雅鲁藏布大峡谷。❺赤梗天牛 *Arhopalus unicolor* 属椎天牛亚科 Spondylidinae，体较狭窄，赤褐色，体被灰黄色短绒毛。分布于华东和西南等地（寒枫 摄）。❻曲纹花天牛 *Strangalia arcuata*，属花天牛亚科 Lepturinae，体黑色；鞘翅黑色，具4条黄色横纹。摄于蒙古国。

天牛科
Cerambycidae

❶❷❸❹❺❻

❶红角皱胸天牛 *Neoplocaederus ruficornis* 属天牛亚科 Cerambycinae，身体灰黑色，具细的绒毛，触角和足红色。摄于云南西双版纳。❷这种发现于重庆四面山的虎天牛，属于天牛亚科虎天牛族 Clytini 的种类，行动敏捷，善飞。❸合欢双条天牛 *Xystrocera globosa* 属天牛亚科，体呈红棕色到棕黄色；寄主为合欢、楹树、槐、桑、海红豆、桃、木棉等。分布于除西北以外的国内大部分地区。❹长胸长柄天牛 *Ibidionidum longithoracicum* 属天牛亚科，小型种类，红棕色，腿节末端膨大。摄于云南西双版纳。❺中华闪光天牛 *Aeolesthes sinensis* 属天牛亚科，体暗褐色到黑褐色，密被灰褐色带紫色光泽的绒毛。前胸背板具有很深的褶皱，触角第 3 ~ 6 节末端膨大。分布于西南、华南、华东等地。❻中华闪光天牛的幼虫，在树干中生活，寄主为柑橘、香椿、柿等。

天牛科
Cerambycidae

❶❷❸❹

❶白条天牛 *Batocera rubus* 属沟胫天牛亚科 Lamiinae，身体黄褐色，前胸背板有 2 个红色斑纹，鞘翅上具白色斑。摄于云南西双版纳。❷黄星粉天牛 *Olenecamptus siamensis* 属沟胫天牛亚科，身体细长的种类，体灰色为主，头部及前翅带有很大的黄色斑点，前胸背板具 4 个白色斑。摄于云南西双版纳。❸三斑长毛天牛 *Arctolamia fruhstorferi* 属沟胫天牛亚科，身体及翅上具很长的绒毛，特征明显。摄于广西宁明花山。❹灰尾筒天牛 *Oberea griseopennis* 属沟胫天牛亚科，中小型种类，头部灰黑色，前胸背板橘红色，鞘翅灰黑色，具有排列整齐的刻点。摄于广西大新中越边境的德天瀑布。

距甲科
Megalopodidae

- 体长6~10 mm;
- 触角11节，锯齿状;
- 鞘翅长形，基部明显较前胸背板为宽;
- 后足腿节粗大，胫节明显弯曲;
- 距甲成虫喜食嫩茎，幼虫钻蛀或潜叶。

负泥虫科
Crioceridae

- 体中型，长形;
- 头部具明显的头颈部;
- 复眼发达;
- 触角11节，丝状、棒状、锯齿状或栉状;
- 前胸背板长大于宽;
- 鞘翅长形，盖及腹端，基节明显宽于前胸;
- 足较长，后足腿节粗大，胫节弯曲;
- 除水叶甲亚科成虫为水生或半水生外，其余陆生;
- 成虫多食叶，幼虫分为蛀茎、食叶、食根等不同习性。

❶丽距甲 *Poecilomorpha pretiosa* 体长方形，全身被毛，后足腿节膨大，头、前胸、体腹面和足黄色，鞘翅蓝紫具金属光泽，触角及跗节黑色。分布于华东、华南、西南等地（任川 摄）。❷红颈负泥虫属负泥虫亚科 Criocerinae，头部及前胸背板红色，鞘翅蓝黑色。摄于四川平武老河沟。❸一种分布于重庆四面山的长角水叶甲 *Sominella* sp. 属水叶甲亚科 Donaciinae，铜绿色，雄性后足腿节发达。❹紫茎甲 *Sagra femorata* 属茎甲亚科 Sagrinae，鞘翅具有强烈金属光泽，分蓝绿色、紫铜色等多种色型，刻点较粗密，点间多皱。摄于婆罗洲。

>>

叶甲科
Chrysomelidae

- 体长1~17 mm，长形；
- 头部外露，多为亚前口式；
- 复眼突出；
- 触角多为11节，丝状、锯齿状，很少栉状；
- 前胸背板多横宽；
- 鞘翅一般盖住腹部；
- 足较长，腿节粗，跳甲亚科腿节十分膨大，善跳；
- 跗节为4节，第4节极小；
- 成虫鞘翅一般盖及腹端，后翅发达，有一定飞翔能力；
- 成虫和幼虫均为植食性，取食植物的根、茎、叶、花等。

❶❷❸❹

1

2

3

4

❶斑角拟守瓜 *Paridea angulicollis* 属萤叶甲亚科 Galerucinae，前胸背板有时呈橘黄色，触角褐色，整个鞘翅具3个黑斑；取食葫芦科。分布于除西北以外的国内广大地区。❷黄肩柱萤叶甲 *Gallerucida singularis* 属萤叶甲亚科，体红褐色，鞘翅肩瘤处及末端黄色，在肩瘤内、外侧、鞘翅末端分别具2个黑斑。取食蓼科植物。广泛分布于我国南方地区。❸阔胫萤叶甲 *Pallasiola* sp. 属萤叶甲亚科 Galerucinae，体全身被毛，黄褐色，鞘翅上的脊黑色，取食榆、蒿、山樱桃、假木贼等。分布于国内大多数地区。❹萤叶甲亚科的种类，全身橙黄色，仅头部后缘及鞘翅末端为黑色。摄于重庆大足龙水湖。

叶甲科
Chrysomelidae

❶❷❸❹❺❻

❶锚阿波萤叶甲 *Aplosonyx ancorus* 属萤叶甲亚科，体黄褐色为主，具黑色斑，取食海芋，取食前将叶片画成规则的圆圈，然后取食圆圈内的叶片部分，以防止食入叶片中的毒素。分布于华东、华南等地。❷锚阿波萤叶甲取食后的海芋叶片，千疮百孔。摄于海南尖峰岭。❸叶甲亚科 Chrysomelinae 的种类，头部及前胸背板橙色，鞘翅黑色，带有金属光色。摄于重庆四面山。❹跳甲亚科 Alticinae 的小型种类，全身深蓝色，具强烈金属反光，后足跳跃足，行动十分敏捷。❺大型黄色的跳甲亚科种类，仅复眼、触角、腿节和跗节为黑色。摄于重庆四面山。❻绿豆象 *Callosobruchus chinensis* 属豆象亚科 Bruchinae，体色变化较大，通常背面红褐色，鞘翅具一些横向白纹；头小，鞘翅方形；为著名的仓储害虫，危害绿豆等多种储藏物。世界各地广泛分布。

肖叶甲科
Eumolpidae

- 体多具鲜艳的金属光泽，体表光滑；
- 头顶部分嵌入前胸；
- 复眼椭圆或肾形；
- 触角一般11节，丝状、锯齿状或端节膨阔；
- 鞘翅一般覆盖整个腹部；
- 跗节5节，第4节很小，不易看见，其中第3节分为2叶；
- 植食性的类群。

铁甲科
Hispidae

- 体长3～20 mm；
- 体椭圆或长形；
- 头后口式，口器在腹面可见；
- 触角多为11节，一般丝状；
- 前胸背板形状多样，有方形、半圆形等，还有的两侧及背面具枝刺；
- 鞘翅有长形、椭圆形，侧、后缘有各种锯齿，翅面有瘤突或枝刺；
- 成虫及幼虫均为植食性，幼虫分潜生和露生两类。

④⑤⑥⑦⑧⑨⑩

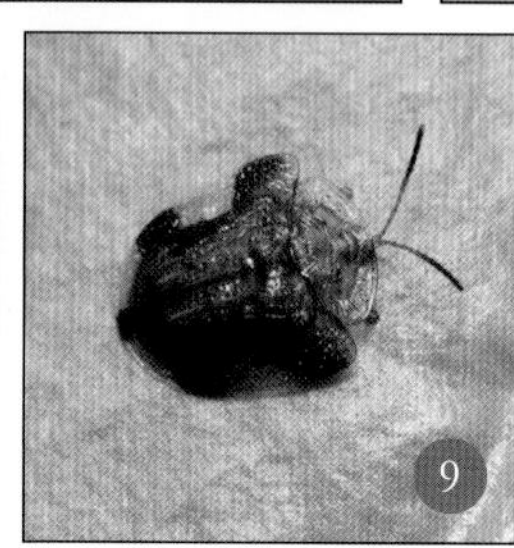

❶大猿叶甲 *Colaphellus bowringi* 全身蓝黑色，带有绿色金属光泽，前胸背板和鞘翅刻点粗深。我国大部分地区有分布。❷钳叶甲 *Labidostomis* sp. 体卵圆形，雄虫前足腿节胫节发达，较长，适于抱窝枝条，类似钳子，故称钳叶甲。分布于我国北方地区。摄于蒙古国。❸交配中的瘤叶甲 *Chlamisus* sp.，小型种类，卵圆形，形如鳞翅目粪便颗粒。摄于陕西秦岭。❹平脊甲 *Downesia* sp. 属潜甲亚科 Anisoderinae，体细长，橙黄色。摄于重庆四面山。❺掌铁甲 *Platypria* sp. 属铁甲亚科 Hispinae，全身蓝黑色，前胸背板和鞘翅侧面具刺状突起，鞘翅背面具刺。摄于重庆石柱黄水国家公园。❻趾铁甲 *Dactylispa* sp. 属铁甲亚科，身体棕黄色，带有黑斑，前胸背板及鞘翅具很密的刺。摄于云南盈江勐莱河。❼红胸丽甲 *Callispa ruficollis* 属丽甲亚科，前胸背板红色，鞘翅深蓝色并带有金属光泽。摄于陕西秦岭。❽印度梳龟甲 *Aspidomorpha indica* 属龟甲亚科 Cassidinae，体卵圆形，最宽处在肩角后，活虫金黄色具强烈闪光，取食番薯属，旋花属，打碗花属植物。❾甘薯蜡龟甲 *Laccoptera quadrimaculata* 属龟甲亚科，体近三角形，蜡黄色至棕褐色，是我国一种重要的甘薯害虫。广泛分布。❿星斑梳龟甲 *Aspidomorpha miliaris* 属龟甲亚科，体圆形，金黄色；南方较为常见，取食旋花科的多种植物。

❶宽喙锥象 *Baryrhynchus poweri*，体红棕色，鞘翅棕黑色具鲜黄色斑纹;雄性喙短宽，上颚发达，雌虫喙细长；图为雌虫。栖息于阔叶树枯木的树皮下，夜晚具趋光性。分布于我国南方地区。❷长腿锥象 *Cyphagogus* sp. 棕黄色，体形细长；前胸背板较长，鞘翅细长，两侧平行；后足形态特化，极度延长，超过整个身体的长度。栖息于倒木的树皮下，成虫有趋光性。摄于云南西双版纳。❸毛纹梨象 *Trichoconapion hirticorne* 是极小型的甲虫，属梨象亚科 Apioninae，蓝黑色。摄于云南西双版纳。❹甘薯蚁象 *Cylas formicarius* 为小型种类，头、前胸背板前端黑色，前胸背板大部、足橙红色，鞘翅深蓝色。体形特拱隆，形似蚂蚁，为重要的甘薯类害虫。全世界热带地区广布。

三锥象科
Brentidae

- 体长4~50 mm;
- 体长形，两侧平行;
- 头及喙细长，前伸，约与前胸等长;
- 触角短，9~11节，丝状，部分类群端部稍加粗;
- 前胸长形，无侧缘，常较鞘翅为窄;
- 鞘翅盖及腹端;
- 足较粗;
- 跗节4-4-4式。

❶❷❸

蚁象科
Cyladidae

- 体长5~8 mm，狭长;
- 体表亮黑色，部分种类具有两种颜色（如黑、红色）;
- 喙长通常大于宽2倍;
- 触角着生于喙中部;
- 眼后方头部延长并加宽，复眼完全位于头侧面;
- 鞘翅狭长，基部几乎与前胸背板基部等宽;
- 足腿节膨大。

❹

卷象科
Attelabidae

- 体长1.5~8 mm;
- 体长形，体背不覆鳞片;
- 体色鲜艳具光泽;
- 头及喙前伸;
- 触角不呈膝状;
- 前胸明显窄于鞘翅，端部收狭，两侧较圆;
- 鞘翅宽短，两侧平行，盖及腹端;
- 前足基节大，强烈隆突;
- 各足腿节膨大，胫节弯曲;
- 跗节5-5-5式，第3节双叶状，第4节小，位于其间。

长角象科
Anthribidae

- 体长2~15 mm;
- 头部喙宽短或长扁;
- 短型触角末端3节棒状，长度不超过前胸背板；长型触角丝状，一般超过体长;
- 前胸背板基部宽，端部窄;
- 跗节5-5-5式，第3节双叶状，第4节小型，位于第3节基部;
- 成虫食叶，幼虫多栖于木质部或危害种子、果实。

❹❺❻

❶圆斑卷象 *Paroplapoderus* sp. 体橙红色和黄色相间的漂亮卷象。摄于重庆四面山。❷圆斑卷象 *Paroplapoderus* sp. 体橙黄色，头及前胸背板具黑色斑纹，鞘翅具黑色圆斑，圆斑处略突起。摄于西藏雅鲁藏布大峡谷。❸圆斑卷象的雌虫将树叶卷起做成圆筒状的巢，并在其中产卵，幼虫在巢中生活，直至羽化。摄于西藏雅鲁藏布大峡谷。❹这种分布于海南五指山的凹唇长角象 *Apolecta* sp.，触角大约是身体长度的2.5倍。❺❻小型树干上生活的长角象，身体短小，头部平截，体色棕黄色，接近树干的颜色，活动敏捷，行为接近某些蜡蝉或叶蝉种类，喜欢跟人“躲猫猫”。摄于云南西双版纳。

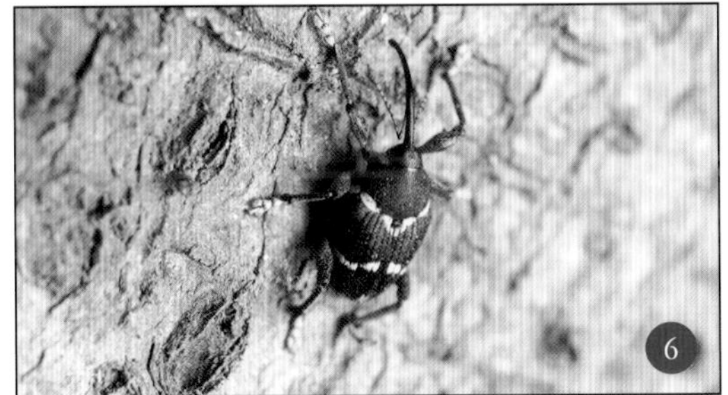

象甲科
Curculionidae

- 体长1～60 mm，长形，体表多被鳞片；
- 头及喙延长，弯曲；
- 喙的中间及端部之间具触角沟；
- 触角11节，膝状，分柄节、索节和棒3部分；
- 胸部较鞘翅窄，两侧较圆；
- 鞘翅长，端部具翅坡，多盖及腹端；
- 附节5-5-5式，第3节双叶状，第4节小，位于其间。

❶❷❸❹❺❻❼

❶身体粗壮的象甲，非常坚硬，灰黑色，带有黑色和黄色斑点。摄于陕西秦岭。❷线条喜马象 *Leptomias lineatus* 鞘翅上有大面积的绿色鳞片，并有金属光泽。生活在西藏雅鲁藏布大峡谷中植被繁盛的地区。❸小型美丽的象甲，体蓝黑色，带有黄色的条状斑。摄于重庆万州王二包。❹中型坚硬的象甲，体黑色，无金属光泽，鞘翅上带有若干毛簇。摄于广西宁明花山。❺竹笋三星象 *Otidognathus* sp. 取食刚刚出土的嫩竹，黄色，前胸背板具3个黑色斑点。摄于重庆缙云山。❻实象 *Curculio* sp. 体黑色，体表具灰白色鳞毛形成的花纹。体卵圆形，头部小而圆，雌虫喙细长而弯曲，触角位于喙的中部，雄虫喙较短粗，触角接近喙的端部。幼虫蛀食壳斗科的多种植物以及榛、油茶等植物的坚果，雌虫用细长的喙在坚果上打孔产卵。摄于云南西双版纳。❼小蠹多为小型的黑色甲虫，属小蠹亚科 Scolytinae，多发现于树干等处。摄于云南丽江老君山。

寄生昆虫捻翅目，雌无角眼缺翅足；雄虫前翅平衡棒，后胸极大形特殊。

捻翅目

雄虫：

- 体长1.5～4.0 mm；
- 头宽；
- 复眼大而突出，无单眼；
- 口器退化，咀嚼式；
- 触角4～7节，形状多变异，常自第3节起呈扇状和分枝状；
- 胸部长，以后胸最大；
- 足无转节，跗节2～4节，多无爪；
- 前翅退化成棒状，称伪平衡棒；
- 后翅宽大，扇状；
- 腹部10节；
- 无尾须。

雌虫：

- 色淡，大部膜质而柔软；
- 无翅，蛆形；
- 多数种类无足；
- 终生在寄主体内营内寄生，形状常不规则；
- 头小，常与胸部愈合；
- 触角、复眼及单眼均消失；
- 口器退化；
- 腹部膜质、袋状、分节不明显；
- 少数自由生活的雌虫体节分明，有触角、复眼和3对足，形状像臭虫。

STREPSIPTERA

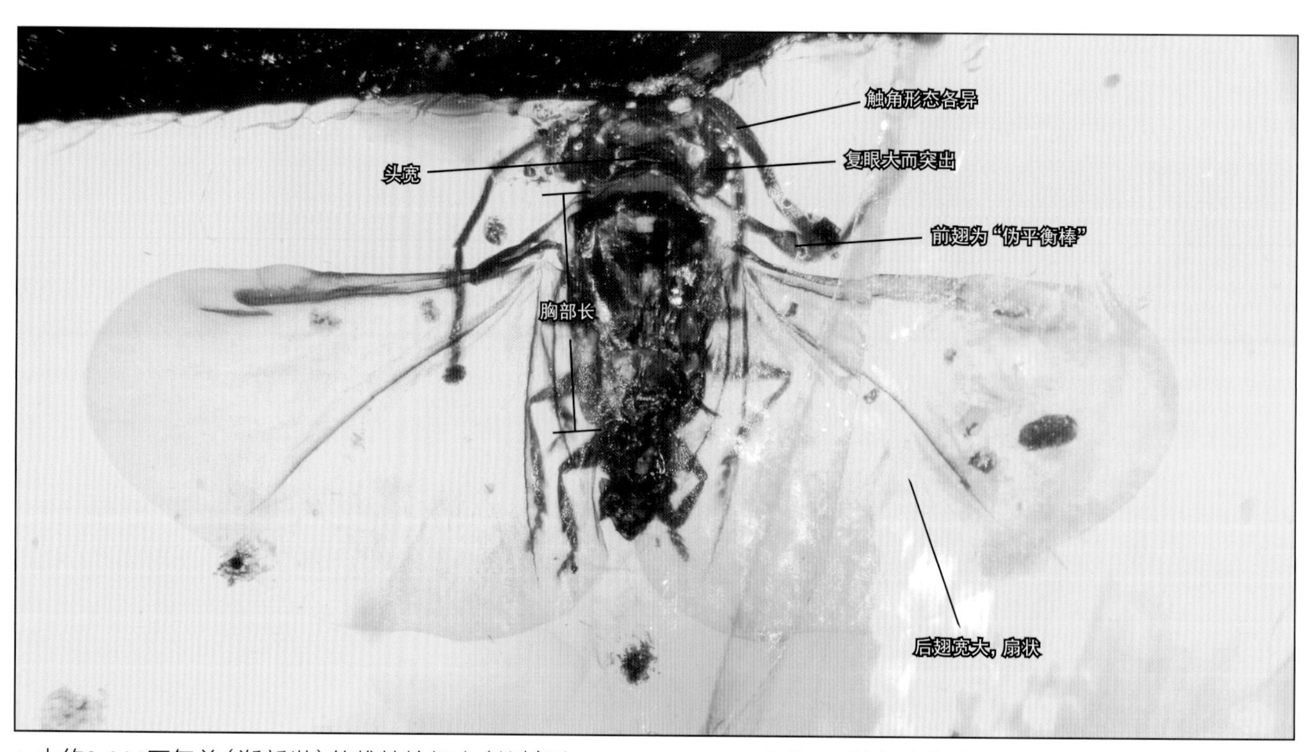

● 大约3 000万年前（渐新世）的雄性捻翅虫（蚁蝙科 Myrmecolacidae）化石，被包裹在多米尼加共和国出土的琥珀中。（作者珍藏）

捻翅目统称捻翅虫或蝙，属寄生性微型昆虫，体小型，雌雄异型。该目全世界已知种类约370种，我国记载有13种。

完全变态，营自由生活或内寄生生活，多寄生于直翅目、半翅目、膜翅目等昆虫体内。雄虫有1对后翅，前翅则演化为伪平衡棒，触角呈齿状。雌虫则终生为幼态，通常寄生于叶蝉、飞虱等体内且终生不离寄主。雌虫在寄主体内产卵，幼虫孵出后钻出寄主体外寻找新寄主。雄虫羽化后不取食，生命短促，飞行觅偶，与寄主体内的雌虫交配。雌虫头胸部扁平而硬化，从寄主腹部钻出暴露体外，自其头、胸部之间处与雄虫交配受精。

栉蝙科
Halictophagidae

❶

蜂蝙科
Stylopidae

❷

❶栉蝙科捻翅虫的雄虫，发现于海南。栉蝙科的寄主通常是叶蝉、沫蝉、角蝉和蜡蝉等半翅目头喙亚目昆虫。❷蜂蝙科捻翅虫的雌虫，无翅无足，寄生在地蜂科 Andrenidae 昆虫的腹部。图中可以看到从地蜂腹部节间露出的捻翅虫雌虫头胸部（刘明生 摄）。

蚊蠓虻蝇双翅目，后翅平衡五节跗；口器刺吸或舐吸，幼虫无足头有无。

双翅目

- 体小型至中型，极少超过25 mm；
- 下口式；
- 复眼大，常占头的大部，单眼2个（如蠓）、3个（如蝇科）或缺（如蚋科）；
- 触角差异很大，丝状、短角状或具芒状；
- 口器刺吸式、舐吸式或刮舐式，下唇端部膨大成1对唇瓣，某些种类口器退化；
- 中胸发达，前、后胸极度退化；
- 前翅膜质，翅脉相对简单；后翅特化为平衡棒。

DIPTERA

双翅目包括蚊、蝇、蠓、蚋、虻等，分为长角亚目、短角亚目和环裂亚目，共75科。它们适应性强，个体和种类的数量多，全球性分布，目前，世界已知12万种，中国已知5 000余种。

完全变态。生活周期短，年发生数代，部分种类生活周期最少10天，多到1年，少数种类需2年才能完成一代。绝大多数两性繁殖，多数为卵生，也有卵胎生，少数孤雌生殖或幼体生殖。幼虫大部分为陆栖，少部分为水栖，多生活于淡水中。蛹为离蛹、被蛹或围蛹。成虫极善飞翔，是昆虫中飞行最敏捷的类群之一，常白天活动，少数种类黄昏或夜间活动。

双翅目昆虫不少种类是传播细菌、寄生虫等病原体的媒介昆虫；部分种类幼虫蛀食根、茎、叶、花、果实、种子或引起虫瘿，是重要的农林害虫；部分种类幼虫取食腐败的有机质，在降解有机质中起重要作用；有些幼虫具捕食性，如食蚜蝇取食蚜虫；有些幼虫寄生在其他昆虫体内，是重要的寄生性天敌。

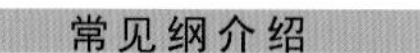

大蚊科
Tipulidae

- 体小型至大型;
- 头端部延伸成喙;
- 口器位于喙的末端,较短小;
- 复眼通常明显,无单眼;
- 触角长丝状,有时呈锯齿状或栉状;
- 中胸背板有“V”形的盾间缝;
- 足很细长;
- 翅狭长,基部较窄,脉多;
- 腹部长,雄性端部一般明显膨大,雌性末端较尖;
- 成虫飞翔一般较慢,基本不取食。

沼大蚊科
Limoniidae

- 体小型至中型,个别种类为大型;
- 喙短,无鼻突;
- 触角14~16节;
- 大多数种类幼虫取食腐殖质、藻类等,少数种类为捕食性。

❶短柄大蚊 *Nephrotoma* sp. 体橘黄色，中胸背板具黑色或褐色带状斑，腹部有时也有横纹。摄于云南盈江勐莱河。❷双色丽大蚊 *Tipula* sp. 的体色鲜明，绒黑色、绒橙色两色相间，触角呈简单丝状，翅透明，足黑色细长。成虫活动于低海拔及中海拔山区，常在较干的土中产卵。摄于重庆金佛山。❸大蚊科中的一些种类具有非常长的触角。摄于重庆四面山。❹弱翅型的大蚊。摄于云南丽江老君山。❺沼大蚊通常显得非常柔弱，一些种类具有极长的足。摄于云南丽江老君山。❻裸沼大蚊 *Gymnastes* sp. 体蓝色和黑色相间，翅透明并具 3 条黑色宽横带，全透明处并有蓝紫色金属光泽。成虫通常喜欢停留于中低海拔的林缘地带。摄于重庆金佛山。

沼大蚊科
Limoniidae

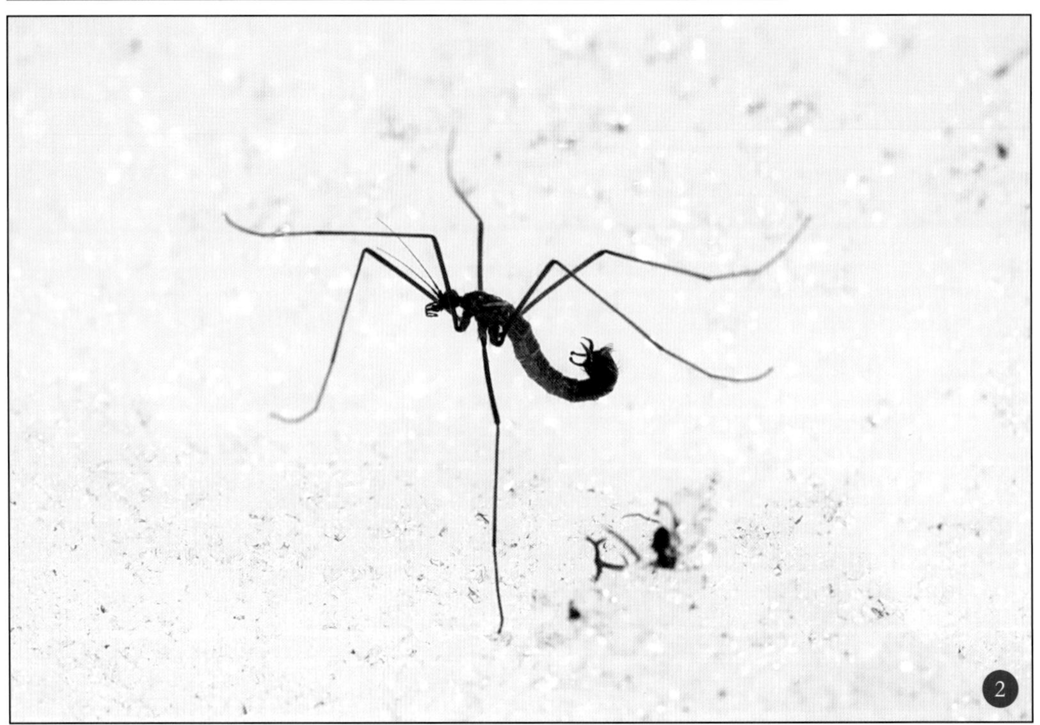

❶雪大蚊 *Chionea* sp. 无翅的沼大蚊科种类，发生期为冬季，发现于吉林延吉林海雪原中（姚望摄）。❷极为罕见的无翅型沼大蚊种类，发现于云南海拔 4 000 m 的高山雪地中。

❶摇蚊通常身体弱小，雌虫触角丝状。摄于云南丽江老君山。❷摇蚊的雄虫，触角为环毛状。摄于云南景东无量山。❸现代的科学研究认为，蚊虫类是利用特殊感应器来寻找猎物的。雌蚊对二氧化碳、热及汗水十分敏感，它们能在一定的距离内寻找恒温的哺乳类和鸟类叮咬。然而，这群俗称小咬的蠓科昆虫却在吸食蛾类翅膀中的体液，这种现象是十分罕见的。摄于重庆金佛山。

摇蚊科
Chironomidae

- 体微小型至中型，脆弱；
- 体不具鳞片；
- 复眼发达；
- 雄触角鞭节长，各节具若干轮状排列的长毛，雌触角短，无轮毛；
- 口器退化；
- 翅狭长，覆于背上时常不达腹端；
- 足细长，前足常明显长于中足和后足，并常举起摆动；
- 有婚飞习性，雄成虫成群在清晨或黄昏群飞，吸引雌虫入群交配；
- 有强烈趋光性；
- 幼虫水生。

蠓科
Ceratopogonidae

- 体微小型至中型；
- 体色多样，可有鲜明的色斑；
- 体不具鳞片；
- 复眼发达，无单眼；
- 雄触角鞭节长，各节具若干轮状排列的长毛，雌触角短，无轮毛；
- 翅狭长，覆于背上时常不达腹端；
- 足细长，前足常明显长于中足和后足，并常举起摆动；
- 有婚飞习性，雄成虫成群在清晨或黄昏群飞，吸引雌虫入群交配；
- 有强烈趋光性；
- 幼虫水生。

常见纲介绍

>>

蚊科
Culicidae

- 翅脉以及头、胸及其附肢和腹部（除按蚊亚科外）都具鳞片；
- 口器长喙状，由下唇包围的6根长针状构造而成；
- 部分种类是最重要的疟疾等虫媒病毒病的传播媒介。

网蚊科
Blephariceridae

- 体中小型、细长而精美；
- 复眼大而特殊，每个复眼分成上、下两半；
- 触角较短，鞭节12节左右；
- 胸部膨隆；
- 足细长；
- 翅长而宽，臀角突出；
- 翅脉明显，有不显著的网状褶纹；
- 腹部长而略扁；
- 成虫多在山区流水附近；
- 幼虫水生，吸附在山区溪流中的岩石上，形态奇特。

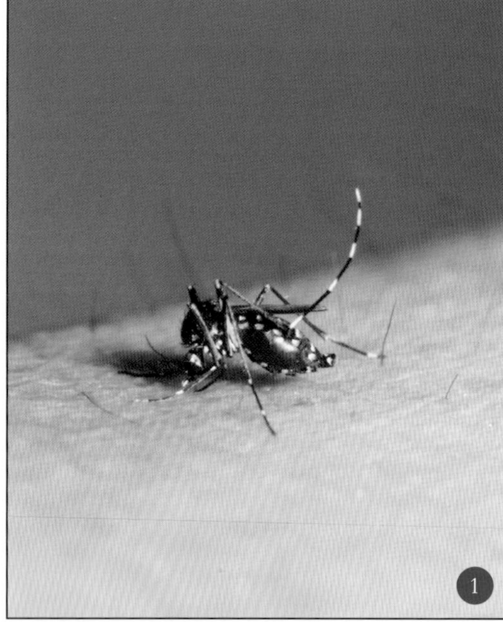

❶伊蚊 *Aedes* sp. 是一种中小型黑色蚊种，有银白色斑纹；多是凶猛的刺叮吸血者，有些则是黄热病、登革热等虫媒病毒的传播者，少数种类是丝虫病的媒介。❷蚊科昆虫的雄虫触角明显呈环毛状，并不吸人血，也很难在室内发现它们。❸蚊科昆虫的幼虫水生，称为“孑孓”。此为库蚊 *Culex* sp. 幼虫。摄于重庆南岸区雷家桥水库。❹网蚊最常见的栖息动作，就是六足抓紧叶片，身体悬挂在树叶下方。

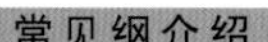

❶室内常见的蛾蠓，幼虫生活在下水道中。❷蛾蠓在野外潮湿环境也极常见。❸褶蚊 *Ptychopthera* sp. 中型细长的种类，成虫体形似大蚊，成虫发生期 4—10 月；幼虫水生半水生，栖息在富含腐殖质的静水或缓流的岸边的湿泥土中。摄于重庆四面山。❹幻褶蚊 *Bittacomorphella* sp. 从外观上看，非常接近纤细的大蚊种类，最突出的特点是足的跗节白色且略显膨大、细长。幼虫水生半水生，成虫在溪流边的草丛中随风低飞，可以明显感觉到其伸展的 6 足白色的跗节不停地漂移，故称“幻影褶蚊”。摄于重庆四面山。

蛾蠓科
Psychodidae

- 体微小型至小型，多毛或鳞毛；
- 头部小而略扁；
- 复眼左右远离；
- 触角长，与头胸约等或更长，轮生长毛；
- 胸部粗大而背面隆突；
- 翅常呈梭形；
- 翅缘和脉上密生细毛，少数还有鳞片；
- 幼虫多为腐食性或粪食性，生活在朽木烂草及土中，有些生活在下水道中。

褶蚊科
Ptychopteridae

- 体中型，细长；
- 头较小；
- 复眼大而远离；
- 触角长；
- 胸部粗壮而隆凸；
- 足细长；
- 翅面有明显的纵褶；
- 平衡棒在基部另有一小的棒状附属物，称为前平衡棒；
- 腹部细长，向端部渐粗大；
- 幼期水生或半水生，栖息在湿泥或土中。

>>

毛蚊科
Bibionidae

- 体小型至较大型；
- 触角多短小；
- 体粗壮多毛，两性常异型；
- 雄虫头部较圆，复眼大而紧接；
- 雌虫则头较长，复眼小而远离；
- 单眼3个，同在一瘤突上；
- 触角的鞭节7～10节，常比头部要短；
- 胸部粗大而背面隆凸；
- 翅发达，透明或色暗；
- 成虫白昼活动，早春就出现；
- 幼虫多为腐食性。

瘿蚊科
Cecidomyiidae

- 体微小型至小型，身体纤弱；
- 复眼发达，可延至头背面；
- 触角细长，念珠状；
- 翅较宽，通常膜质透明；
- 少数种类翅退化或完全无翅；
- 足细长，易断；
- 飞翔能力不强，多在幼虫生活的场所栖息；
- 幼虫习性多样，可分为菌食、植食和捕食性3类。

❶交配中的红腹毛蚊 *Bibio rufiventris*，雄虫身体黑色，雌虫红色，春季发生，水边常见。摄于北京昌平虎峪。❷瘿蚊常成串地吊在树洞或者岩洞中的蜘蛛网丝线上。摄于云南丽江老君山。❸雪白的瘿蚊种类，小而美丽。摄于云南盈江昔马。

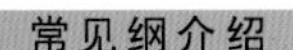

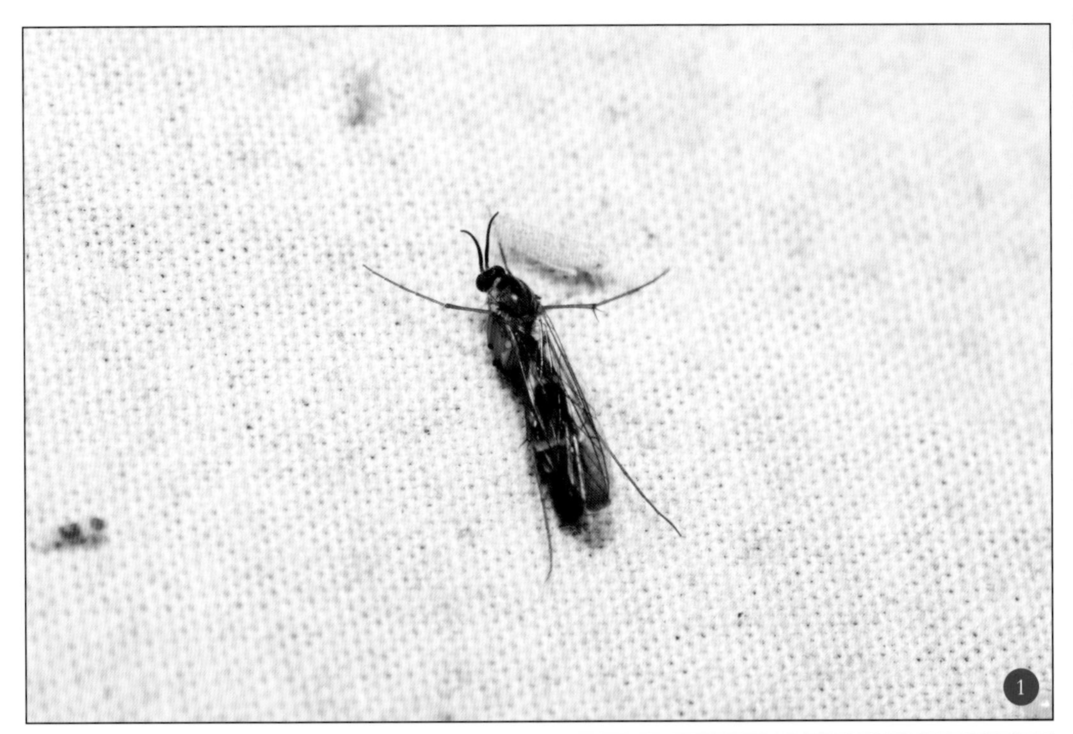

菌蚊科
Mycetophilidae

- 体小型，常侧扁；
- 头部复眼，但左右远离；
- 触角多为16节；
- 胸部粗壮，膨隆或侧扁；
- 足多细长；
- 翅发达，个别雌虫退化；
- 翅脉上有毛；
- 腹部大多中部最粗，雄虫外生殖器显著；
- 多生活在湿润区域，如河流边缘、洞穴中、树根茎等处。

扁角菌蚊科
Keroplatidae

- 头顶端比胸前端低；
- 复眼很大，常呈肾形；
- 触角多数为14节，长度比头略长到体长的4~5倍；
- 翅通常多为长椭圆形，大致与腹长相当；
- 翅脉清晰，有时翅上有不同形状的色斑；
- 足通常较长；
- 生活在温暖潮湿的林地周围，有些生活在洞穴内。

❶部分菌蚊有趋光性，可在灯下见到。摄于云南西双版纳。❷长角菌蚊 *Macrocera* sp. 触角细，远长于体长，胸部有3条黑色纵纹，足细长，多见于潮湿林地。成虫可在树叶及花瓣上停留，栖息时翅展开，约与身体呈45°角。摄于重庆四面山。本科幼虫生活在潮湿阴暗的地方，有的在洞穴中缀丝网粘捕小飞虫吃，部分洞穴生活的种类的幼虫发光，用以吸引猎物，如著名的新西兰洞穴发光幼虫；但除新西兰、澳大利亚外，国内尚无本科幼虫发光的任何记录，网上关于“发现洞穴发光虫”的各种报道，纯属不负责任的自我炒作。

眼蕈蚊科
Sciaridae

- 复眼背面尖突，左右相连成眼桥；
- 触角16节；
- 口器短；
- 胸部粗大；
- 足细长；
- 翅透明或暗色，翅脉较简单；
- 腹部筒形，雄性外生殖器发达而多呈钳状，雌性腹多膨大而端渐尖细；
- 幼虫腐食性或植食性，常大量群聚为害植物地下部分及菌蕈。

虻科
Tabanidae

- 体粗壮，体长在5～26 mm；
- 头部半球形，一般宽于胸部；
- 雄性为接眼式，雌性为离眼式；
- 活虫复眼有各种美丽的颜色和斑纹；
- 触角3节，鞭节端部分2～7个小环节；
- 口器为刮舐式，具有大的唇瓣；
- 具有发达的中胸；
- 翅多数透明，有的有斑纹；
- 翅中央具长六边形的中室；
- 腹部外表可见7节；
- 成虫雄性上颚退化，不吸血，只吸取植物汁液；雌虻不仅需吸血且需吸取植物汁液，作为能量来源。

❶很多种类的眼蕈蚊体翅均为黑色，较为细小。❷部分眼蕈蚊种类身体为红色。❸灰色是虻科昆虫的主要基调之一，一些种类的复眼极大，小眼面明显特别突出。摄于四川平武老河沟。❹黄色种类也占据了虻科昆虫的一大部分。摄于重庆金佛山。❺花斑虻 *Chrysops* sp. 复眼光裸，黄绿色并有黑斑；触角远长于头；翅具斑；足细长；腹黄褐色，具 2 条黑色条带。摄于海南吊罗山。❻麻虻 *Haematopota* sp. 体黑色；复眼具蓝色金属闪光，并有几条不规则的黄色横带；翅棕色，具有明显的云朵状花纹；足黄黑相间。摄于西藏雅鲁藏布大峡谷。

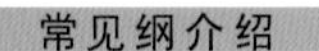

鹬虻科 Rhagionidae

- 体小型至中型，体长2~20 mm；
- 体细长；
- 雄性复眼一般相接，雌性复眼宽的分开；
- 翅前缘脉环绕整个翅缘。

❶❷❸❹

穴虻科 Vermileonidae

- 体中型，体长5~18 mm；
- 触角柄节比梗节长；
- 足细长，后足比前中足长；
- 翅基部比较狭窄；
- 腹部细长，基部较窄。

❺❻❼

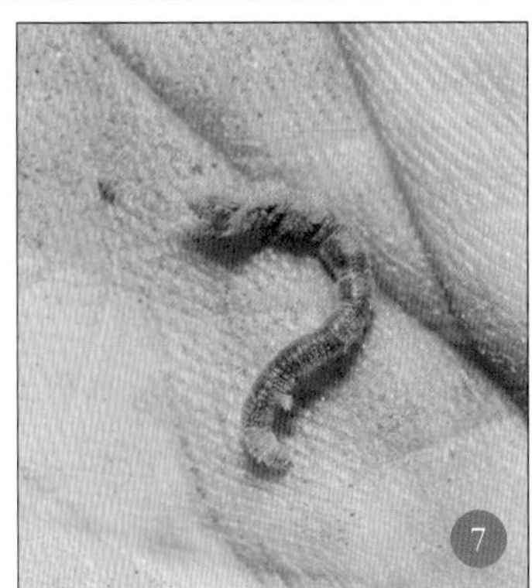

❶鹬虻亚科 Rhagioninae 的部分种类，翅上具黑色斑纹。摄于重庆金佛山。❷鹬虻亚科的部分种类翅完全透明，静止时翅平铺，并有交叉。摄于重庆四面山。❸也有部分鹬虻亚科的种类翅黄色，带有棕色斑纹。摄于重庆四面山。❹金鹬虻亚科 Chrysopilinae 的种类，较为细小，外观跟长足虻接近，翅上有黑色的翅痣。摄于云南铜壁关自然保护区。❺西藏潜穴虻 *Vermiophis tibetensis* 头短宽，半球形；胸部粗大，背隆起，黑褐色，足细长，黄褐色；腹部狭长，具黄褐色条纹。摄于西藏林芝。❻穴虻幼虫捕食性，与脉翅目的蚁蛉幼虫接近，在悬崖峭壁或古老建筑物下面的沙土中做漏斗形的巢穴，倒躺在穴底，前半部裸露在外面，捕食落入其中的小节肢动物等，抓住猎物之后把它拖进土中取食，吸取其体液，然后把吸干的尸体从巢穴中抛出。图为西藏潜穴虻的巢穴。❼西藏潜穴虻的幼虫。

水虻科
Stratiomyidae

- 体小型至大型，体长 2~25 mm；
- 体细长或粗壮；
- 体色鲜艳，有时有蓝色或绿色金属光泽；
- 头部较宽；
- 触角鞭节分5~8亚节，有时末端有1个端刺或芒；
- 胸部小盾片有时有1~4对刺突；
- 翅上具有明显的五边形中室；
- 翅瓣发达；
- 腹部可见5~7节；
- 成虫在地面植被上和森林的边缘较常见，有访花习性。

小头虻科
Acroceridae

- 体小型至中型，体长 2.5~21 mm；
- 体特殊，头部很小而胸部大而驼背；
- 复眼为接眼式，有明显的毛；
- 触角只有3节；
- 腹部多呈球形；
- 成虫有访花习性。

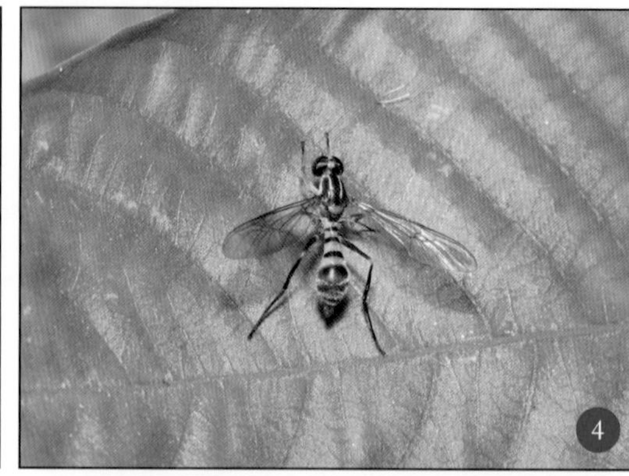

❶金黄指突水虻 *Ptecticus aurifer* 属瘦腹水虻亚科 Sarginae，头部半球形黄色，复眼分离，身体黄褐色，腹部通常第 3 节往后具有大面积黑斑；翅棕黄色，端部具有深色斑块。幼虫腐食性，成虫常见于有垃圾或腐烂动植物的草丛、灌木丛中。分布于全国各地。❷丽瘦腹水虻 *Sargus metallinus* 属瘦腹水虻亚科，头半球形黑色，复眼分离，胸部绿色，具金属光泽，小盾片后缘光滑无刺突；腹部棒状，褐色或紫色，具金属光泽；翅均匀透明，无斑，仅翅痣颜色较深。成虫多见于森林边的灌木丛中。全国各地均有发现。❸黄腹小丽水虻 *Microchrysa flaviventris* 属瘦腹水虻亚科，头几乎圆球形，胸部绿色，具金属光泽，足黄色，后足股节中部有 1 个黑斑，腹部黄棕色，尾端颜色较深，翅均匀透明，无斑。成虫多见于水边草丛灌木丛中。南方各地广泛分布。❹瘦腹水虻亚科种类，体黄色棕色相间。摄于重庆万州。❺枝角水虻 *Ptilocera* sp. 属平腹水虻亚科 Pachygastrinae，其突出特征是小盾片后缘有 4 个向后伸出的长刺。摄于云南西双版纳。❻边访花边交配的小头虻种类（李元胜 摄）。

食虫虻科
Asilidae

- 又称盗虻，体多中型至大型；
- 体粗壮多毛和鬃；
- 复眼分开较宽；
- 头顶明显凹陷；
- 口器较长而坚硬，适于捕食刺吸猎物；
- 足较粗壮，有发达的鬃；
- 多见于开阔的林区，捕食各种昆虫。

❶❷❸❹

剑虻科
Therevidae

- 体小型至中型，体长2.5~18 mm；
- 体粗壮，外观似食虫虻，但头顶不凹陷；
- 头部半球形，前口式或下口式；
- 足细长，后足比前中足长；
- 成虫不捕食，取食水和花蜜等，白天活动。

❺

❶食虫虻喜欢开阔的场所，通常在山路、大石块周围活动，便于捕捉其他飞行中的昆虫。摄于四川平武老河沟。❷具有金属蓝光泽的食虫虻，正在捕食一只蜜蜂总科的昆虫。摄于广西弄岗自然保护区。❸小型的食虫虻种类，头很宽，复眼突出。摄于云南盈江勐莱河。❹拟态熊蜂的食虫虻种类，身体长满黑色和橙黄色的长毛。摄于北京门头沟龙门涧。❺灰色的剑虻种类，浑身布满绒毛，喜欢停在山石上。摄于北京昌平虎峪。

蜂虻科
Bombyliidae

- 体小型至大型，体长1~30 mm；
- 大多数种类多毛或鳞片，有的种类外观类似蜜蜂、熊蜂或姬蜂；
- 头部半球形或近球形；
- 雄性复眼一般接近或相接，雌性复眼分开；
- 足细长，前足常短细；
- 腹部细长或卵圆形；
- 成虫飞翔能力强，喜光，有访花习性。

❶驼蜂虻 *Geron* sp. 属弧蜂虻亚科 Toxophorinae，体绿色有金属光泽，成虫出没于上午 10 点至下午 3 点，常出没于阳光充裕的草丛之中。摄于北京山区（陈尽 摄）。❷姬蜂虻 *Systropus* sp. 属弧蜂虻亚科，看上去颇像某些体形细长的姬蜂或胡蜂，色彩鲜艳。成虫盛发期 6—8 月，出没于阳光充裕的树枝、草丛之中，喜访花。摄于重庆金佛山。❸绒蜂虻 *Villa* sp. 属炭蜂虻亚科 Anthracinae，体多处被淡黄色绒毛。摄于广西崇左生态公园。❹庸蜂虻 *Exoprosopa* sp. 属炭蜂虻亚科，身体黑色，被黄棕色长毛，翅黑色，较宽大。摄于云南龙陵邦腊掌热泉。❺玷蜂虻 *Bombylius discolor* 属蜂虻亚科 Bombyliinae，口器细长前伸，翅带有黑色斑点，腹部犹如一个棕色的绒球。分布于北京、内蒙古、云南等地。

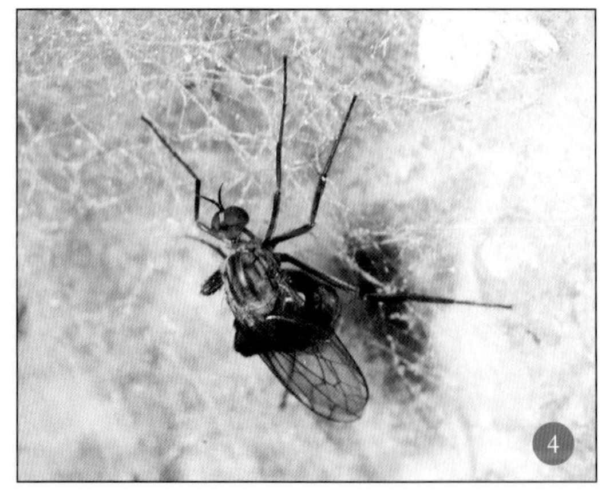

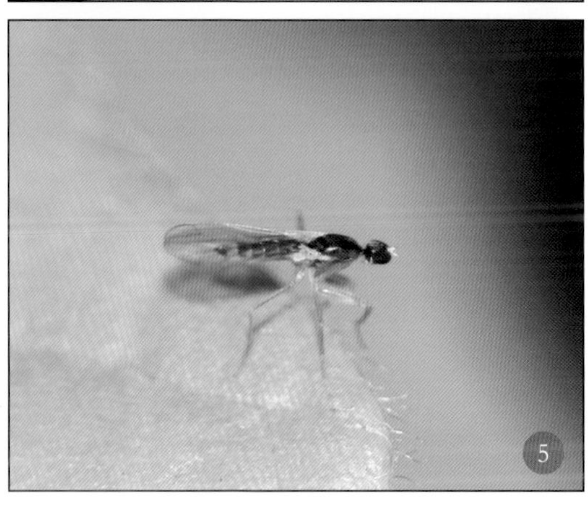

长足虻科
Dolichopodidae

- 体小型至中型，体长0.8~9 mm；
- 体一般金绿色，有发达的鬃；
- 头部多稍宽于胸部，胸背较平；
- 足细长，有发达的鬃；
- 成虫均为捕食性；
- 幼虫多生活在潮湿的沙地或土中，有些水生。

舞虻科
Empididae

- 体小型至中型，体长1.5~12 mm；
- 头部较小而圆，复眼多分开；
- 喙一般较长，坚硬；
- 胸部背面隆起；
- 翅基部窄，腋瓣不发达；
- 足细长，前足有时为捕捉足；
- 成虫捕食性。

❶丽长足虻 *Sciapus* sp. 触角第1节延长，体金绿色，具有强烈金属光泽。成虫发生期5—8月，多见于各种水生环境周边的灌丛中。摄于广西崇左生态公园。❷小异长足虻 *Chrysotus* sp. 体小型，金绿色。成虫发生期5—8月，多生活在滴水的岩壁上，幼虫多见于各种水边的泥土内。摄于重庆巴南圣灯山。❸一些种类的长足虻夜间会成群栖息在植物的枝条上。摄于海南五指山。❹舞虻科的种类。摄于重庆金佛山。❺裸螳舞虻 *Chelifera* sp. 复眼离眼式，喙较短，向下伸，前足捕捉式；前足基节细长，几乎与腿节等长，腿节明显加粗。捕食性，在草丛中以小昆虫为食。摄于贵州桐梓凉风垭。

驼虻科
Hybotidae

- 体小型，黑褐色，体长2~4 mm；
- 复眼发达，接眼式；
- 触角芒细长，约为触角的3倍；
- 胸部明显隆突，具光泽；
- 翅透明，具浅褐色翅痣；
- 腹部不明显向下弯曲。

扁足蝇
Platypezidae

- 体小型；
- 触角芒位于触角末端；
- 翅有中室；
- 翅的臀角发达；
- 后足胫节与跗节宽大，雄性尤其如此。

❶驼舞虻 *Hybos* sp. 喙刺状，水平前伸，胸部明显，隆突。成虫盛发期5—8月。摄于重庆巫溪阴条岭自然保护区。❷驼舞虻的一种，体细长，背部极度隆起。摄于贵州桐梓凉风垭。❸身体修长的橙色扁足蝇种类，翅狭长、透明，翅脉深色。摄于陕西秦岭。

蚜蝇科
Syrphidae

- 体小型至大型；
- 翅中部有1条褶皱状或骨化的两端游离的伪脉，少数种类不明显，极少数种类缺；
- 体色鲜艳明亮，具黄、蓝、绿、铜等色彩的斑纹，外形似蜂；
- 幼虫由于生活习性不同，外形也不同。

❶❷❸❹❺❻

❶狭腹蚜蝇 *Meliscaeva* sp. 是色彩鲜艳的种类，外观近似于小型的蜜蜂或胡蜂，有着很好的拟态效果。摄于云南高黎贡山。❷斜斑鼓额食蚜蝇 *Scaeva pyrastri* 头部棕黄色；小盾片黄棕色，腹部黑色，有黄斑 3 对。摄于西藏林芝。❸斑眼蚜蝇 *Eristalinus arvorum* 具金属光泽，头大，半球形，略宽于胸；雄虫眼合生，雌虫分开，胸部近方形，有灰黄色纵条纹，腹部有淡色斑纹。摄于印度尼西亚龙目岛。❹紫额异巴蚜蝇 *Allobaccha apicalis* 头大，半球形，宽于胸部，中胸背板和小盾片黑色，腹部细长，3 ~ 4 倍于胸长。分布于全国各地。❺长尾管蚜蝇 *Eristalis tenax* 头略宽于胸，近半圆形，胸部近方形，腹部与胸部等宽，卵形，有淡色斑纹，腹部大部分棕色，具“I” 形黑斑。全国各地均有分布。❻柄角蚜蝇 *Monoceromyia* sp. 是一种拟态能力极强的蚜蝇，外观跟小型蜾蠃十分接近，不仅身体斑纹，就连翅上分开的两种颜色，都跟蜾蠃翅上的纵褶极其相像。摄于云南西双版纳。

蚜蝇科
Syrphidae

头蝇科
Pipunculidae

- 体小型，色暗；
- 头部极大，呈半球形或球形；
- 复眼几乎占据整个头部；
- 触角第1节及第2节很小，第3节发达；
- 翅长而狭，通常与身体等长或长于身体；
- 多数种类有翅痣；
- 腹部大多为黑色；
- 多活动于花草间，飞行迅速，能在空中悬停。

沼蝇科
Sciomyzidea

- 体小型至中型，体长 1.8~11.5 mm；
- 身体纤细至粗壮；
- 触角常前伸；
- 翅常长于腹，透明或半透明，有的翅面有斑甚至成为网状。

❶巢穴蚜蝇 *Microdon* sp. 小型蚜蝇，身体具强烈金属光泽，较为短粗，幼虫生活在蚂蚁巢穴中，取食已经死亡或濒临死亡的蚂蚁。摄于海南尖峰岭。❷部分蚜蝇科的幼虫以蚜虫为食，这也是食蚜蝇这个名称的由来。摄于重庆金佛山。❸佗头蝇 *Tomosvaryella* sp. 头球形，大部分被复眼占据，无翅痣。摄于重庆梁平东山林场（李元胜 摄）。❹长角沼蝇 *Sepedon* sp. 的触角细长，前伸第 2 触角节呈杆状，翅相对窄。后足腿节无任何背鬃，但有短粗的腹刺。成虫发生期主要在 6—8 月。摄于云南西双版纳。❺细长呈圆筒状的沼蝇种类，腹部及足红色，生活于大树的树干上。摄于云南西双版纳。

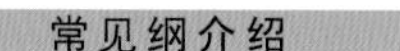

❶最常见的鼓翅蝇，基本都是这种形态，并不断地鼓动双翅。摄于云南丽江老君山。❷橙色的鼓翅蝇并不多见。摄于四川平武老河沟。❸黑色的眼蝇种类。摄于广西十万大山。❹停在路边石块上，其貌不扬的小型日蝇种类。摄于吉林长白山。

鼓翅蝇科
Sepsidae

- 体小型，狭长，2~12 mm，卵圆形；
- 头部球形或卵圆形；
- 复眼较大；
- 中胸发达；
- 翅膜质透明，翅脉清晰；
- 成虫喜欢伞花形植物，有一定的传粉功能；
- 休息和飞行时两翅均不断来回鼓动，在野外易于辨认。

眼蝇科
Conopidae

- 体小型至中型，2.5~20 mm；
- 黑褐色或黄褐色，形似蜂类；
- 成虫头宽大于胸宽；
- 触角3节，第3节较长；
- 翅透明或暗色；
- 腹部长筒形，基部多收缩呈胡蜂形。

日蝇科
Heleomyzidae

- 多为小型种类；
- 喙短；
- 前缘脉仅有1缺刻位于亚前缘脉末端附近；
- 亚前缘脉完整，终于翅前缘。

实蝇科
Tephritidae

- 体小型至中型蝇类；常有黄、棕、橙黑等色；
- 触角短，芒着生背面基部；
- 翅有雾状的斑纹；
- 雌性产卵器长而突出，3节明显。
- 常立于花间，翅经常展开，并前后扇动；
- 包含许多世界性或地区性检疫害虫，对果蔬生产和国际贸易等构成威胁。

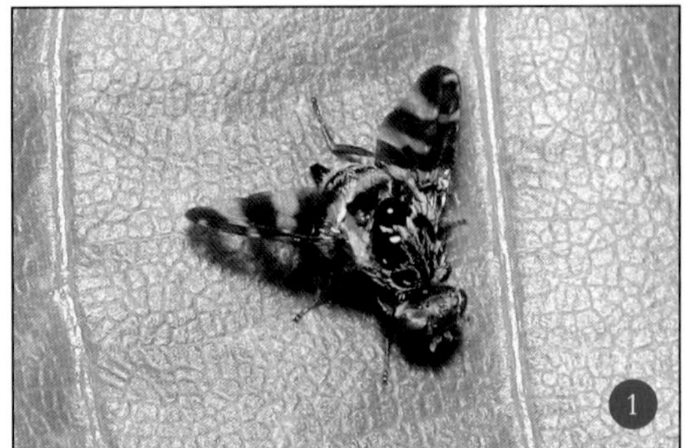

❶翅上带有大块黑斑的实蝇，属寡毛实蝇亚科 Dacinae。摄于云南盈江凯邦亚湖。❷翅狭长，前缘黑色的黑色实蝇，属寡毛实蝇亚科。摄于云南铜壁关自然保护区。❸离腹寡毛实蝇 *Bactrocera* sp. 体黄色，带有棕色斑纹，翅透明，属寡毛实蝇亚科。摄于重庆万州王二包。❹南瓜实蝇 *Bactrocera tau* 属实蝇亚科 Tephritidae，是葫芦科植物重要的害虫。各地均有分布。❺巨额毛实蝇 *Cornutrypeta* sp. 属实蝇亚科，体长和翅长均在 5 ~ 6 mm；身体淡黄褐色；头部有 3 对非常粗壮的鬃毛，十分醒目；翅透明，散布一些黑褐色斑点。

实蝇科
Tephritidae

❶❷❸❹

❶漂亮的实蝇亚科种类，体橙黄色，翅透明，具大型蓝黑色斑纹。喜欢在石块上一边扇动翅膀一边爬行。摄于四川平武老河沟。❷弧斑翅实蝇 *Anomoia* sp. 属实蝇亚科，翅上有1条明显的弧线。摄于云南铜壁关自然保护区。❸辣木实蝇 *Diarrhegma* sp. 属实蝇亚科，是一种色彩鲜明的种类，胸部大块的淡黄色斑纹十分突出,翅大部分黑色。摄于云南西双版纳。❹阿实蝇 *Adrama* sp. 属实蝇亚科，是一类分布于东洋区和澳洲区的实蝇，身体较为细长。休息时前足举起，腹部上翘。摄于海南五指山。

广口蝇科
Platystomatidae

- 体多为中型;
- 有单眼;
- 喙短，口孔很大;
- 翅臀室有尖的端角;
- 足不细长;
- 产卵器扁平。

蜣蝇科
Pyrgotidae

- 体中型至大型;
- 头部大;
- 单眼一般消失;
- 腹部基部狭窄，雄性呈棍棒状，雌性产卵管基部很长，常长于腹部;
- 成蝇在傍晚活动，喜灯光。

❶体型短粗的广口蝇，体浅棕色，具大黑色斑纹，翅上的黑色条状斑纹呈云雾状。摄于云南西双版纳。❷中型广口蝇种类，身体土黄色，密布暗绿色的细小点状斑，翅透明，黑褐色斑纹形成网状。摄于重庆金佛山。❸体型细长的广口蝇种类，头胸部为棕红色，翅透明，端部黑色。摄于广西宁明花山。❹大型的蜣蝇，棕黄色相间，翅透明，狭长，有趋光性。摄于重庆四面山。❺大型蜣蝇，头部暗红色，胸部及腹部黑色带有金属光泽，胸部近圆形，腹部极宽大，向下卷曲，翅很大，黑色斑纹明显。摄于泰国考艾（Khao Yai）国家公园。

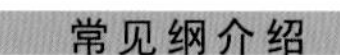

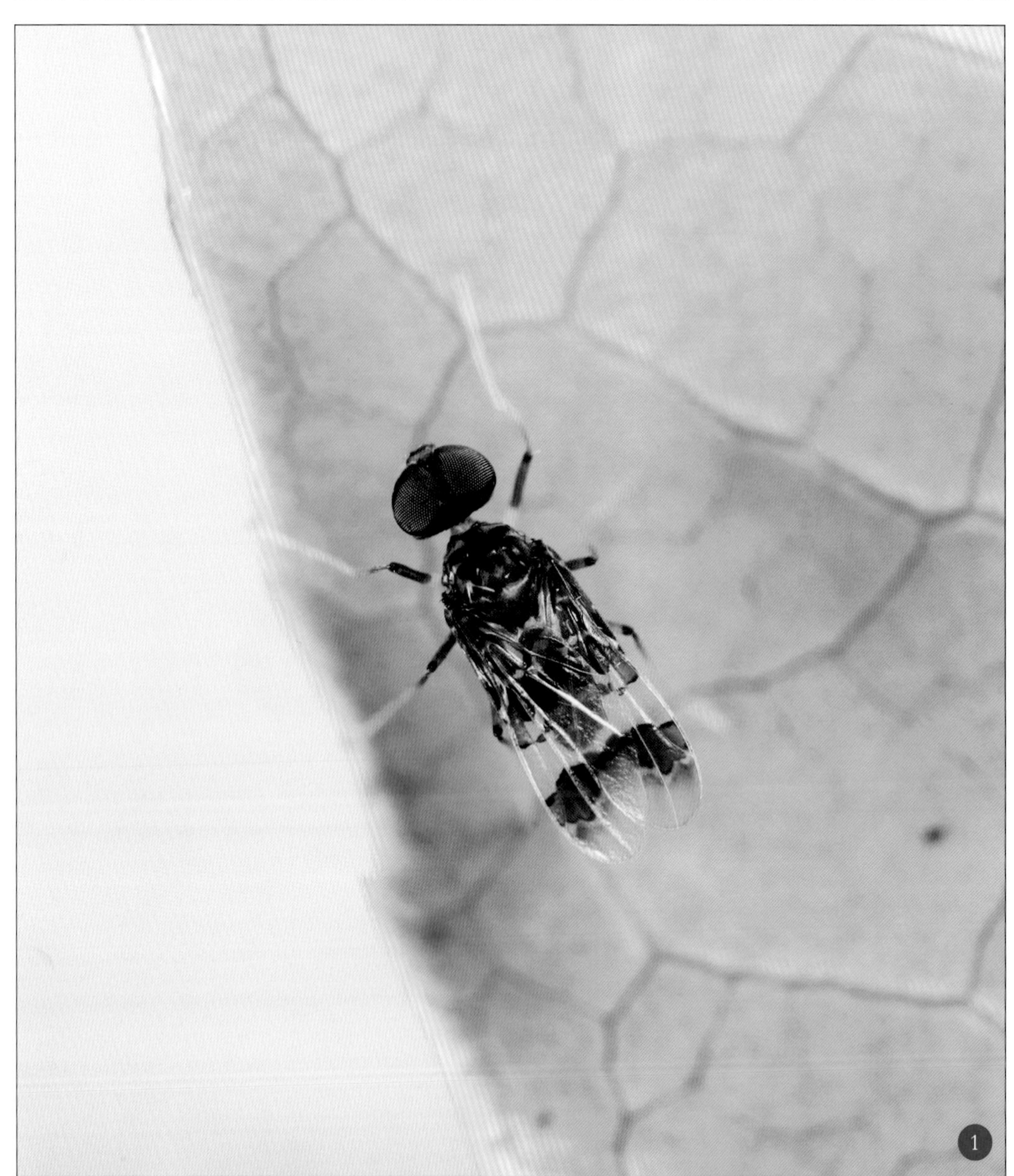

丛蝇科
Ctenostylidae

- 体小型;
- 触角芒有许多分支;
- 足细长;
- 跗节长于胫节;
- 翅极宽，近卵形;
- 极为稀少蝇类，偶尔可见于灯下。

瘦足蝇科
Micropezidae

- 体小型至中型，细长;
- 触角第2节无指状突;
- 眼中等大;
- 喙短;
- 足细长，前足比中后足短;
- 翅亚前缘脉完整，终止于翅前缘;
- 腹部细长。

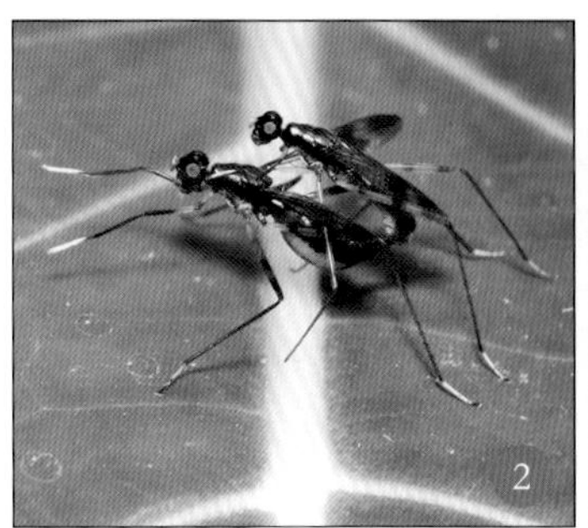

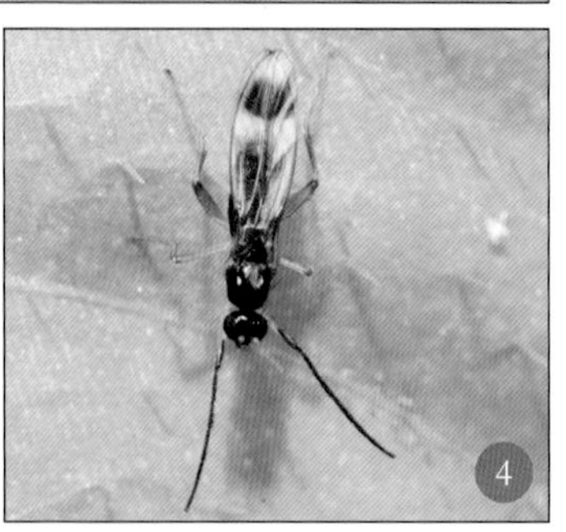

❶华丛蝇 *Sinolochmostylia* sp. 是小型美丽的蝇类，身体呈红色，并有大块黑斑；触角第3节钝圆无角突，芒分为10余支；翅极宽，近卵形，大部分为黑色。丛蝇为极为稀少蝇类，有趋光性，偶尔可见于灯下。摄于重庆四面山。❷交配中的瘦足蝇。摄于印度尼西亚莫悠（Moyo）岛。❸具有鲜艳色彩的热带瘦足蝇。摄于泰国考索（Khao Sok）国家公园。❹重庆四面山的奇特瘦足蝇种类。

>>

指角蝇科
Neriidae

- 体小型至中型种类；
- 触角第2节有指状突；
- 喙短；
- 足细长，前足比中后足长；
- 翅亚前缘脉完整，终止于翅前缘；
- 腹部细长。

茎蝇科
Psilidae

- 体多为小型；
- 头部及体光滑，有“裸蝇”之称；
- 头部离眼式；
- 单眼三角一般较大；
- 常发现于森林边缘的灌丛中。

❶较为常见的指角蝇身体多为黑色，属于指角蝇亚科 Neriinae，经常发现于树干上吸食树的汁液，通常具有躲避人的习性，会在树干上跟观察者“捉迷藏”；有时也在腐烂的菠萝蜜等热带水果上发现。摄于云南铜壁关自然保护区。❷生活在海南岛的端指角蝇 *Telostylus* sp. 为少见的红色种类，属于端指角蝇亚科 Telostylinae，是典型的热带昆虫。❸细长的茎蝇种类，触角黑色，较为突出，复眼红色，翅透明，呈淡淡的黑色。摄于重庆金佛山。❹小型的黑色茎蝇，头扁圆，复眼棕色，翅完全透明。产自重庆南岸区雷家桥水库。❺橙黄色的小型茎蝇，复眼棕色，翅透明，端部有少许黑斑。摄于陕西秦岭。

❶泰突眼蝇 *Teleopsis* sp. 头部眼柄较长，胸部有3对刺突，翅上刺发达，翅多褐斑。成虫一般生活在潮湿的环境中。摄于云南盈江凯邦亚湖。❷突眼蝇的雄虫常比武招亲，眼柄长的一方将获得交配的权利，因此部分个体的眼柄变得极长。图为泰突眼蝇 *Teleopsis* sp. 超长眼柄的雄虫。摄于云南西双版纳。❸泰突眼蝇 *Teleopsis* sp. 喜群居，有时在潮湿的环境周围可发现它们成群地落在植物叶片的背后。摄于云南西双版纳。❹外观很像瘦足蝇的小型马来蝇，但停息的时候，前足并不举起，体棕红色和黑色，翅端部有2条黑色条状斑纹。摄于云南西双版纳。❺大多数的果蝇呈橙黄色，喜聚集在一起取食各种水果等。摄于重庆金佛山。❻黑褐色和淡黄色相间的小型果蝇，取食树的汁液。摄于重庆金佛山。

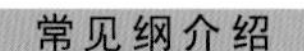

突眼蝇科
Diopsidae

- 体中小型；
- 体黑褐色或红褐色；
- 头部两侧突伸成长柄，复眼位于柄端；
- 触角着生在眼柄内侧前缘；
- 中胸背板有粗大的刺突2~3对；
- 翅狭长，多具褐斑；
- 足细长，前足腿节粗大；
- 腹部细长，端部膨大。

马来蝇科
Nothybidae

- 体中型；
- 眼大，颊窄；
- 喙短；
- 前胸细长；
- 足细长；
- 腹部细长。

果蝇科
Drosophilidae

- 体小型；
- 触角芒一般为羽状；
- 小盾片常裸；
- 翅前缘脉具2缺刻。

水蝇科
Ephydridae

- 体小型，体长1~11 mm；
- 体常灰黑色或棕灰色；
- 多数种类颜部向前突出；
- 脉序特化，缺少臀室；
- 生活在沼泽、湖泊等潮湿环境；
- 取食习性多样化，多数腐生；
- 幼虫大多数水生或半水生。

隐芒蝇科
Cryptochetidae

- 体小型；
- 体粗短紧凑；
- 体黑，具蓝色或绿色金属光泽；
- 头宽与高均大于长；
- 复眼发达、远离；
- 触角第3节粗大，缺触角芒，仅在角端有1个很小的刺突；
- 翅宽大，脉极明显；
- 翅瓣发达。

❶短脉水蝇 *Brachydeutera* sp. 成虫喜欢在静水环境活动，不善于飞翔，沿水面滑动。摄于四川平武老河沟。❷乌黑的小型水蝇，翅透明，狭长。摄于四川邛崃天台山。❸发现于重庆四面山潮湿土壤上的小型水蝇，灰黑色。❹具有非常奇特生活习性的小型隐芒蝇，生活在中低海拔山区，对黑色发亮的物体有特殊的喜好，常在人眼周围飞舞，并钻进人的眼睛，有时也会停在黑色的相机机身和镜头上。在重庆部分山区，当地人戏称其为“日眼蚊”。

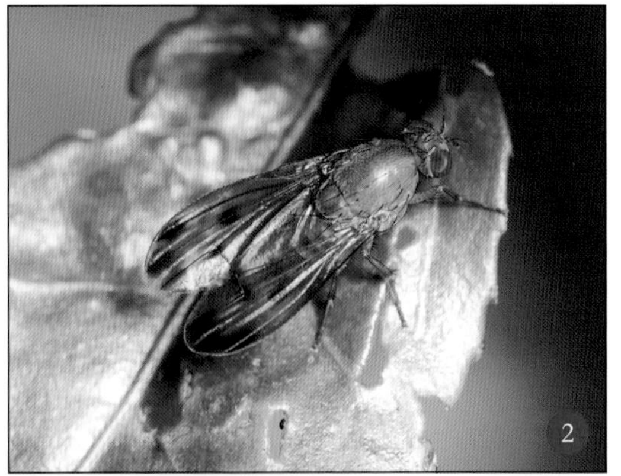

缟蝇科
Lauxaniidae

- 体小型至中型;
- 喙短;
- 胸部突起;
- 小盾片小，不盖住翅和腹部;
- 翅有臀室，臀脉短;
- 足不细长;
- 部分或全部足胫节有端背鬃。

甲蝇科
Celyphidae

- 体小型至中型蝇类;
- 触角芒基部粗或扁平，呈叶状;
- 小盾片发达，除个别属与中胸等长外，均长于中胸，并膨隆成半球形或卵形，常全盖腹部，很像甲虫;
- 翅静止时折叠在小盾片下;
- 腹部极度弯曲，骨化很强。

❶体黑色，翅透明，略显白色，与“缟蝇”的名称很相符合。摄于重庆四面山。❷同脉缟蝇 *Homoneura* sp. 体黄色至褐色，翅透明并具斑。摄于重庆四面山。❸斑翅同脉缟蝇 *Homoneura* sp. 体灰褐色，中胸背板具斑纹，翅透明并具斑。摄于重庆四面山。❹很像小型黑色甲虫的甲蝇种类，生活在林区路边草丛中。摄于四川雅安碧峰峡。❺甲蝇 *Celyphus* sp. 体黄褐色，小盾片非常隆起，较宽，几乎和长相等。摄于云南西双版纳。

潜蝇科
Agromyzidae

- 体微小型至小型，体长1.5~4.0 mm；
- 一般黑色或黄色，部分具金属光泽；
- 翅大，透明或着色；
- 腹部的小鬃通常规则地排列成组；
- 腹部或多或少压缩，雌性可见6个体节，雄性可见5个体节；
- 幼虫以植物组织为食，多潜于叶中。

腐木蝇科
Clusiidae

- 体中型；
- 触角第2节外缘有角突；
- 喙短；
- 胸部隆突；
- 翅前缘脉完整；翅有臀室。

树创蝇科
Odiniidae

- 体中型；
- 身体浅灰色，有深灰色及黑色斑点和线条；
- 复眼红色；
- 翅带有排列整齐的深灰色斑点；
- 生活在有树汁流出的树干上。

❶斑潜蝇 *Liriomyza* sp. 是一种明黄色的微小蝇类，复眼棕红色，胸部和腹部均有大块黑色斑。摄于云南西双版纳。❷小型黑色的潜蝇，复眼棕红色，两复眼之间为明亮的白色，十分明显，翅透明、狭长。摄于云南丽江老君山。❸川实蝇属 *Ortalotrypeta* 红色的腐木蝇种类，翅透明狭长。摄于陕西秦岭。❹树创蝇 *Schildomyia* sp. 身体浅灰色，有深灰色及黑色斑点和线条；复眼红色；翅带有排列整齐的深灰色斑点。生活在有树汁流出的树干上。摄于重庆照母山。

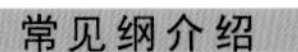

❶川地禾蝇 *Geomyza envirata* 小型狭长的蝇类，长 3.5 mm。体深褐色，头部黄褐色。翅淡烟黄色，端部具褐色端斑，翅脉黑色。幼虫危害禾本科植物的茎秆。分布于四川、重庆等地。❷奇蝇 *Teratomyza* sp. 为极其狭长的小型蝇类，黑色，比较罕见，国内尚无正式记录。摄于贵州桐梓凉风垭。❸暗褐色的小型杆蝇，复眼棕红，翅透明，淡黑色，后足腿节膨大，胫节弯曲呈弧形。摄于海南五指山。❹微小的黑色杆蝇，翅透明狭长，腹部甚宽且短。摄于云南铜壁关自然保护区。

禾蝇科
Opomyzidae

- 体小型，狭长；
- 黄褐色至灰黑色，光亮或被粉；
- 头高于长；
- 触角短，芒具毛；
- 胸甚长于宽；
- 翅狭长，多具斑，至少具端斑。

❶

奇蝇科
Teratomyzidae

- 体小型，狭长：
- 头部宽阔，
- 复眼远离；
- 触角前伸，第3节宽大；
- 胸部背面平；
- 小盾片大；
- 翅狭长；
- 腹部狭长，可见7节。

❷

秆蝇科
Chloropidae

- 体小型；
- 黑色或黄色有黑斑；
- 复眼大而圆；
- 触角芒细长，有时扁宽类似剑状；
- 中胸背板长大于宽；
- 小盾片短圆至长锥状；
- 足细长，有时后足腿节粗大。

丽蝇科
Calliphoridae

- 体中大型;
- 体多呈青色、绿色或黄褐色等，并常具金属光泽;
- 胸部通常无暗色纵条，或有也不甚明显;
- 雄性眼一般相互靠近，雌性眼远离;
- 口器发达，舐吸式;
- 触角芒一般长羽状，少数长栉状;
- 胸部从侧面观，外方的一个肩后鬃的位置比沟前鬃为低，两者的连线约与背侧片的背缘平行;
- 前胸基腹片及前胸侧板中央凹陷具毛，少数例外;
- 翅侧片具鬃或毛;
- 成虫多喜室外访花，传播花粉，许多种类为住区病和蛆症病原蝇类;
- 幼虫食性广泛，大多为尸食性或粪食性，亦有捕食性或寄生性的。

鼻蝇科
Rhiniidae

- 体中型;
- 多有金属光泽;
- 口上片突出如鼻状;
- 后头上部大半裸出;
- 翅下大结节上无立纤毛;
- 下腋瓣裸。

❹❺

❶传说中的“绿豆苍蝇”，是丽蝇科最常见的形态，金绿色，金属光泽强烈。摄于广西钦州湾。❷红色的复眼，也是丽蝇科大多数种类的突出特征。丽蝇常在腐烂的水果上见到。摄于广西崇左生态公园。❸部分丽蝇科的种类身体上是没有金属光泽的。摄于泰国考艾(Khao Yai) 国家公园。❹具有金色光泽的中型鼻蝇，跟丽蝇科种类相比略显苗条。摄于云南西双版纳。❺此种鼻蝇金属光泽不十分明显，体略细长，复眼在阳光下呈现色彩丰富的条状纹，胸部及腹部多刻点，喜访花。摄于四川平武老河沟。

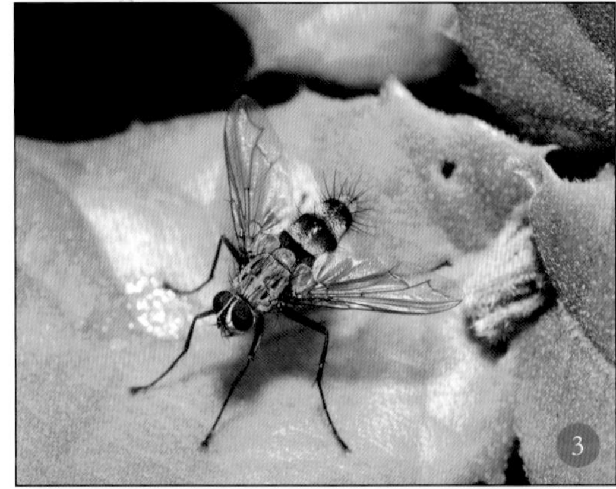

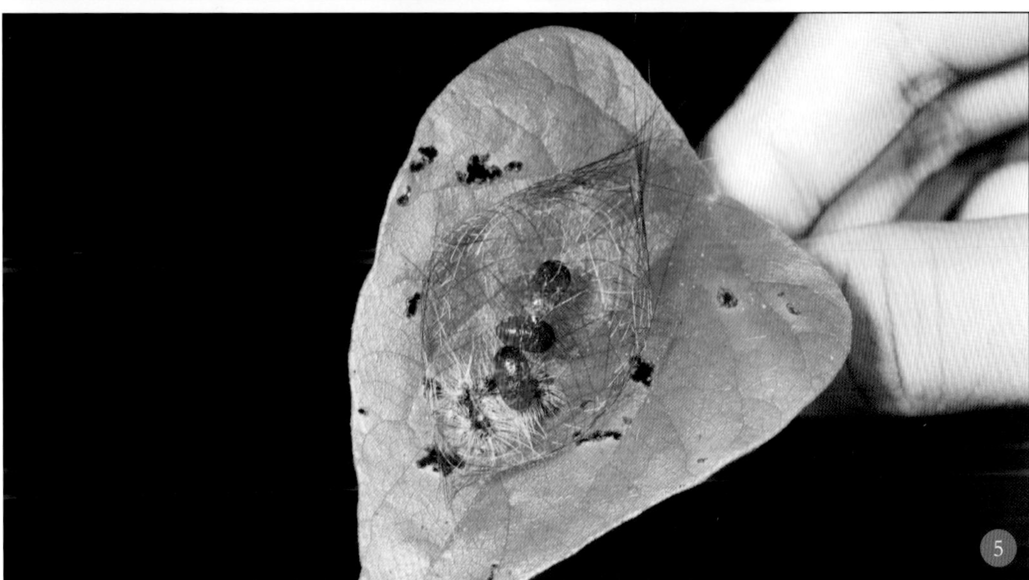

❶中大型的麻蝇种类。摄于西藏。❷寄蝇多为灰黑颜色，具有明显的鬃毛。摄于重庆缙云山。❸长足寄蝇 *Dexia* sp. 触角芒羽状，雄腹部第3—5背板几乎总是具中心鬃，喙短。该虫常于植物的顶端活动或树干的向阳面取暖。摄于西藏雅鲁藏布大峡谷。❹腹部瘦长的寄蝇种类。摄于重庆金佛山。❺寄生在蛾类蛹上的寄蝇，将蛾蛹取食殆尽后，已经化蛹。摄于广西宁明花山蝴蝶谷。

麻蝇科 Sarcophagidae

- 体多为中小型，灰色，腹部常具银色或带金色的粉被条斑；
- 复眼裸；
- 触角芒基半部羽状；
- 雄额宽狭于雌额宽；
- 翅侧片具鬃毛；
- 从胸部侧面观其外方的肩后鬃的位置比沟前鬃高，至少在同一水平上；
- 下腋瓣宽，具小叶；
- 腹部各腹板侧缘被背板遮盖；
- 多数卵胎生，雌性常产出1龄幼虫。

寄蝇科 Tachinidae

- 体中型或小型，体粗壮，多毛和鬃；
- 触角芒光裸或具微毛；
- 中胸翅侧片及下侧片具鬃；
- 胸部后小盾片发达，凸出；
- 腹部尤其腹末多刚毛；
- 成虫活跃，多白天活动，有时聚集花上；
- 雌虫产卵在寄主的体表、体内或生活地；
- 幼虫寄生性，是绝大多数农、林、果、蔬害虫有效的寄生性天敌，是天敌昆虫中寄生能力最强、活动能力最大、寄生种类最繁杂、分布最广泛的类群。

狂蝇科
Oestridae

- 体长10~17 mm;
- 常具短而疏的淡色毛，少数种具密毛;
- 口器退化;
- 触角第3节常外露;足较短，后足长度明显短于体长;
- 腹部常具灰白色或金黄色闪光斑;
- 幼虫寄生于部分哺乳动物的颅腔内，亦有部分种可致人眼结膜蝇蛆症。

粪蝇科
Scathophagidae

- 体长3~12 mm;
- 体灰黄色至黑色;
- 小盾片下方裸;
- 无前缘脉刺;
- 成虫大部分为捕食性，捕食许多小蝇或其他昆虫类，部分成虫也为腐食性;
- 幼虫大部分为植食性，有一些种类为腐食性。

花蝇科
Anthomyiidae

- 体中小型;
- 体灰黑色，少有浅色者;
- 小盾端腹面除个别类群外均具立纤毛;
- 腹部第1、第2节的背板愈合，接合缝消失。

❶小头皮蝇 *Portschinskia magnifica*，头部扁圆形，胸部黑色，腹部多黄褐色长毛，外形拟态熊蜂。摄于北京门头沟小龙门森林公园。❷粪蝇 *Scathophaga* sp. 体形较细长，体色灰黄色至黑色。粪蝇科幼虫大部分为植食性，成虫大部分为捕食性，捕食许多小蝇或其他昆虫类；部分成虫也为腐食性。摄于四川邛崃天台山。❸中型花蝇种类，喜访花。摄于重庆石柱黄水大风堡。

❶标准的蝇科苍蝇形态。摄于重庆缙云山。❷聚集在火绒草上采蜜的蝇科种类。摄于四川石渠海拔4 000多米的高山上。❸生活于雨燕巢中的虱蝇。摄于北京。

蝇科
Muscidae

- 体长为2~10 mm;
- 胸部的后小盾片不突出;
- 雌性后腹部各节均无气门;
- 生态环境广泛，几乎在有生命的地域均有发现。

虱蝇科
Hippoboscidae

- 体长2.5~10 mm;
- 体长圆形，背腹扁平，全被多数鬃和毛;
- 头为前口式，常陷没于胸部凹缘间，可自由活动或有的因凹陷太深而不能左右活动;
- 复眼圆形或卵圆形;
- 单眼存在或无;
- 触角3节，但外观仅为1节;
- 下颚须1节，向前伸展，形成保护喙（口针）的鞘;
- 胸部背腹扁平，有较宽的腹板;
- 前胸狭小;
- 小盾片发育完好;
- 有翅或无翅，翅可存在于雌、雄虫的一方或双方;
- 有或无平衡棒;
- 腹部大而扁，分节不明显;
- 足粗壮，爪发达;
- 成虫吸取鸟类或哺乳动物的血液，胎生型。

头呈喙状长翅目，四翅狭长腹特殊；蝎蛉雄虫如蝎尾，蚊蛉细长似蚊足。

长翅目

- 体中型，细长；
- 头向腹面延伸成宽喙状；
- 口器咀嚼式，位于喙的末端；
- 触角长，丝状；
- 翅2对，狭长，膜质，少数种类翅退化或消失；
- 前、后翅大小、形状和脉序相似，翅脉接近原始脉相；
- 尾须短；
- 雄虫有显著的外生殖器，在蝎蛉科中膨大呈球状并上举，状似蝎尾。

MECOPTERA

● 新蝎蛉 *Neopanorpa* sp.

长翅目昆虫由于成虫外形似蝎，通称为蝎蛉，雄虫休息时将尾上举，故又有举尾虫之称。

全世界性分布，但地区性很强，甚至在同一山上，也因海拔高度的不同而种类各异，通常在1 400～4 000 m的高度，目前世界已知9科500种左右，中国已知3科150余种。

完全变态。卵为卵圆形，产于土中或地表，单产或聚产。幼虫型或蛴螬型，生活于树木茂密环境中苔藓、腐木或肥沃泥土和腐殖质中。幼虫生活在土壤中，食肉性，在土中化蛹。成虫活泼，但飞翔不远，在林区特别多，在森林植被遭到破坏的地区数量少而不常见；成虫杂食性，取食软体的小昆虫、花蜜、花粉、花瓣、果实或苔藓类植物等，常捕食叶蜂、叶蝉、盲蝽、小蛾、螽斯若虫等，在林区的生态平衡中具有一定的意义，是一类重要的生态指示昆虫。

蝎蛉科
Panorpidae

- 体中小型;
- 口器向下延伸;
- 翅面常有斑点和色带,但有些种类翅面无任何斑点;
- 足跗节末端具1对爪;
- 雄性外生殖器球状并上举,形似蝎尾;
- 成虫主要取食死亡的软体昆虫,并吸食花蜜和植物嫩枝。

蚊蝎蛉科
Bittacidae

- 体大型;
- 颜色黄褐色;
- 足极长;
- 跗节捕捉式,第5跗节回折于第4跗节之上,末节仅具1爪;
- 外形极似双翅目大蚊科;
- 雄性外生殖器不呈球状。

❶新蝎蛉 *Neopanorpa* sp. 形态特殊的小型昆虫,翅膜质光泽,具黑色斑纹,喜栖息于未被破坏的林地,在林荫处寻找食物。新蝎蛉属昆虫大多分布于南方地区。摄于重庆四面山。❷大沙河蝎蛉 *Panorpa dashahensis* 体棕红色,翅黄色透明,带有深棕色网状斑。摄于重庆四面山。❸蝎蛉 *Panorpa* sp. 为黑色种类,翅黑色,带有透明斑点。蝎蛉属昆虫大多分布于北方地区。摄于吉林长白山。❹蚊蝎蛉 *Bittacus* sp. 喜栖息于未破坏的林地中,在林荫处缓慢飞行或悬挂在植物上。雄蚊蝎蛉常把捕捉到的大蚊等昆虫送给雌虫,以求得交配权利。图为捕捉到猎物的雄性蚊蝎蛉。摄于重庆四面山。

侧扁跳蚤为蚤目，头胸密接跳跃足；口能吸血多传病，幼虫如蛆尘埃住。

蚤 目

- 体微小型或小型；
- 体坚硬侧扁；
- 外寄生于哺乳类和鸟类体上；
- 触角粗短，1对，位于角窝内，不仅是感觉器官，而且常是雄蚤在交配时竖起和抱握雌体腹部的工具；
- 针状具刺的口器适于穿刺动物皮肤以利吸血，并起固定于动物皮内的作用；
- 眼发达或退化，常视宿主习性和栖息环境而不同；
- 无翅；
- 后足发达、粗壮；
- 腹部宽大，10节；
- 体肢着生向后的鬃刺或栉，借以在动物毛羽间向前行进和避免坠落。

SIPHONAPTERA

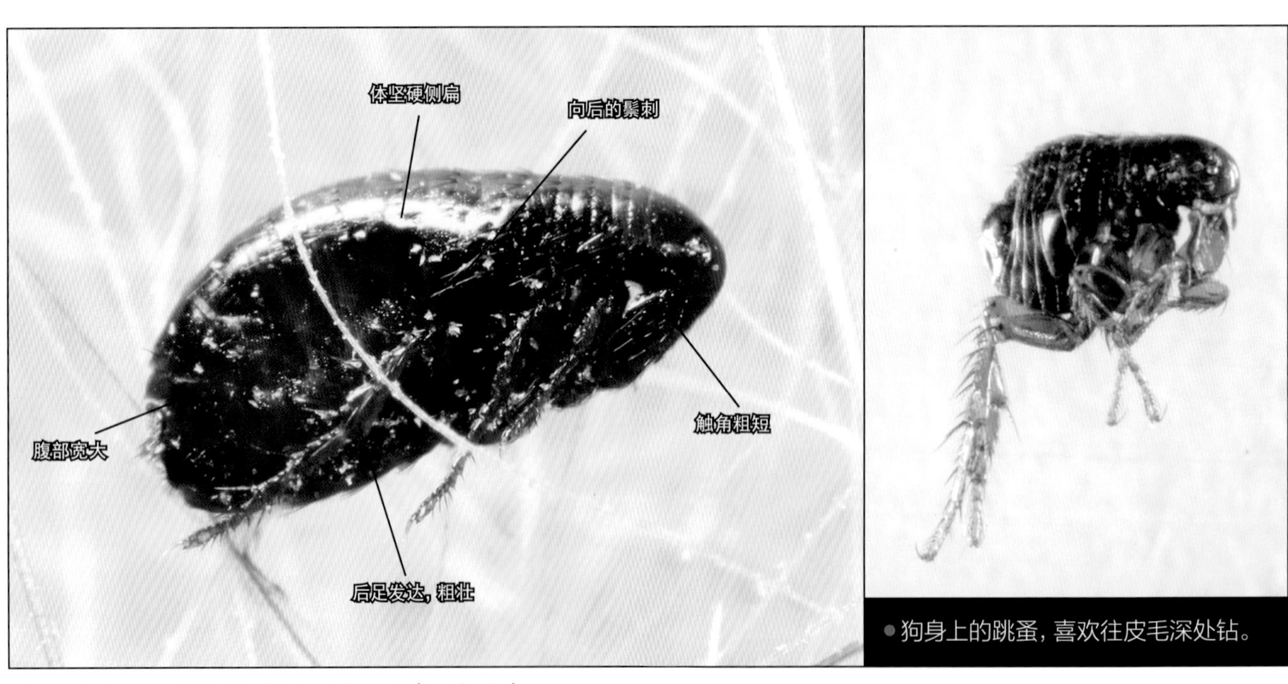

● 狗身上的跳蚤，喜欢往皮毛深处钻。

● 寄生在狗身上的跳蚤。摄于云南丽江（刘晔 摄）。

蚤目统称为跳蚤，是小型、无翅、善跳跃的寄生性昆虫，完全变态。成虫通常生活在哺乳类身上，少数生活在鸟类身上。跳蚤成虫一般体小，通常为1~3 mm，个别种类可达10 mm，体光滑，黄至褐色。全世界已知2 300余种，隶属于16科，中国已知8科519种。

跳蚤产卵于宿主栖息的洞巢内或其活动憩息的场所。孵出的幼虫营自由生活，以周围环境中的有机屑物（包括蚤类的血便、宿主干粪皮屑、粉尘草屑以及螨类尸屑等）为食，其中，干血粉屑常是多种幼虫必需的营养物质。

跳蚤的繁殖和数量具有鲜明的季节性，这与各属种的适应性有密切的关系，有些是夏季蚤，有些是冬季蚤，有些是春秋季蚤，而秋季高峰往往高于春季。

跳蚤地理分布主要取决于宿主的地理分布，在食虫目、翼手目、兔形目、啮齿目、食肉目、偶蹄目、奇蹄目、鸟纲等温血动物身上常有蚤类寄生，而寄生于啮齿目的较多。地方性种类广见于南极、北极、温带地区、青藏高原、阿拉伯沙漠以及热带雨林，其中有些蚤种已随人畜家禽和家栖鼠类的活动而广布于全世界。

石蛾似蛾毛翅目，四翅膜质被毛覆；口器咀嚼足生距，幼虫水中筑小屋。

毛翅目

- 体小型至中型，蛾状；
- 口器咀嚼式，极退化，仅下颚须和下唇须显著；
- 复眼发达；
- 单眼1~3个或无；
- 触角丝状，多节，约等于体长；
- 前胸短，中胸较后胸大；
- 翅2对，膜质被细毛，休息时翅呈屋脊状覆于体背；
- 翅脉接近原始脉序；
- 足细长；
- 跗节5节；
- 腹部10节。

TRICHOPTERA

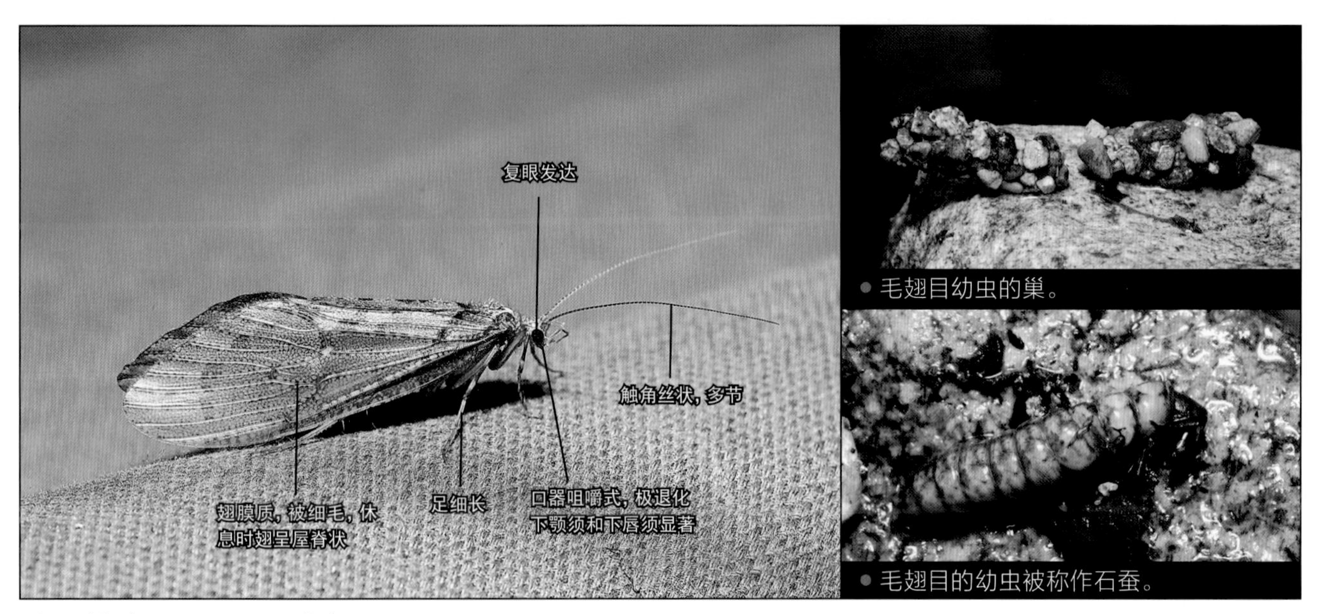

• 毛翅目幼虫的巢。

• 毛翅目的幼虫被称作石蚕。

• 沼石蛾科Limnephilidae成虫。

毛翅目因翅面具毛而得名，成虫通称石蛾，幼虫称为石蚕。世界性分布，全世界已知约1万种，中国已知850种。

完全变态。通常1年1代，少数种类1年2代或2年1代，卵期很短，一生中大多数时间处于幼虫期。幼虫期一般6~7龄，蛹期2~3周，成虫寿命约1个月。卵块产在水中的石头或其他物体、或悬于水面的枝条上。幼虫活泼，水生，幼虫结网捕食或保护其纤薄的体壁。这一习性在大多数种类中高度发达，从管状到卷曲的蜗牛状，形态各异。蛹为强颚离蛹，水生，靠幼虫鳃或皮肤呼吸，化蛹前，幼虫结成茧，蛹具强大上颚，成熟后借此破茧而出，然后游到水面，爬上树干或石头，羽化为成虫。成虫常见于溪水边，主要在黄昏和晚间活动，白天隐藏于植物中，不取食固体食物，可吸食花蜜或水，趋光性强。

毛翅目昆虫喜在清洁的水中生活，它们对水中的溶解氧较为敏感，并且对某些有毒物质的忍受力较差，因而在研究流水带生物学，评估水质和人类活动对水生态系的影响，以及在流水生态系的生物测定中，有着很重要的作用，现被应用作为监测水质的指示种类之一。幼虫也是许多鱼类的主要食物来源，幼虫常吐丝把砂石或枯枝败叶等物做成筒状巢匿居其中，或仅吐丝做成锥形网，取食藻类或蚊、蚋等幼虫，是益虫。少数种类在危害农作物，曾有危害水稻苗的记录。

>>

原石蛾科 Rhyacophilidae

- 体中型至大型，长于5 mm；
- 成虫具单眼；
- 下颚须5节，第1~2节粗短，第2节圆球形；
- 中胸盾片常具毛瘤；
- 后翅常宽，端部钝圆；
- 前足胫节具端前距；
- 幼虫自由生活，前口式，多捕食性种类，生活于低温急流中。为本目较原始的类群之一。

畸距石蛾科 Dipseudopsidae

- 触角长不及宽的3倍，或触角不显著；
- 上唇骨化，端缘呈圆弧形；
- 下唇细长，管状，末端尖锐；
- 前胸后板无前侧突；
- 中胸背板大部或全部膜质，或覆盖小骨片但远不及背板之半；
- 中胸背板无弯曲纵纹；
- 足短；
- 胫跗节扁平，有毛刷；
- 腹部有侧毛列；
- 腹部第9节无骨化背片；
- 臀末有显著乳突。

❶小型黑色的原石蛾，触角显得略粗。摄于重庆四面山。❷畸距石蛾 *Dipseudopsis* sp. 头与前胸红褐色，体其余部分近黑色，前翅若干白色斑。幼虫喜温，生活于清洁的水体中。摄于海南五指山。

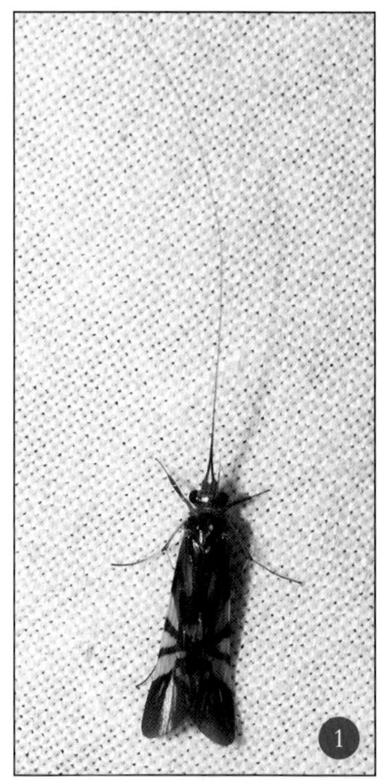

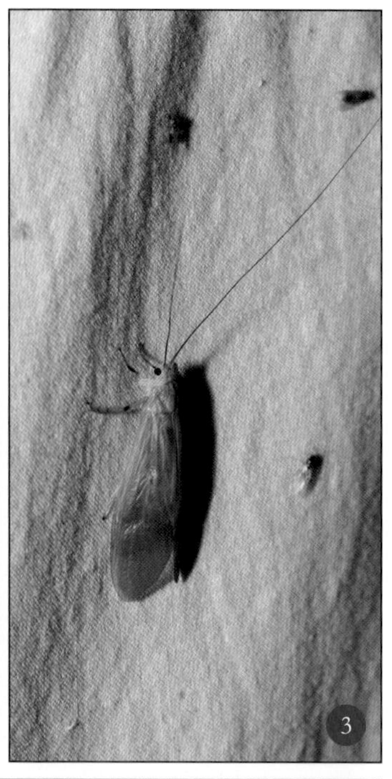

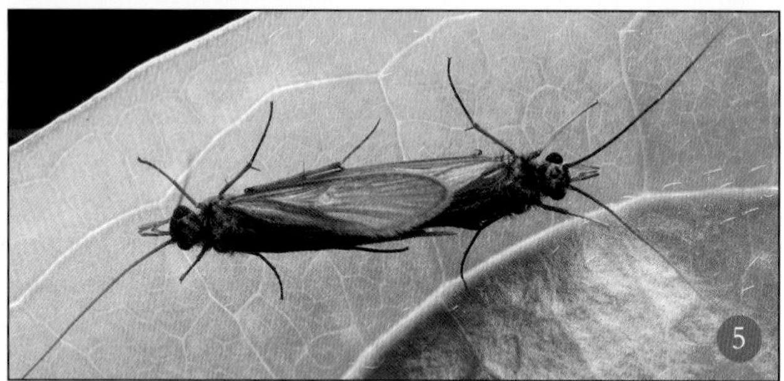

❶斑长角纹石蛾 *Macrostemum lautuam* 前翅深褐色，具6块浅色斑。幼虫生活于流动的溪流水体中，成虫栖于溪流两边的植物丛中。分布于海南、福建、广东、香港等地。❷横带长角纹石蛾 *Macrostemum fastosum* 体及翅黄色，前翅有中部和端部两条深褐色横带，中带较窄，端带较宽，有时端带较模糊。幼虫生活于清洁溪流。分布于华东、华南、西南等地。❸单斑多形长角纹石蛾 *Polymorphanisus unipunctus* 体绿色，小盾片中央具1个黑色圆形斑。幼虫生活于清洁溪流。分布于云南、广西、海南等地。❹棕色的中型纹石蛾种类，翅上密布网纹。摄于西藏雅鲁藏布大峡谷。❺缺叉等翅石蛾 *Chimarra* sp. 体黑褐色，触角约与体等长。幼虫生活于清洁溪流。摄于广东（雷波 摄）。❻角石蛾 *Stenopsyche* sp. 体大型，复眼大，触角稍长于前翅，前翅通常具不规则黄褐色或黑褐色网纹状斑点。常栖息于清洁溪流旁的植物上。摄于云南西双版纳。

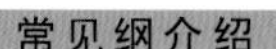

纹石蛾科 Hydropsychidae

- 成虫缺单眼；
- 下颚须末节长，环状纹明显；
- 中胸盾片缺毛瘤；
- 前翅有5个叉脉，后翅第1叉脉有或无；
- 幼虫喜生活在干净的流水中，部分种有较强的耐污能力。

❶❷❸❹

等翅石蛾科 Philopotamidae

- 成虫有单眼；
- 下颚须第5节有明显环纹；
- 中胸盾片无毛瘤；
- 翅脉完全；
- 后翅较前翅为宽；
- 一般喜生活在流水中，幼虫居住于丝质长袋状网中，取食聚集在网上的有机质颗粒。

❺

角石蛾科 Stenopsychidae

- 体大型；
- 成虫有单眼；
- 下颚须第5节有不清晰的环纹；
- 触角长于前翅；
- 中胸盾片无毛瘤；
- 幼虫生活于湍流中，用碎石块筑坚固的蔽居室，以小昆虫和藻类等为食。

❻

短石蛾科
Brachycentrida

- 体中型至大型，长于5 mm；
- 头顶缺单眼；
- 下颚须3，4或5节，第2节细长，长于第1节；
- 前胸背板具2对毛瘤；中胸小盾片中央有1对毛瘤；
- 后翅常宽，端部钝圆。

鳞石蛾科
Lepidostomatidae

- 成虫缺单眼；
- 触角柄节连同梗节有时长于头长；
- 雄虫下颚须1~3节，形状高度变异，雌虫为正常5节；
- 中胸盾片具1对毛瘤；幼虫多筑可携带细长方柱形巢；
- 生活于低温缓流中。

长角石蛾科
Leptoceridae

- 成虫缺单眼；
- 触角细长，常为翅长的2~3倍；
- 下颚须5节；
- 中胸盾片的刚毛排成2竖列；
- 前翅狭长；
- 幼虫筑多种形状的可携带巢，石粒质或由植物碎片组成，捕食性或取食藻类。

❶中型的黑褐色短石蛾。摄于云南梅里雪山。❷滇鳞石蛾 *Lepidostoma* sp. 体深褐色，具黑色毛，触角柄节长，具黑色鳞毛。生活于山地溪水边。摄于云南铜壁关自然保护区。❸黑长须长角石蛾 *Mystacides elongatus* 体及下颚须漆黑色，触角棕黄色，柄节粗壮，鞭节黄白相间；复眼红色；停息时翅亚端部明显宽于翅基部。分布于福建、浙江、江西、贵州、四川、重庆、云南、广东等地。❹身体细长的黄褐色长角石蛾，体形跟鳞翅目菜蛾科接近，触角略长于体长。摄于云南梅里雪山。❺褐色的中型长角石蛾，触角、头部、胸部以及前翅后缘土黄色，停息时翅呈屋脊状高耸，看上去整个虫体背部从触角开始到翅的最高点为一条土黄色细线。摄于重庆四面山。

❶黑色带有黄色细毛的小型细翅石蛾，静止时的姿态较为特别，触角平铺，端部分开，翅及身体翘起，约呈30°角。❷多斑枝石蛾 *Ganonema maculata* 头胸部黄褐色；前翅棕褐色，翅中部散生浅色斑纹。生活于山地溪水边。分布于江西、广东、海南等地。❸棕色带有黄色斑点的中型枝石蛾，静止时触角并拢向前伸直，前翅较宽大，三角形。摄于云南西双版纳。❹这种齿角石蛾触角灰白色，前伸，约为体长的2倍。翅面灰色，翅脉黑褐色。生活于清洁流水边。摄于重庆四面山。

细翅石蛾科
Molannidae

- 后胸有毛瘤；
- 后足跗爪1个，短毛桩状或细长线状；
- 腹部第1节有背、侧瘤突或仅有侧瘤突；
- 幼虫巢砂质，圆帽状。

枝石蛾科
Calamoceratidae

- 上唇中部有1横列毛，约16根以上；
- 后胸有毛瘤；
- 腹部第1节有背、侧瘤突或仅有侧瘤突；
- 幼虫巢由树叶、树皮构成，或为中空的短枝条。

齿角石蛾科
Odontoceridae

- 成虫缺单眼；
- 触角基节较长；
- 下颚须5节，较粗壮；
- 雄虫复眼大，有时在头背方几乎相接；
- 中胸小盾片具单个大毛瘤；
- 幼虫筑稍弯的圆柱形可携带巢，由碎石块构成，质坚硬，生活于流水中，杂食性。

石蛾科
Phryganeidae

- 体大型;
- 成虫具单眼;
- 下颚须雄虫4节，雌虫5节;
- 幼虫巢圆筒形，通常由叶片及树皮碎片组成，排列成螺旋状或不规则形。

瘤石蛾科
Goeridae

- 触角位于眼与头壳前缘之中央;
- 上唇中部无1横列毛，如有不超过6根;
- 前胸盾板宽大于长;
- 中胸背板无弯曲纵纹;
- 后胸前背毛瘤毛多于1根;
- 后足跗爪与其他足相同;
- 腹部侧面无颗粒;
- 腹部第1节背面有瘤突而无横行骨片。

沼石蛾科
Limnephilidae

- 成虫具单眼;
- 下颚须雄虫3节，雌虫5节;
- 中胸盾片常具1对椭圆形毛瘤，或缺毛瘤。

❶褐纹石蛾 *Eubasilissa* sp. 体大型，头黑褐色，胸部背面黑褐色，前翅褐色，前缘散布橘黄色波浪形横纹。幼虫生活在高海拔、岸边植被良好的低温清洁溪流中。摄于云南丽江老君山。❷瘤石蛾 *Goera* sp. 体粗壮，黄褐色至黑褐色，触角柄节较长。幼虫生活于清洁流水。摄于重庆山区（郭宪 摄）。❸黑褐色的中小型沼石蛾，极为活跃，行动机敏。摄于重庆四面山。❹棕褐色小型沼石蛾，翅略呈半透明状，翅脉显著，翅面有很多不规则的棕褐色斑纹。发现于云南丽江老君山海拔近4 000 m的雪地中。

沼石蛾科
Limnephilidae

❶❷

乌石蛾科
Uenoidae

- 体长不超过7 mm;
- 触角柄节常长于头;
- 头顶具2~3个单眼;
- 下颚须3～5节，第2节细长，长于第1节;
- 下颚须3～5节，末节与其他节相似，长约与前几节相等;
- 后翅常宽，端部钝圆，臀区退化，仅略宽于前翅;
- 中胸小盾片窄长，前端尖，超过中胸盾板长的1/2，其毛瘤长为宽的3～4倍。

❶沼石蛾幼虫生活于流水或静水环境中，筑多种类型可携带巢，以藻类及有机质颗粒为食，少数为捕食性。❷沼石蛾科种类的卵块，透明，胶质，附着在水塘边的植物体上。摄于云南高黎贡山。❸小型乌石蛾，触角黑白相间，身体大部呈黑褐色，头顶及胸部黄褐色，前翅后方自基部至2/3处黄褐色。看上去，静止时屋脊状的“背部”3/4处为黄褐色。摄于重庆四面山。

虹吸口器鳞翅目，四翅膜质鳞片覆；蝶舞花间蛾扑火，幼虫多足害植物。

鳞翅目

- 体小型至大型，体、翅及附肢均密被鳞片；
- 口器虹吸式，少数咀嚼式或退化；
- 复眼发达，单眼2个或无；
- 触角呈丝状、棒状、栉齿状等；
- 足细长，跗节5节；
- 翅膜质，有鳞毛和鳞片覆盖，少数种类的雌虫无翅或退化；
- 多数种类翅面具各种线条和斑纹，其分布、形状等因种类而异；
- 脉序与假想脉序很接近；
- 腹部10节，无尾须。

LEPIDOPTERA

● 黑纹粉蝶 *Pieris erutae*

● 线透目天蚕蛾 *Rhodinia davidi*

鳞翅目是昆虫纲中仅次于鞘翅目的第二大目，包括蛾、蝶两类。关于鳞翅目的分类系统很多，20世纪80年代末以来，普遍认为分为4个亚目：轭翅亚目Zeugloptera、无喙亚目Aglossata、异蛾亚目Heterobathmiina及有喙亚目Glossata。种类分布范围极广，以热带最为丰富，全世界已知约20万种，中国已知8 000余种。

完全变态。完成一个生活史通常1~2个月，多则2~3年。卵多为圆形、半球形或扁圆形等。幼虫蠋式，头部发达，口器咀嚼式或退化，身体各节密布刚毛或毛瘤、毛簇、枝刺等，胸部3节，具3对胸足，腹部10节，腹足2~5对，常5对，腹足具趾钩，趾钩的存在是鳞翅目幼虫区别于其他多足型幼虫的重要依据之一。蛹为被蛹。成虫蝶类白天活动，蛾类多在夜间活动，常有趋光性。有些成虫季节性远距离迁飞。

幼虫绝大多数植食性，食尽叶片或钻蛀枝干、钻入植物组织为害，有时还能引致虫瘿等，是农林作物、果树、茶叶、蔬菜、花卉等的重要害虫；土壤中的幼虫咬食植物根部，是重要的地下害虫。部分种类幼虫为害仓储粮食、物品或皮毛，少数幼虫捕食蚜虫或介壳虫等，是重要的害虫天敌。成虫取食花蜜，对植物起传粉作用；家蚕、柞蚕、天蚕等是著名的产丝昆虫，部分种类是重要的观赏昆虫；虫草蝙蝠蛾幼虫被真菌寄生而形成的冬虫夏草，是名贵的中草药。

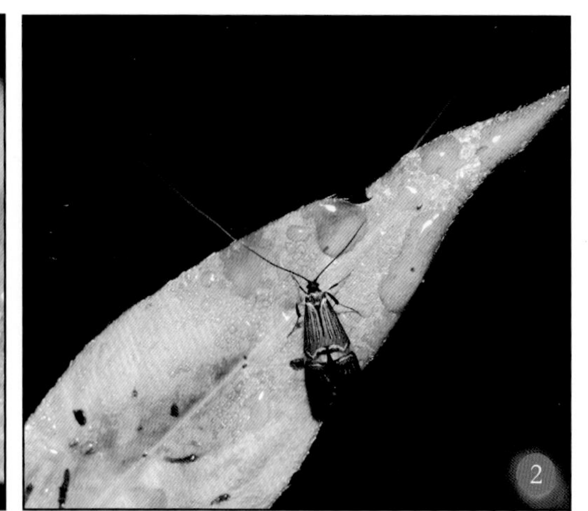

❶小翅蛾在自然光下通常带有五颜六色的金属光泽。摄于重庆四面山。❷大黄长角蛾 *Nemophora amurensis* 的雄蛾触角是翅长的 4 倍，前翅黄色，基半部有许多青灰色纵条；端部约 1/3 有呈放射状向外排列的青灰色纵条。分布于东北、华东、西北等地。❸大黄长角蛾雌蛾触角短，略长于前翅。❹扁蛾属 *Opogona* 的种类，翅的基半部黄色，端半部褐色并有黄斑和长毛。摄于四川雅安碧峰峡。

小翅蛾科
Micropterigidae

- 体长仅数毫米；
- 成虫有金属光泽；
- 口器为咀嚼式；
- 白天活动，在花上取食花粉；
- 幼虫躯干背部和背侧部具蜂窝状构造。

长角蛾科
Adelidae

- 触角特别长，雄性的常是前翅的3倍，雌性的虽然较短，但也常比前翅稍长；
- 前翅3.5~12 mm；
- 国内常见的都是白天活动并具金属光泽；
- 幼虫取食枯叶或低等植物。

谷蛾科
Tineidae

- 体小型；
- 体色常暗，偶有艳丽的色彩；
- 头通常被粗鳞毛；
- 无单眼；
- 触角柄节常有栉毛；
- 下颚须长，5节；
- 下唇须平伸，第2节常有侧鬃；
- 后足胫节被长毛；
- 翅脉分离，后翅窄。

细蛾科
Gracillariidae

- 体小型；
- 触角长，休息时沿着翅膀向后伸展；
- 喙发达；
- 下唇须3节，通常上举；
- 翅狭长，具长的缨毛，翅沿着身体呈屋脊状放置；
- 前翅色彩通常鲜艳，常有白斑和“V”形横带；
- 静止时身体前部由前足和中足支起，翅端接触物体表面，形成坐姿；
- 幼虫潜食叶片、树皮或果实。

巢蛾科
Yponomeutidae

- 体小型至中型，翅展12~25 mm；
- 下唇须上举，末端尖；
- 前翅稍阔，接近顶部呈三角形；
- 后翅长卵形或披针形；
- 前翅常有鲜艳斑纹。

菜蛾科
Plutellidae

- 体小型；
- 触角休止时向前伸；
- 下颚须小，向前伸；
- 前后翅的缘毛有时发达并向后伸，休止时突出如鸡尾状；
- 前翅有时有浅色斑；
- 幼虫潜叶或钻蛀。

❶呈大约40°角“端坐”的小型细蛾，白色的翅上带有棕色斑纹。摄于重庆圣灯山。❷细蛾幼虫潜叶取食形成的虫道。摄于海南尖峰岭。❸巢蛾翅静止时卷曲，身体呈圆筒状，橙色，密布大大小小的白色斑纹。摄于云南西双版纳。❹菜蛾 *Plutella xylostella* 前翅灰黑色或灰白色，后翅从翅基至外缘有三度曲波状的淡黄色带。为害十字花科蔬菜及其他野生十字花科植物。世界各地均有分布。

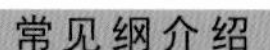

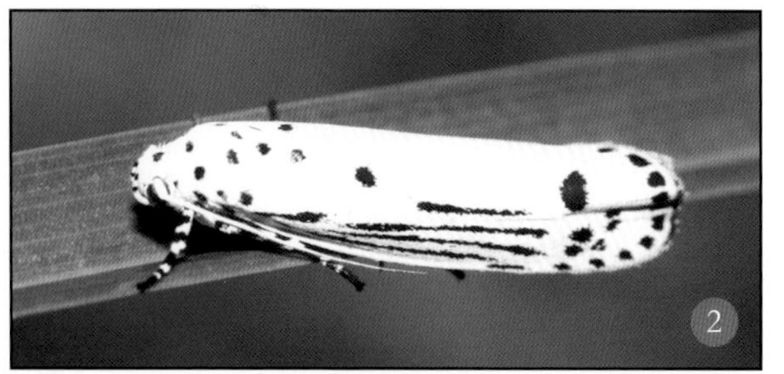

❶这种举肢蛾为非常细小的蛾类，后足粗大，休止时竖起。摄于云南西双版纳。❷细点带织蛾 *Ethmia lineatonotella* 头及胸背乳白色，布有黑色斑点；前翅乳白色，有4条黑色平行线及黑色斑点散布。分布于台湾、海南等地。❸这种织蛾为黄色的小蛾子，带有棕色斑纹，后足也类似举肢蛾一样举起，但伸向后方。摄于云南西双版纳。❹灰褐色的小型织蛾，静止时，翅端部向中间聚合，整个身体形成枣核状。摄于云南西双版纳。❺长足织蛾 *Ashinaga* sp. 体黑褐色，触角黑褐色，后足特别长。前翅灰褐色，窄长形；外缘缘毛黑褐色，间杂褐红色斑列。摄于云南铜壁关自然保护区。❻泰茜祝蛾 *Tisis* sp. 翅面橙色、黄色、棕色斑纹相间，并有黑色线条。摄于云南西双版纳。❼灰褐色小型祝蛾，前翅外缘缘毛长，静止时左右翅有重叠，触角前伸。摄于云南盈江勐莱河。

举肢蛾科
Heliodinidae

- 体小型，白天活动；
- 头顶光滑，有单眼；
- 前翅具金属光泽，后翅极窄，披针形，具宽缨毛；
- 休止时通常后足竖立于身体两侧，高出翅面。

织蛾科
Oecophoridae

- 体小型至中型；
- 多为褐色；
- 触角短，达前翅的3/5，柄节通常有栉；
- 下唇须长，上举，超过头顶；
- 前翅阔，顶角钝圆；
- 后翅宽，顶角圆，有的雌蛾翅退化或无翅；
- 幼虫筑巢、缀叶、卷叶或在植物组织内为害，取食死的动植物、真菌或高等植物的叶、花或种子。

祝蛾科
Lecithoceridae

- 体小型至中型；
- 无单眼；
- 触角通常等于或长过前翅，雄蛾的触角基部常加粗；
- 下唇须上举，下颚须4节；前翅常为黄褐色、黄色、奶油色或灰色，一些种类具金属光泽，许多种类完全无花纹。

祝蛾科 Lecithoceridae

小潜蛾科 Elachistidae

- 体小型;
- 许多种类前翅白色或灰色，具各种暗褐色的斑纹，另一些则为暗色具白色的花纹;
- 单眼常无;
- 下颚须很短;
- 下唇须长，前伸到上举，或短而下垂;
- 常有眼罩;
- 后翅窄。

绢蛾科 Scythrididae

- 体小型;
- 常色暗，有时浅灰色;
- 翅窄;
- 腹部宽，特别是雌蛾;
- 有些无飞行能力;
- 休止时翅下垂;
- 成虫常白天活动，但热带和亚热带的种类常夜间活动;
- 幼虫通常结网取食芽或叶，但也有潜叶或缀叶的。

❶黑褐色小型祝蛾，静止时，前翅左右并不重合，并排向上翘起，大约呈 40° 角。摄于泰国考艾（Khao Yai）国家公园。❷折翅蛾 *Nosphistica* sp. 是一种微小而奇特的蛾子，翅为深浅不一的灰黑色斑纹；静止时，前后翅平展，却交叉排列，前翅大约呈 45° 角向后伸展，后翅则呈 15° 角向后略张开。摄于云南西双版纳。❸白色带有椭圆形黑斑的小潜蛾。摄于西藏雅鲁藏布大峡谷。❹黄斑绢蛾 *Eretmocera impactella* 前翅黑褐色，有 3 个淡黄色圆斑。分布于云南、香港等地（张宏伟 摄）。

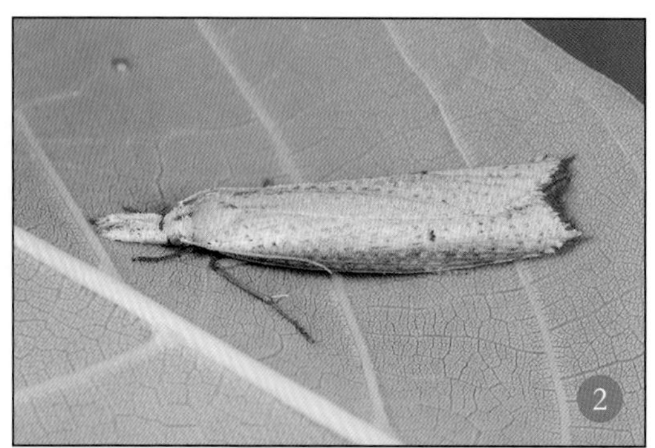

❶尖蛾多为细长的微小蛾类，触角端半部白色，基半部黑色；翅橙黄色和黑色为主，并带有奶白色斑点；后足静止时向后上方呈15° 角伸出。摄于云南西双版纳。❷小型麦蛾类，翅灰白色，带有斑点，静止时翅略卷起，触角沿翅的方向向后摆放。摄于四川平武老河沟。❸色彩丰富的小型麦蛾。摄于四川雅安碧峰峡。❹白背斑蠹蛾 *Xyleutes persona* 为大型蛾类，胸部背面雪白是其突出的特点。摄于云南西双版纳。❺豹蠹蛾 *Zeuzera* sp. 全体白色，雄蛾触角基半部双栉形，栉齿长，黑色；胸部背面有6个黑色斑点；腹部有黑色横纹；前翅密布黑色斑点。摄于云南西双版纳。

尖蛾科
Cosmopterigidae

- 体小型至微小型；
- 常有鲜艳的色彩；
- 喙发达；
- 触角于前翅等长或相当于3/4；
- 下唇须上举，末节细长而尖；
- 前翅细长，披针形；
- 后翅较前翅窄，披针形或线状。

❶

麦蛾科
Gelechiidae

- 头顶通常平滑；
- 单眼通常存在，较小；
- 触角简单，线状，雄性常有短纤毛，柄节一般无栉；
- 下颚须4节，折叠在喙基部之上；
- 下唇须3节，细长，第2节常加厚具毛簇及粗鳞片；
- 前翅广披针形；
- 后翅顶角凸出，外缘弯曲成内凹。

木蠹蛾科
Cossidae

- 体小型至大型；
- 一般翅为灰色或褐色，有时奶油色；
- 触角通常为双栉状，否则为单栉状或线状；
- 喙非常短或缺；
- 翅脉几乎完整；
- 腹部长，体粗壮，常含大量脂肪。

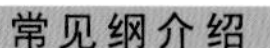

卷蛾科
Tortricidae

- 体小型至中型；
- 绝大多数种类色暗，少数颜色鲜明；
- 头通常粗糙；
- 单眼常有；
- 触角一般线状，但偶尔栉状，雄性触角基部有的具切刻或膨大变扁；
- 前后翅大约等宽；
- 前翅的形状变异很大，有时同一种的雌雄间也有差异；
- 雄蛾的前后翅都可能有与发香有关的褶区。

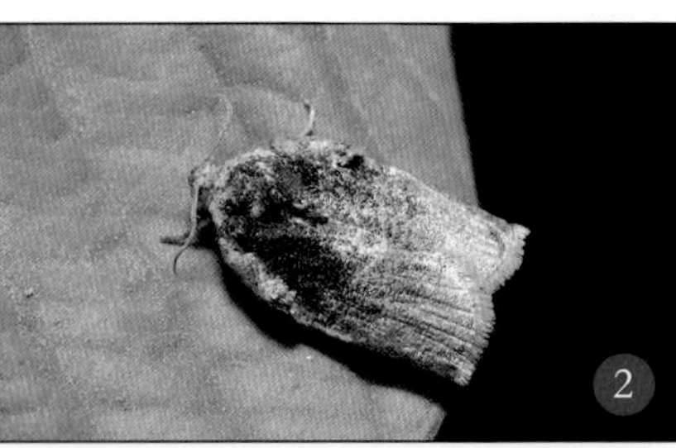

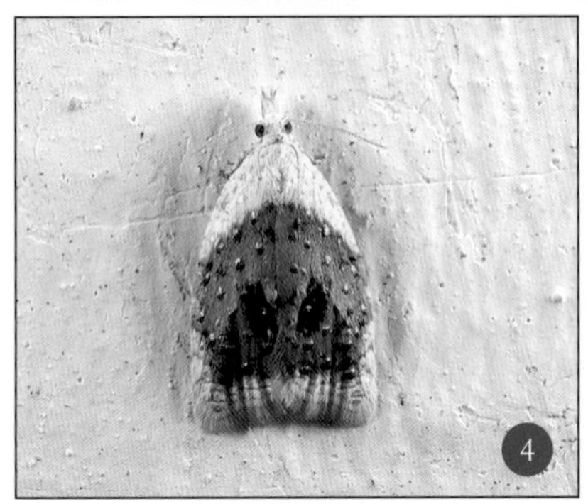

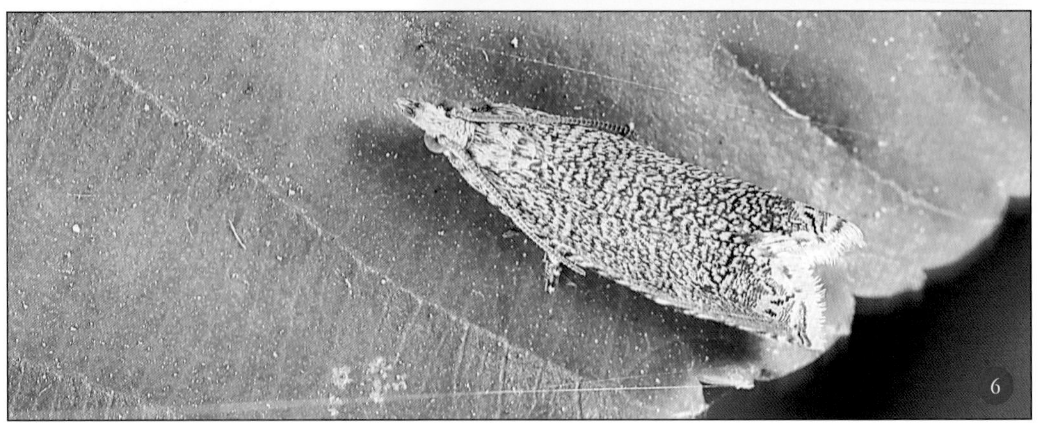

❶小黄卷蛾 *Adoxophyes* sp. 静止时前翅相互重叠，呈流线形。摄于重庆四面山。❷小型卷蛾，前翅基半部黑色为主，端半部土黄色为主。摄于云南西双版纳。❸土黄色小型卷蛾，静止时左右翅互不重叠，并排向后伸展，后方有一半圆形凹口。摄于云南铜壁关自然保护区。❹彩翅卷蛾 *Spatalistis* sp. 小型美丽的蛾类，翅黄色，静止的时候左右前翅略微重合，呈三角形，中间有个大型褐色圆斑，占左右前翅翅面的大部分，翅上有略微鼓起的鳞片，为银色和黑色。摄于四川平武老河沟。❺木兰巨卷蛾 *Arcesis threnodes* 小型细长的种类，前翅黑灰色鳞片多竖起，极富立体感，前翅端半部下方为土黄色。摄于云南西双版纳。❻小型细长的卷蛾种类，黄色，翅面遍布细小的褐色不规则波状纹。摄于重庆缙云山。

❶拟态胡蜂的大型透翅蛾，体色黄黑相间。摄于重庆四面山。❷毛足透翅蛾 *Melittia* sp. 体型粗壮，最为突出的特点是后足被长鳞，似毛刷状。腹部尾毛丛不发达。外观拟态蜂类，特别是后足的长毛在访花悬停的时候颇似熊蜂腹部晃动。白天活动。摄于重庆铁山坪。❸艾莎透翅蛾 *Isothamnis* sp. 静止时的姿态十分奇特，前足粗壮具毛刷状长鳞并向前举起。摄于广西钦州三娘湾。❹眼舞蛾 *Brenthia* sp. 奇特的小型蛾类，通常在山路边的灌丛叶片上见到。白天活动，1对前翅翘起，呈孔雀开屏状，在叶片上不断打转，十分活跃。摄于云南西双版纳。❺透翅斑蛾 *Illiberis* sp. 中小型斑蛾，身体蓝黑色，翅透明，有稀疏的黑色鳞片，翅脉黑色。摄于重庆南山。

透翅蛾科
Sesiidae

- 体小型至中型；
- 翅狭长，通常有无鳞片的透明区，极似蜂类；
- 前、翅有特殊的扇状鳞片；
- 头后缘有1列“毛隆”；
- 单眼大；
- 触角端部在生刚毛的尖端之前，常膨大，有时线状、栉状或双栉状；
- 腹末有1个特殊的扇状鳞簇。白天活动，色彩鲜艳；
- 幼虫主要蛀食树干、树枝、树根或草本植物的茎和根。

舞蛾科
Choreutidae

- 体小型；
- 喙基部有鳞片；
- 后翅无透明区；
- 停息时翅张开，犹如孔雀开屏，并不停地在叶片背面打转。

斑蛾科
Zygaenidae

- 体小到中型；
- 色彩常鲜艳；
- 绝大多数白天活动；
- 有喙；
- 翅多有金属光泽，少数暗淡；
- 有些种类后翅有尾突，似蝴蝶状。

斑蛾科
Zygaenidae

❶❷❸❹

拟斑蛾科
Lacturidae

- 体小型至中型；
- 头平滑或粗糙；
- 触角丝状，简单，略粗；
- 触角前伸时，与身体呈45° 角；
- 静止时翅膀呈屋脊状放置在身体上；
- 前翅往往为鲜红色和黄色，或红色和黑色。

❺

❶透翅硕斑蛾 *Piarosoma hyalina* 体纯墨色；腹部肥硕，除基部第1节略白外，其余多墨黑色有闪光；前翅黑色，有2个白色透明大斑，后翅透明玻璃状。分布于浙江、江西、四川、重庆等地。❷蓝宝烂斑蛾 *Clelea sapphirina* 小型斑蛾，体翅均为黑色，并有蓝色斑纹。分布于香港、广东、重庆等地。❸华西拖尾锦斑蛾 *Elcysma delavayi* 体黄白色半透明，头、胸部黑色；前后翅均淡黄，半透明，翅脉淡黄，外侧黑有光泽；后翅带有较长的尾突。分布于云南、四川、重庆、福建等地。❹茶柄脉锦斑蛾 *Eterusia aedea* 美丽的大型蛾类，翅蓝黑色，带有大型白斑，白天活动，有时夜间也有趋光性。摄于云南西双版纳。❺斑巢蛾 *Anticrates* sp. 为小型蛾类，体翅明黄色，带有大型红褐色和暗红色斑纹。摄于云南盈江昔马。

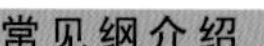

刺蛾科
Limacodidae

- 单眼和毛隆缺失；
- 喙退化或消失；
- 雄性触角基部1/3～1/2通常双栉齿状，雌性简单；
翅通常短，阔而圆。
- ❶❷❸❹❺❻

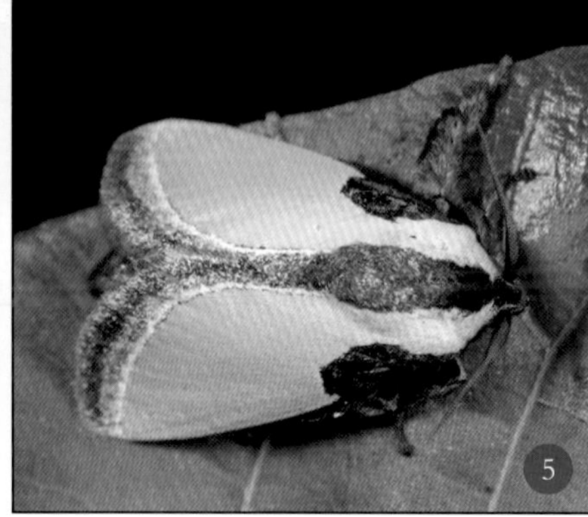

❶黄刺蛾 *Monema flavescens* 前翅黄褐色，自顶角有1个细斜条伸向中室下角，斜线内侧黄色，外侧棕色；后翅灰黄色。广布全国。❷黄刺蛾的茧十分坚硬，球罐状，此为幼虫结茧的全过程（王江 摄）。❸黄刺蛾茧中的蛹（寒枫 摄）。❹显脉球须刺蛾 *Scopelodes venosa* 体翅暗褐色到黑褐色；下唇须长，向上伸过头顶，端部毛簇丰满；前翅满布银灰色鳞片；静止时靠后足倒挂。分布于华东、华南、西南等地。❺丽绿刺蛾 *Latoia lepida* 头顶、胸背绿色。胸背中央具1条褐色纵纹向后延伸至腹背，腹部背面黄褐色。前翅绿色，外缘具深棕色宽带。全国各地广泛分布。❻仿妘刺蛾 *Chalcoscelides* sp. 身体和翅面淡黄褐色，近基部有1个大型褐色斑。摄于陕西秦岭。

刺蛾科
Limacodidae

寄蛾科
Epipyropidae

- 单眼与毛隆缺失;
- 口器退化, 仅可见微小的下唇须;
- 触角短, 双栉齿形;
- 前翅略呈三角形;
- 后翅圆而远短于前翅, 色暗;
- 幼虫为半翅目蝉科和蜡蝉科等类群的外寄生物, 第3龄开始分泌白色蜡质物质覆盖于体上。

翼蛾科
Alucitidae

- 体小型至中型, 常称为多羽蛾, 很易识别;
- 前翅分为6片;
- 后翅分为6~7片;
- 幼虫蛀入花、芽、种子、叶、新梢或茎内取食。

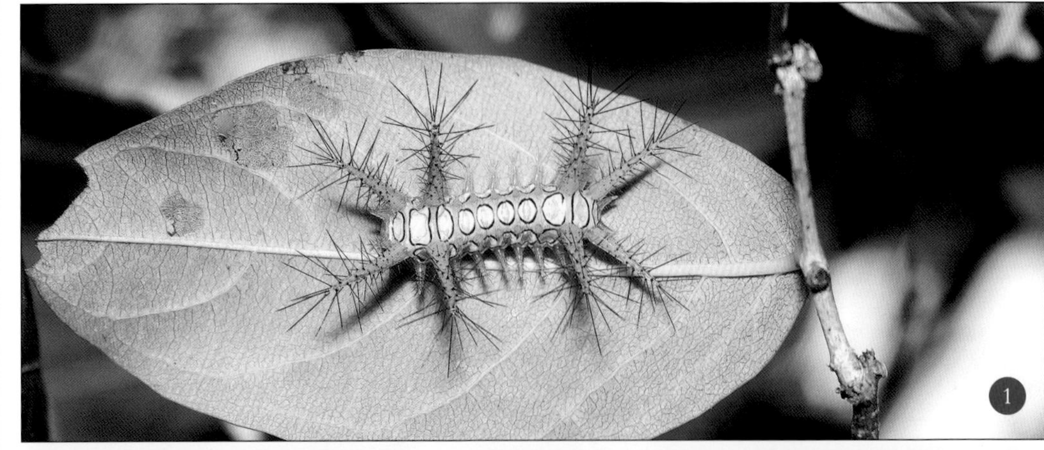

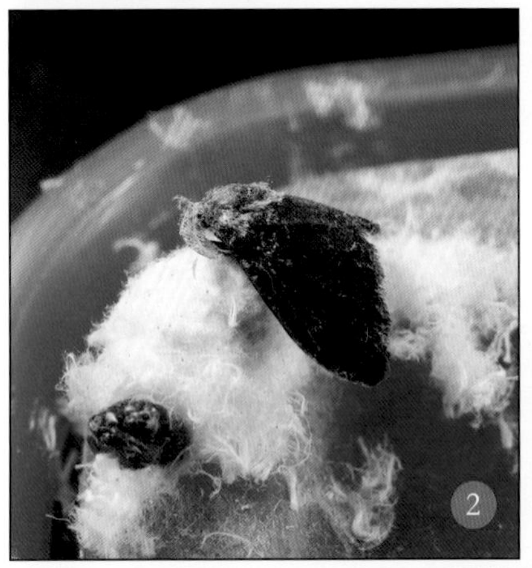

❶刺蛾科的幼虫通常体色鲜艳，附肢上密布长长的刺毛，受惊扰时会用有毒刺毛螫人，并引起皮疹。❷龙眼鸡寄蛾 *Fulgoraecia bowringi* 身体黑色，略带黄褐，触角双栉状黑褐色，前翅外缘宽于后缘，前缘略呈黄褐色。摄于广西崇左生态公园。❸龙眼鸡寄蛾幼虫寄生在半翅目龙眼鸡体上，吸取寄主的体液，直到化蛹，寄主也因此死去。❹孔雀翼蛾 *Alucita spilodesma* 体黄白色，触角长达前翅之半，丝状。翅深裂为6片，各呈羽毛状，翅黄白色，有橙黄色和黑褐色带斑，带斑深浅相间。分布于重庆、香港、台湾等地。

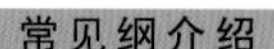

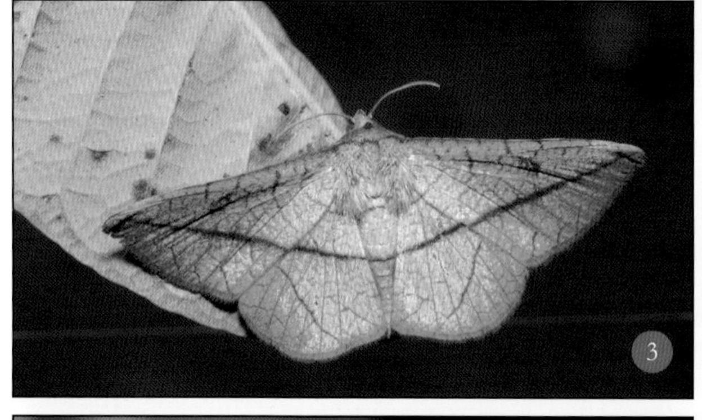

羽蛾科
Pterophoridae

- 体小型；
- 前翅常深裂为2～3片，但有时完整；
- 后翅分为3片，有时也完整；
- 腹部常细长；
- 停栖时，呈“T”形。

网蛾科
Thyrididae

- 体中小型至中型；
- 翅宽，通常前后翅都有类似的网状斑，有些种类翅上有明显的透明斑；
- 翅色常为褐色到红褐色，带有银光或金光；
- 单眼很少存在，无毛隆；
- 额有时扩大呈一明显的凸起；
- 喙常退化；
- 下唇须通常3节，偶有2节；
- 成虫休止时身体高举，翅展开，很特殊；
- 幼虫蛀茎、卷叶或缀叶，有的形成虫瘿。

❶白色的羽蛾种类，喜访花，停息时翅折叠，身体呈“T”形。照片摄于西藏雅鲁藏布大峡谷。❷浅褐色的小型羽蛾，喜访花。摄于四川雅安碧峰峡。❸一点斜线网蛾 *Striglina scitaria* 体翅均枯黄色，触角丝状，前后翅布满棕色网纹，并有1条棕色斜线。分布于黑龙江、四川、云南、广西、海南、台湾等地。❹银网蛾 *Epaena* sp. 为白色的小型网蛾，翅面布满黑褐色网状纹，静止时翅张开，并与身体呈约60°角“站立”。摄于广西宁明花山。❺斑网蛾 *Herimba* sp. 是一种白天活动的小型蛾类，很像小型的灰蝶或锚纹蛾，前翅有一个大型白色条状斑，前后翅整齐排列很多白色和黄色小圆斑。摄于重庆四面山。❻红蝉网蛾 *Glanycus insolitus* 雌雄异型的种类，雄虫黑色带有红色斑，雌虫红色带有黑色斑。图为雄虫，分布于华东、西南、华南等地。

螟蛾科
Pyralidae

- 体小型至中型；
- 触角通常绒状，偶有栉状或双栉状；
- 喙发达，基部被鳞；下唇须3节，前伸或上举；
- 翅一般相当宽，有些种类则窄；
- 幼虫主要为植食性，取食活动植物或干的植物组织，但也有的取食蜂蜡。

草螟科
Crambidae

- 从外观上看与螟蛾科种类极为近似，难以区分；
- 主要区别在于翅脉、鼓膜、外生殖器的形态等。

❶很多小型螟蛾科的种类都采用了这种呈 45° 角的“坐姿”。摄于重庆四面山。❷粗须螟蛾 *Salma* sp. 身体为黑、白、棕相间的花纹。摄于云南西双版纳。❸短须螟 *Sacada* sp. 的停息姿态很容易让人联想到一个正在准备起跑的短跑运动员，或者一个潜伏着随时准备冲锋的战士。摄于云南西双版纳。❹白斑黑野螟 *Pygospila tyres* 黑色带紫色光泽；头部黑色，两侧白色；胸腹部背面有 4 条黑白纵纹；前后翅有很多白斑。分布于广东、台湾、云南等地。❺四斑绢野螟 *Glyphodes quadrimaculalis* 黑色小型蛾类，翅面有大面积白斑，半透明。全国大部分地区广布。❻大白斑野螟 *Polythlipta liquidalis* 头黑褐色，触角白色；翅白色半透明，前翅基角黑褐色，后翅外缘有 1 排小黑点。分布于西北、西南、华中、华南、华东等地。

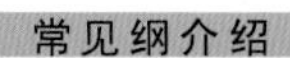

草螟科
Crambidae

❶❷❸❹❺

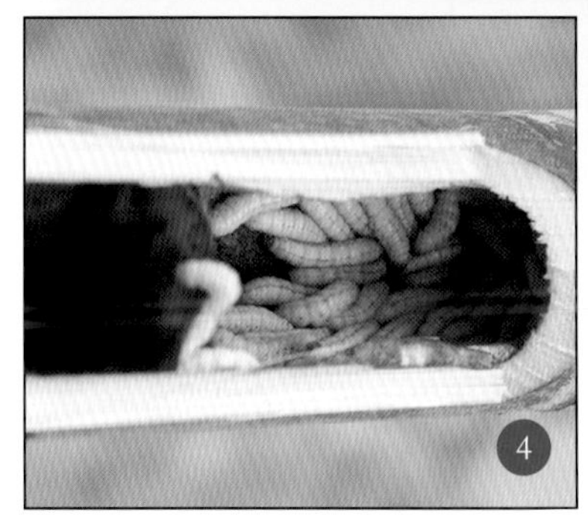

❶绿翅绢野螟 *Parotis suralis* 嫩绿色，触角细长丝状，胸部背面嫩绿，双翅嫩绿色。分布于西南、华南等地。❷暗野螟 *Bradina* sp. 土黄色的小型蛾类，翅上有深褐色条纹，前翅近基部有5个小黑斑，翅缘深褐色。摄于云南西双版纳。❸楸野螟 *Omphisa* sp. 白色带有棕黄色网状花纹。摄于云南西双版纳。❹楸野螟 *Omphisa* sp. 的幼虫生长在竹子中，被称为“竹虫”，在云南、广西一带是一种家喻户晓的美食。摄于云南龙陵邦腊掌热泉。❺纹野螟 *Tyspanodes* sp. 黄色的小型草螟，带有放射状的黑色斑，后翅中部白色。摄于陕西秦岭。

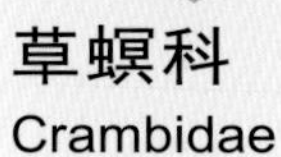

草螟科
Crambidae

尺蛾科
Geometridae

- 体小型至大型，通常中型；
- 体一般细长；
- 翅宽，常有细波纹，少数种类雌蛾翅退化或消失；
- 通常无单眼，毛隆小；
- 喙发达；
- 幼虫寄主植物广泛，但通常取食树木和灌木的叶片。

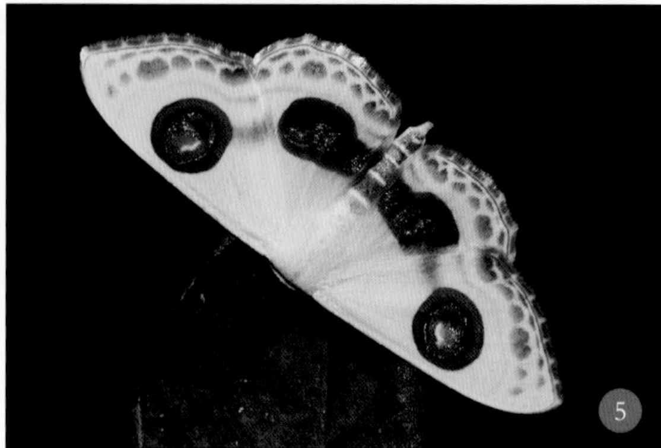

❶银翅野螟 *Cirrhochrista* sp. 是一种银白色的美丽小蛾类，全身银白，胸部和腹部背面中间为1条棕黄色纵线，翅缘也为棕黄色。摄于云南西双版纳。❷巨野螟 *Terastia egialealis* 为大型螟蛾，翅狭长，色彩多样。摄于云南西双版纳。❸银灰色的小型草螟，三角形，翅上有褐色线条和斑纹，前翅外缘有1条黑色线。摄于云南盈江勐莱河。❹黄色三角形的草螟，翅上具棕色斑点。摄于云南西双版纳。❺眼尺蛾 *Problepsis* sp. 是一种非常美丽的白色中型蛾类，前翅具有大型眼状斑，棕色带有黑色和银色环，翅缘灰色斑纹。摄于陕西秦岭。❻白斑褐尺蛾 *Amblychia angeronaria* 为大型棕黄色尺蛾，并有灰白色、黑褐色条纹，静止时四翅张开，触角向后呈45°角平放于翅面上。摄于云南西双版纳。❼璃尺蛾 *Krananda* sp. 前后翅基半部半透明，但有薄层不均匀灰黄色鳞；前翅内线两侧黑斑鲜明；前后翅外线黄褐色至暗褐色，亚缘线的浅色斑点十分模糊或消失。摄于云南西双版纳。

尺蛾科
Geometridae

❶❷❸❹❺❻

❶细纹穿孔尺蛾 *Corymica spatiosa* 为黄色的中型尺蛾，翅上碎纹较多，前后翅均有黑褐色小点。摄于云南西双版纳。❷雪尾尺蛾 *Ourapteryx nivea* 翅白色，斜线浅褐色，有浅褐色散条纹，后翅外缘略突出，有 2 个赭色斑，外缘毛赭色，幼虫为害朴、冬青、栓皮栎。分布于甘肃、浙江、内蒙、重庆、四川、湖南、香港等地。❸中国枯叶尺蛾 *Gandaritis sinicaria* 形似枯叶，后翅约 2/3 系白色，共有 3 条暗色曲纹，中线呈锯齿状，中线以内为白色。分布于国内大部分地区。❹鹰尺蛾 *Biston* sp. 体白色，布满灰黄色散条纹，前、后翅的内外 2 线粗而黑色，当展开时列成 2 条弧形，外线外侧灰黄色较浓。摄于云南盈江勐莱河。❺豹纹尺蛾 *Epobeidia* sp. 中型蛾类，静止时前翅前缘与身体约呈 90° 角，四翅平展，整体看去，边缘部分为黄色，中间为白色，翅面遍布灰黑色圆斑。摄于陕西秦岭。❻金星尺蛾 *Abraxas* sp. 翅底银白色，淡灰色斑纹；前翅下端有 1 个红褐色大斑，翅基有 1 个深黄褐色花斑，翅斑在个体间略有变异。摄于云南西双版纳。

尺蛾科
Geometridae

❶❷❸❹❺

❶多星尺蛾 *Arichanna sinica* 前翅底色黄褐色，翅面密布大小不等的黑斑，略具横向排列，后翅黄色具稀疏的斑点。摄于云南丽江老君山。❷普尺蛾 *Pseudomiza* sp. 中型蛾类，静止时前翅前缘与身体约呈 15° 角向后，四翅平展，整体看去，上半部及中间各有 1 条棕黑色横带，中恒带下方是 1 排灰白色卵圆形竖斑。摄于云南德宏铜壁关自然保护区。❸粉尺蛾 *Pingasa alba* 体色粉白间有褐色散点，亚端线白色锯齿形，外线黑色有刺突出，前翅内线三波形，外线外侧褐色点满布。分布于华东、华南、西南等地。❹中国巨青尺蛾 *Limbatochlamys rothorni* 前翅橄榄色，前缘枯褐色，在前中部每脉上有 1 个小褐点；后翅灰褐色。国内大部分地区广布。❺青辐射尺蛾 *Iotaphora admirabilis* 全身青灰色，翅上有杏黄及白色斑纹。幼虫为害胡桃楸，绿色，体形如半个叶片。国内大部分地区均有分布。

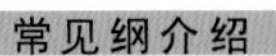

尺蛾科
Geometridae

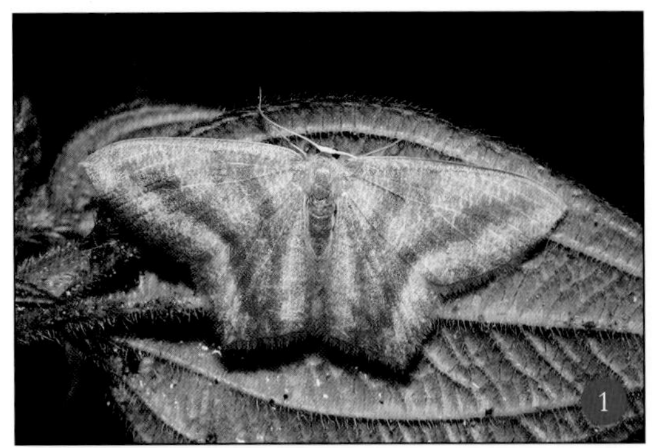

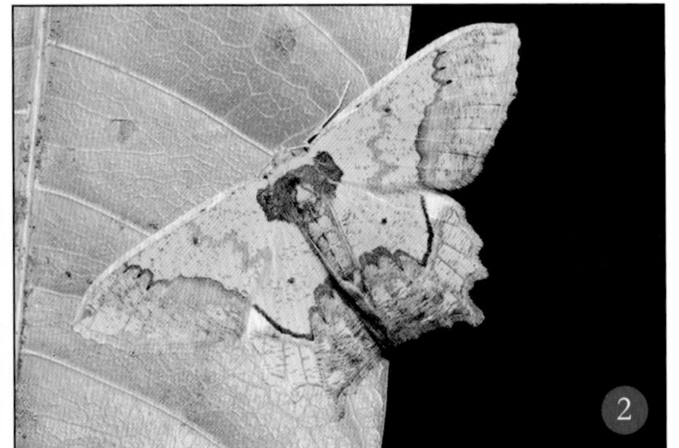

❶绿带尖尾尺蛾 *Maxates* sp. 小型淡绿色种类，静止时前翅前缘与身体约呈 90° 角，四翅平展，整体看去，自外缘起，两边各有 3 条翠绿色折线自上而下贯穿。摄于云南盈江勐莱河。❷大艳青尺蛾 *Agathia codina* 小型浅绿色尺蛾，静止时前翅前缘与身体约呈 90° 角，四翅平展，整体看去，外缘和后缘向内 3/1 处有 1 圈不规则的褐色线条，外侧多灰绿色；翅面遍布细小褐色斑点。摄于云南西双版纳。❸银瞳尺蛾 *Tasta micaceata* 非常容易识别的种类，前后翅的绝大部分覆盖有银色的鳞片，前后翅外缘有 1 条灰白色带，前翅灰白色带内由 7 个银色斑点组成外带。分布于广西、海南、广东、云南等地。❹斜带尺蛾 *Myrteta* sp. 小型银灰色蛾类，翅面带有金属光泽，前翅 3 条黑色纵线，外缘带灰色，后翅臀角有 1 个黑色圆斑并带有橙色外晕。摄于云南盈江勐莱河。❺单网尺蛾 *Laciniodes unistirpis* 小型淡黄色蛾类，翅面带有规则的鳞片状褐色线条。摄于四川平武老河沟。

尺蛾科
Geometridae

❶❷❸❹

圆钩蛾科
Cyclidiidae

- 体白色具暗花纹的大型种类，或略带褐色的中小型种类；
- 腹部基部有1对长毛簇；
- 爪形突基部有1对侧臂。

钩蛾科
Drepanidae

- 体中型至大型；
- 前翅顶角通常呈钩状，也有不少种类并非如此；
- 休息时触角通常置于前翅之下；
- 幼虫为外部取食者，大多是林木、果树及农作物的害虫。

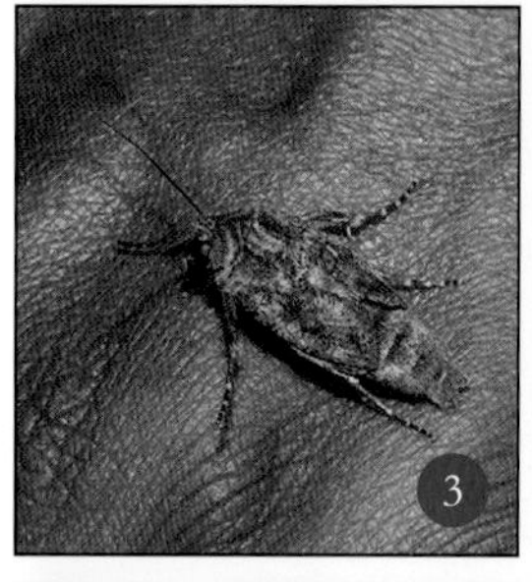

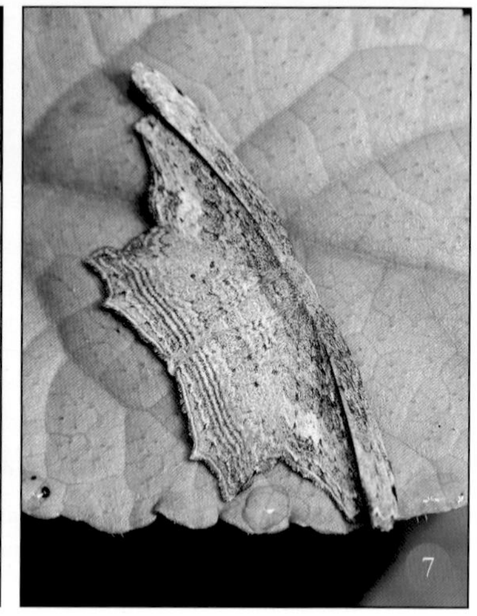

❶波尺蛾 *Eupithecia* sp. 小型蛾类，灰色，静止时前翅前缘与身体约呈 90° 角，四翅平展，前翅为狭长三角形，后翅较小，几乎被前翅完全覆盖，整体看去，犹如一个两头尖的细卵圆形。摄于四川平武老河沟。❷尼泊尔桦尺蛾 *Biston nepalensis* 体灰色，粗壮多毛；前翅狭长，外缘倾斜，内、中、外横线黑色；后翅具外线，黑色，亚端线灰白色隐约可见。摄于西藏雅鲁藏布大峡谷。❸部分尺蛾科的雌虫，翅极度退化，甚至完全无翅。摄于云南梅里雪山。❹尺蛾科的幼虫，统称为尺蠖。摄于四川平武老河沟。❺洋麻钩蛾 *Cyclidia substigmaria* 前翅顶角微钩状，翅膀灰白色夹杂淡灰黑色斑纹是本种明显特征。分布于云南、广西、台湾等地。❻后窗枯叶钩蛾 *Canucha specularis* 前翅枯黄色，前缘中部隆起，顶角尖，外缘有 1 排黑点。后翅中部有 1 条黄色直线，与前翅斜线连贯。分布于云南等地。❼福钩蛾 *Phalacra strigata* 中型蛾类，枯黄色带有棕色斑点，静止时前翅前缘与身体约呈 90° 角，四翅平展，前翅有纵褶。摄于重庆四面山。

钩蛾科 Drepanidae

❶❷❸❹❺

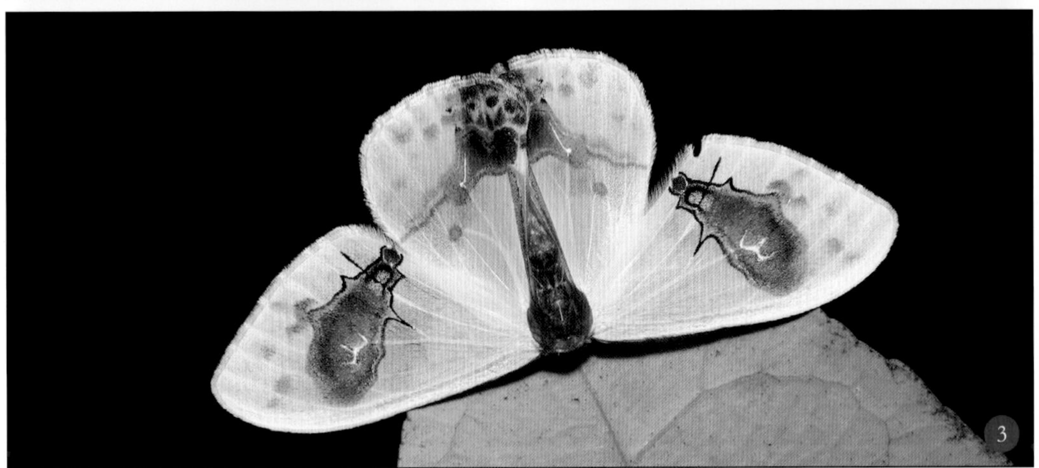

❶钳钩蛾 *Didymana bidens* 小型钩蛾，静止时前翅前缘与身体约呈 45° 角向后伸展，将后翅完全遮盖，整体看去，犹如一个等腰三角形，翅面棕色，翅脉白色与底部垂直，底部有 3 条横带，自上而下分别为黑色、深棕和浅棕。摄于陕西秦岭。❷园铃钩蛾 *Macrocilix orbiferata* 小型钩蛾，静止时前翅前缘与身体约呈 45° 角向后伸展，将后翅完全遮盖，由于前翅前缘成弧形，因此从整体看去，犹如一个半圆的拱形，翅面白色，带有灰色斑。摄于重庆四面山。❸宽铃钩蛾 *Macrocilix maia* 是一种曾经轰动微博的蛾子，有人形容其翅面的花纹为：身体鲜黄，就像一股热乎乎的鸟粪从空中落下，在后翅上溅开了一朵“美丽的粪花”；前翅花纹则像两只红头苍蝇正在逐臭而来。整个画面就仿佛是模拟“两只苍蝇在吃小鸟便便”的场景。摄于云南西双版纳。❹晶钩蛾 *Deroca* sp. 前、后翅呈透明膜质，由斜侧观察有桃江或绿色金属性反光，中室端至外缘有 3 条模糊不清的浅灰色波浪纹，外观淡雅，十分特别。摄于重庆四面山。❺线钩蛾 *Nordstromia* sp. 中型偏小的钩蛾，静止时前翅前缘与身体约呈 15° 角向后伸展，遮盖住后翅的大半，整体看去，犹如一个等腰三角形，翅面棕红色，自上而下有 2 条横带贯穿左右，几乎将三角形等分。摄于云南西双版纳。

波纹蛾科
Thyatiridae

- 外形似夜蛾；
- 有单眼；
- 下唇须小；
- 喙发达；
- 触角通常为扁柱形或扁棱柱形；
- 幼虫取食树木和灌木叶子，暴露或缀叶取食。

燕蛾科
Uraniidae

- 从外观上可分为大燕蛾和小燕蛾两大类；
- 大燕蛾包括那些具有观赏性的美丽多彩的日出性蛾子，其后翅有明显的尾突，有时它们常被误认为凤蝶；
- 小燕蛾族则是夜出性而不具彩虹色的蛾子，其后翅有小而尖的尾突。

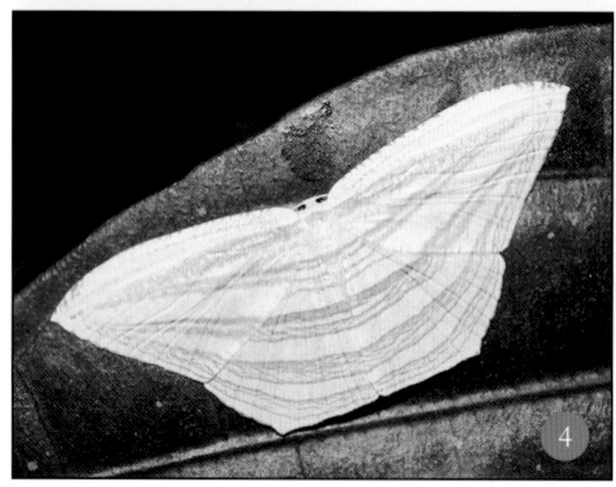

❶连珠波纹蛾 *Horithyatira* sp. 为中型蛾类，静止时翅呈屋脊状先后延伸，前翅将后翅完全盖住，自背面俯视，整体呈1个等边三角形，其左右边（即前翅前缘）有一连串大型白斑。摄于西藏雅鲁藏布大峡谷。❷费浩波纹蛾 *Habrosyne fraterna* 翅型狭长，外缘弯曲；前翅有1条白色斜线将翅面分成2部分，白横线内侧灰绿色，外侧茶色为主，有橙黄色区域，并带有白色边。分布于华东、华南、西南、华中等地。❸大燕蛾 *Lyssa zampa* 大型蛾类，身体土褐色至灰褐色。前翅烟黑色，基部较外半部色深，中带污白色且自前缘直达后缘中部的稍外方；于前缘处有黑白相间的节状纹，中带及翅基间有棕色细散条纹。主要分布于华南、西南等地。❹棕线燕蛾 *Acropteris* sp. 粉白色，棕褐色斜纹，斜纹可分为5组，前后翅相通，中间有一斜白带相隔，在后翅上有许多线纹；前翅顶角处有1个黄褐斑。摄于广西崇左生态公园。❺双尾蛾 *Dysaethria* sp. 小型蛾类，白色带有黑褐色斑，后翅具2个细小的尾突。摄于重庆四面山。

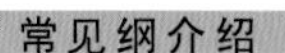

❶浅翅凤蛾 *Epicopeia hainesii* 前翅鳞片薄，翅膜呈灰褐色，翅脉烟赭色；后翅翅脉黄褐色，尾带内侧有4个红点。分布于华南、西南、华东、华中等地。❷蚬蝶凤蛾 *Psychostrophia nymphidiaria* 翅白色，全翅外缘以及前翅前缘除4小块白斑外，均为黑色，极易分辨。白天活动，有时可见到上百只的集群在潮湿的土地上吸水。分布于重庆、四川等地。❸锚纹蛾 *Pterodecta felderi* 身体棕黑，前翅棕褐色，中室外有1个橙黄色的锚形纹；翅的反面也有锚纹；成虫白天活动，外观酷似蝴蝶。分布于国内大部分地区。❹李枯叶蛾 *Gastropacha* sp. 全体赤褐色至茶褐色；头部色略淡，前翅外缘和后缘略呈锯齿状；翅上有3条波状黑褐色带蓝色荧光的横线。摄于云南西双版纳。❺松毛虫 *Dendrolimus* sp. 枯叶色，前翅中外横线波状或齿状，亚外缘斑列深色，中室端具小点；为针叶树大害虫。摄于云南景东无量山。

凤蛾科
Epicopeiidae

- 外形类似凤蝶；
- 喙发达；
- 触角双栉状；
- 成虫头部后方能分泌一种黄色黏液，受干扰时排出，用以防卫。

锚纹蛾科
Callidulidae

- 体小型至中型；
- 通常暗褐色的翅上具1个橘黄色的带或斑；
- 触角线状，端部稍膨大；
- 绝大多数是日出性的，休止时四翅竖立在背上，类似蝶类；
- 有些种类可被灯光引诱。

枯叶蛾科
Lasiocampidae

- 体中型至大型，身体粗壮；
- 被厚毛、后翅肩区发达；
- 静止时形似枯叶状；
- 触角在两性中均为双栉齿状；
- 喙退化或缺；
- 下唇须小到大，常前伸或上举；
- 雌蛾腹末常有毛丛；有的雌蛾属短翅型，性二型现象明显；
- 幼虫大多取食树木叶片，经常造成严重危害。

枯叶蛾科
Lasiocampidae

❶❷❸

带蛾科
Eupterotidae

- 体中型至大型；
- 翅通常宽而暗；
- 前翅从翅顶至后缘中央有斜行横带1条；
- 后翅一般也有斜行横带；
- 雌雄触角均为双栉齿状；
- 喙不发达；
- 下唇须短。

❹❺❻

❶刻缘枯叶蛾 *Takanea* sp. 红褐色的中小型枯叶蛾，静止时前翅向后平铺并呈75°角，前翅在腹部背面交叉，后翅在前翅前缘的位置露出部分呈波浪状的前缘。摄于陕西秦岭。❷栗黄枯叶蛾 *Trabala vishnou* 全体绿色、黄绿或者橙黄色；前翅三角形，斑纹黄褐色，后翅中部有2条明显的黄褐色横线纹。广泛分布于南方各地。❸棕线枯叶蛾 *Arguda insulindiana* 体及前翅黄褐色，前翅散布褐色鳞片，前翅由前缘至后缘呈3条褐色斜线，中室端黑点明显。分布于云南、福建、海南、陕西等地。❹纹带蛾 *Ganisa* sp. 褐色的大型蛾类，前翅侧缘带颜色较浅。摄于陕西秦岭。❺金带蛾 *Eupterote* sp. 金黄色的大型蛾类，后翅颜色略浅，翅面带有褐色波浪纹或直线。摄于云南德宏铜壁关自然保护区。❻灰褐带蛾 *Palirisa sinensis* 大型蛾类，体翅鼠灰色，前翅具2条棕色直横线，后翅有3～4条不太明显的横线纹。分布于重庆、四川等地（周纯国 摄）。

天蚕蛾科 Saturniidae

- 包括一些最大的蛾子，翅展一般在100~140mm，但最小的只有65mm左右，最大的可达210 mm；
- 触角宽大呈羽枝状（双栉齿状），除末端几节外，自上而下各鞭节均成双栉枝状，雌蛾的栉枝短于雄蛾；
- 喙退化；
- 下唇须一般短小，多向上方直伸，上面有较粗的密集毛；
- 翅宽大，中室端部一般都有不同形状的眼形斑或月牙形纹；
- 前翅顶角大多向外突出；
- 后翅肩角发达；
- 有些种类的后翅臀角延伸呈飘带状。

❶❷❸❹❺

❶长尾天蚕蛾 *Actias dubernardi* 的雌、雄蛾色彩完全不同，雄蛾体橘红色，翅杏黄色为主，外缘有很宽的粉红色带；雌蛾体青白色，翅粉绿色为主；雌、雄蛾前翅中室带有眼状斑，后翅均有1对非常细长的尾突，且尾突都带有粉红色。图为雄蛾。我国除东北、新疆、西藏以外的大部分地区均有分布。❷绿尾天蚕蛾 *Actias ningpoana* 体粉绿白色，翅粉绿色，前翅前缘暗紫色，中室末端有眼斑1个，后翅也有1个眼斑，形状颜色与前翅上的相同，后角尾状突出。寄主为柳、苹果等几十种植物。分布于华北、华东、华中、华南、西南等广大地区。❸明目柞天蚕 *Antheraea frithi* 棕色的大型蛾类，翅面有呈带状的黄色鳞片状斑纹。分布于西南地区。❹银杏珠天蚕蛾 *Rinaca japonica* 体灰褐色至紫褐色。分布于北京、河北、黑龙江、贵州、重庆等地。❺银杏珠天蚕蛾的茧，呈网状。

天蚕蛾科
Saturniidae

❶❷❸❹❺

❶滇藏珠天蚕 *Rinaca bieti* 体棕褐色；前翅棕褐色，布满白色磷粉，顶角突出，中室端有大圆斑，外围黑色，中间有小黑圆斑。生活在云南及西藏海拔 3 000 m 左右的林区。❷合目天蚕 *Rinaca boisduvalii* 中型的天蚕蛾种类，棕红色为主，翅面多白色鳞片，具大型眼状斑。分布于华北、东北等地，成虫深秋羽化，难得见到。❸樟蚕 *Saturnia pyretorum* 体翅灰褐色；前翅基部暗褐色，三角形；前翅及后翅上各有 1 条眼形纹。分布于华东、华南、西南等地。❹樟蚕的雌蛾腹部末端有非常蓬松的长条形鳞毛，当卵产出后，雌蛾将鳞毛覆盖于卵上，以起到保护作用，防止其他天敌昆虫的取食或寄生。❺黄大豹天蚕蛾 *Loepa anthera* 大型黄色天蚕蛾，前翅前缘灰褐色，后缘前方有橙红色区域；中室端有橙红色眼纹；后翅仅眼状斑内侧有小块红色，是本种的主要区别特征。主要分布于华南地区。

天蚕蛾科
Saturniidae

❶❷❸❹❺

❶粤豹天蚕蛾 *Loepa kuangtungensis* 体黄色，前翅中室端有 1 个椭圆形斑，紫褐色，后翅与前翅斑纹近似。分布于福建、广东、重庆等地。❷豹天蚕蛾 *Loepa* sp. 的幼虫。摄于四川贡嘎山。❸海南鸮目天蚕蛾 *Salassa shuyiae* 体翅棕色为主，密布黑灰色鳞片。本种最大特点是每个翅上的透明眼状斑都非常巨大，呈圆形，绿色。分布于海南。❹❺海南鸮目天蚕蛾的幼虫，体扁平，两头尖，胸部最宽，身体两面的绿色深浅不同，完全模仿叶片两面的颜色，具有极佳的拟态效果。

天蚕蛾科
Saturniidae

❶❷❸❹❺❻

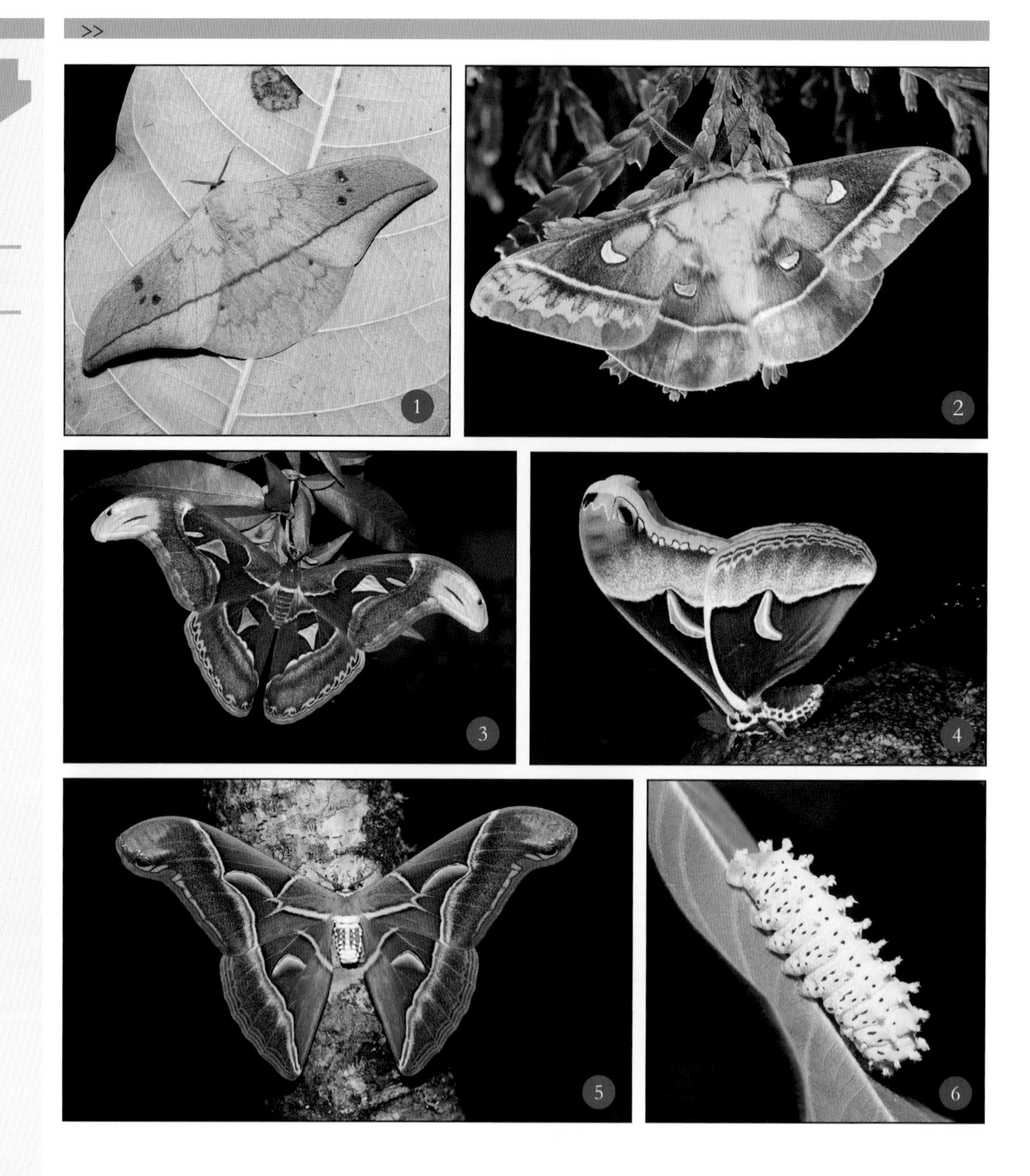

❶乔丹点天蚕蛾 *Cricula jordani* 小型天蚕蛾，身体橙红色，前翅顶角较尖外突，外线褐色较直，至顶角斜向后缘中部，中室端有1个圆形透明小点；后翅内线明显，外线色较浅，波状，中室端圆斑比前翅小。图为雄蛾。分布于云南。❷曲线透目天蚕蛾 *Rhodinia jankowskii* 前翅灰褐色，翅基部黄色，中室端有1个弯曲的透明斑，后翅灰褐色，翅基有黄色长绒毛，中室端的透明斑呈元宝形。分布于东北、西北、西南等地。❸乌桕巨天蚕蛾 *Attacus atlas* 蛾类中最大的种类，翅展可达180～210 mm。分布于华南、华东、西南的部分地区。❹角斑樗蚕蛾 *Archaeosamia watsoni* 体棕色，颈板土黄色，翅中室月形斑向外伸的一端较尖，中部向上隆起；后翅中室斑弯度大。通常认为天蚕蛾的口器退化，成虫阶段完全不取食，但此图证明至少雄虫在夜间有吸水并从腹部末端喷出的现象。本种广泛分布于南方各地，但数量较少。❺王氏樗蚕蛾 *Samia wangi* 翅青褐色，前翅顶角外突，端部钝圆，中室端有较大新月形半透明斑，后翅色斑与前翅相似，是南方地区最常见的天蚕蛾种类之一。❻王氏樗蚕的幼虫。摄于广西大新德天瀑布。

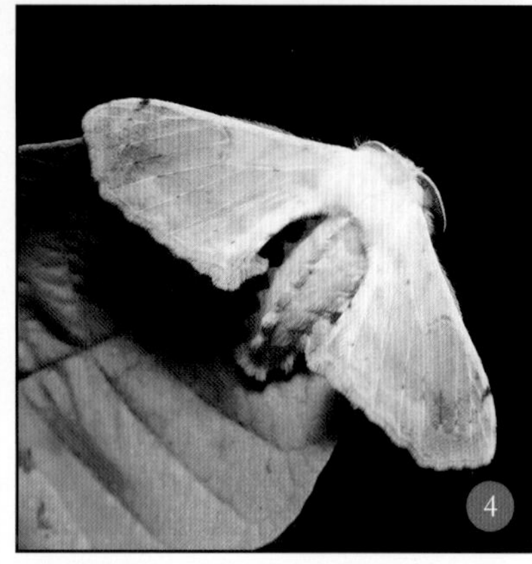

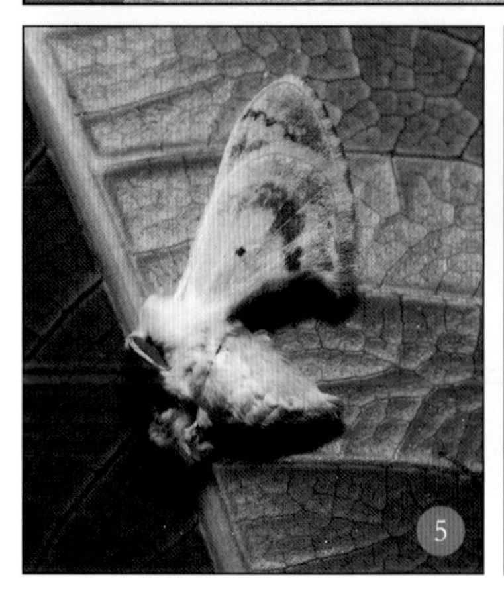

箩纹蛾科
Brahmaeidae

- 体中型至中大型；
- 翅宽；
- 翅色浓厚，有许多箩筐条纹或波状纹，亚缘有1列眼斑；
- 触角两性均双栉状；
- 喙发达；
- 下唇须长，上举。

❶❷

蚕蛾科
Bombycidae

- 体中型；
- 喙退化；
- 下唇须3节，第2节最长；
- 触角大多为双栉羽状，外侧羽长于内侧枝状羽，雄蛾栉枝明显长于雌蛾；有些种类雄蛾触角基半为双栉形，上半栉齿状，雌蛾则为单栉齿形；
- 翅宽大，一般前翅顶角稍外突呈钝圆形，也有些种类外突较长并向下稍弯呈钩状；
- 后翅后缘中部一般稍内陷呈圆弧形，近臀角处有半月形双色斑；
- 有些种的臀角稍延长似耳形。

❸❹❺❻

❶枯球箩纹蛾 *Brahmaea wallichii* 黄褐色，体型特大，前翅端部具大型枯黄斑，其中 3 根翅脉上有许多“人”字纹。分布于台湾、云南、重庆、四川、湖北等地。❷枯球箩纹蛾 5 龄幼虫。摄于重庆缙云山。❸野蚕蛾 *Theophila* sp. 头隐于胸，触角双栉形，前翅顶角向外突出，略呈钩状，端部黑色，后翅深褐色。分布于陕西、甘肃、湖北、重庆、广西、云南等地。❹白蚕蛾 *Theophila* sp. 前翅灰白色，内线弯曲，灰褐色，中室上有 4 个黑点，组成方形块。摄于云南西双版纳。❺白蚕蛾的成虫具有假死性，遇到危险会立刻倒下装死，数十秒后突然起飞。❻一点钩翅蚕蛾 *Mustilia hepatica* 头小，隐于前胸，复眼特大，圆形凸出，前翅淡黄色为主，顶角向外伸出呈钩状，外线从顶角至内缘中部为一条直线。分布于华东、华南及西南部分地区。

天蛾科
Sphingidae

- 体粗壮，纺锤形，末端尖；
- 头较大；
- 无单眼；
- 喙发达，常很长；
- 触角线状，偶尔双栉状，中端部常加粗，末端弯曲呈小钩状；
- 下唇须上举，紧贴头部；
- 前翅狭长，顶角尖锐，外缘倾斜，一般颜色较鲜艳；
- 后翅较小，近三角形，色较暗，被有厚鳞。

❶❷❸❹❺❻

1

2

3

4

5

6

❶鬼脸天蛾 *Acherontia lachesis* 头部棕褐色，胸部背面有骷髅形纹。除青海、新疆以外的大部分地区具有分布。❷锯翅天蛾 *Langia zenzeroides* 体翅蓝灰色，前翅自基部至顶角有斜向白色带，并散布紫黑色细点，外缘锯齿状；后翅灰褐色。1年1代，夜间具趋光性，早春在灯下可见。分布于北京、重庆、四川、浙江、湖北、云南、福建等地。❸日本鹰翅天蛾韩国亚种 *Ambulyx japonica koreana* 体色较暗的鹰翅天蛾，前翅表面近基部处有宽大的黑色条纹，停栖时，此条纹从左右翅与胸部背侧的黑斑连接成1条宽大的横带。摄于四川平武老河沟。❹葡萄天蛾 *Ampelophaga rubiginosa* 体翅茶褐色，体背中央从前胸至腹端有1条灰白色纵线，前翅各横线均暗茶褐色，前缘近顶角处有1个暗色近三角形斑。全国大多数地区均有分布。❺紫光盾天蛾 *Phyllosphingia dissimilis* 翅膀表面与体背为黄褐色至黑褐色相间的特殊斑纹，前翅中央有1个紫色盾形斑纹；停栖时下翅局部外露在上翅前方。分布于华东、华南、西南、西北等地。❻凯氏绿天蛾 *Callambulyx kitchingi* 绿色的漂亮天蛾。分布于四川、重庆、江西、福建、广东、广西等地。

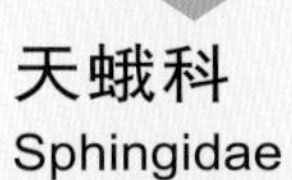

天蛾科
Sphingidae

❶❷❸❹❺❻❼

❶红天蛾 *Deilephila elpenor* 体翅红色与豆绿色相间，前翅豆绿色有红色线条，翅中有1个白色斑点；后翅近基部的一半为黑褐色，靠外缘的一半为红色。分布于东北、西北、华北、华东、华中、西南等地。❷南方豆天蛾指名亚种 *Clanis bilineata bilineata* 前翅赭黄色，翅面多棕色波状纹。分布于西南、华南、华东、华中一带。❸六点天蛾 *Marumba* sp. 体翅棕黄色；前翅棕黄色，各横线深棕色，弯曲度大，顶角下方有棕黑色区域，后角有黑色斑，中室端有黑点1个。摄于云南丽江老君山。❹长喙天蛾通常在花间悬停吸食花蜜，经常被误认为是蜂鸟而见诸报端。此为青背长喙天蛾 *Macroglossum bombylans*。摄于重庆巫溪阴条岭自然保护区。❺滇西斜带天蛾 *Eupanacra perfecta tsekoui* 中型天蛾，翅狭长，静止时腹部向下弯曲。摄于云南丽江老君山。❻月天蛾 *Craspedortha porphyria* 暗绿色的小型天蛾，分布于华东、华南、西南等地。❼天蛾科幼虫最大的特征就是尾部有1个朝天翘起的尖锥。图为目天蛾 *Smerinthus* sp. 幼虫。摄于云南丽江老君山。

>>

舟蛾科
Notodontidae

- 体一般中型；大多褐色或暗色，少数洁白或其他鲜艳颜色；
- 夜间活动；
- 喙不发达；
- 无下颚须；
- 大多无单眼；
- 触角雄蛾常为双栉形；
- 幼虫大多取食阔叶树叶片，有些为害禾本科等植物。

❶白二尾舟蛾 *Cerura tattakana* 体近灰白色；头、颈板和胸部灰白稍带微黄；胸背中央有6个黑点，分2列。前翅黑色内横线较宽，不规则，外横线双边平行波浪形。分布于华东、华中、西南等地。❷鹿枝背舟蛾 *Harpyia longipennis* 头和胸部暗红褐色掺有少量白色，前翅白色弥漫着黑色雾点，其中外缘区黑点较稠密，有4个近三角形黑斑。分布于华中、西南、华东、华南等地。❸扇舟蛾 *Clostera* sp. 棕色的蛾类，腹部末端有毛簇，静止时上翘。摄于云南西双版纳。❹羽齿舟蛾 *Ptilodon* sp. 体翅多线条状斑纹，黑色、灰色及土黄色等。摄于四川平武老河沟。❺苹掌舟蛾 *Phalera flavescens* 淡黄色中型蛾子，前翅带有1个大斑，由黑色、红色和灰色组成，基部有灰色圆斑。摄于陕西秦岭。❻黑蕊舟蛾 *Dudusa sphingiformis* 前翅灰黄褐色，前缘有5～6个暗褐色斑点，从翅尖至内缘近基部暗褐色，呈1个大三角形斑。广布于国内各地。

舟蛾科
Notodontidae

❶多种掌舟蛾属 *Phalera* 的种类在静止时都采用了这样的姿势，犹如一小段树枝，具有强烈的保护色和拟态作用。❷核桃美舟蛾 *Uropyia meticulodina* 胸背暗棕色；前翅暗棕色，前后缘各有 1 个大的黄褐色斑，前缘的斑纹占满整个中室的前缘区域，呈大刀状，后缘呈椭圆形。分布于国内大部分地区。❸云舟蛾 *Neopheosia* sp. 黄褐色的种类，前翅外缘具灰黑色带。摄于云南高黎贡山。❹钩翅舟蛾 *Gangarides* sp. 土黄色的大型蛾类，前翅外缘带颜色较深；静止时，翅呈 45° 角，向后平铺，完全盖住后翅。摄于云南西双版纳。❺篦舟蛾 *Besaia* sp. 头和胸背浅灰褐黄色，前翅淡灰黄色具红褐色雾点。摄于云南西双版纳。❻黑脉雪舟蛾 *Gazalina chrysolopha* 白色蛾类，胸部白色和橙色长毛相间，翅上有很细的黑色线条。摄于西藏雅鲁藏布大峡谷。❼蚁舟蛾 *Stauropus* sp. 的幼虫，两头翘起形似小舟，初龄幼虫又似蚂蚁，故名蚁舟蛾。摄于重庆南山。

毒蛾科
Lymantriidae

- 无单眼；
- 触角通常双栉状，雄栉通常比雌栉长；
- 喙极其退化或消失；
- 翅通常阔，但有些种类雌蛾的翅强烈退化；
- 雌蛾腹末常有大毛丛；
- 低龄幼虫有群集和吐丝下垂的习性；
- 幼虫取食叶片，大多为害木本植物。

灯蛾科
Arctiidae

- 体中型；
- 色彩鲜艳；
- 多有单眼；
- 喙退化；
- 幼虫植食性，取食多种植物叶片。

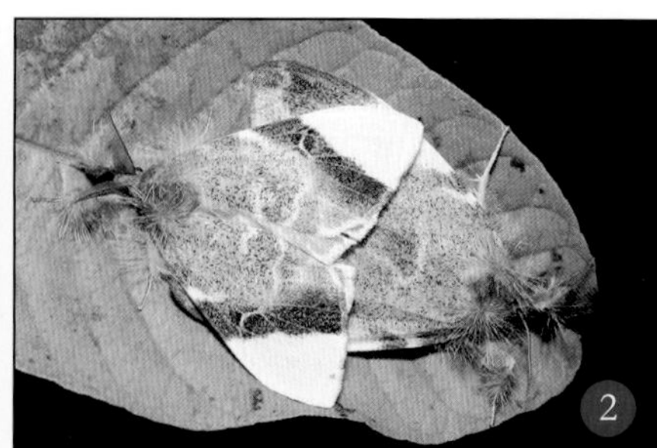

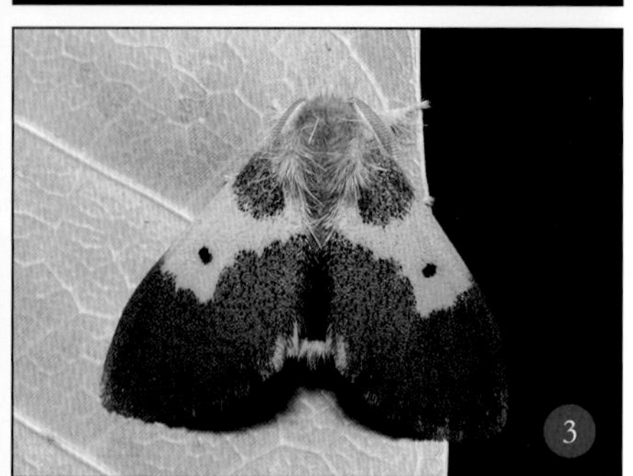

❶叉斜带毒蛾 *Numenes separata* 雄蛾前翅具黄白色“Y”形带，在翅基部前缘有1个黄白色小点。分布于西南、华南和华中等地。摄于重庆四面山。❷白纹羽毒蛾 *Pida postalba* 前翅底色白色，翅顶角具一个明显的三角形白色区域，其余部分散布灰棕色和黑色鳞片，在白色三角区与灰棕色区间具1条棕黑色宽带。分布于云南、台湾等地。❸棕黄毒蛾 *Euproctis* sp. 为小型蛾类，翅黄色和棕色相间，中室端有1个黑点，棕色部分散落黑色鳞片。摄于云南西双版纳。❹榕透翅毒蛾 *Perina nuda* 雌虫成虫全体黄白色，雄虫成虫灰黑色，翅膀透明。本种以雄蛾形态命名。分布于华东、华南、西南等地。❺粉蝶灯蛾 *Nyctemera adversata* 翅黑灰色，大部分为大型白色斑纹。生活于低、中海拔山区，外观近似粉蝶，白天出现，喜欢访花，夜晚亦具趋光性。分布于华东、华南、西南等地。❻闪光玫灯蛾 *Amerila astrea* 头、胸背及腹部两侧面有黑色圆斑。前、后翅鳞片少，大部分区域呈膜质状。分布于云南、广西、台湾等地。

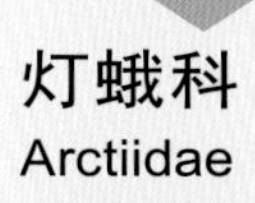

灯蛾科
Arctiidae

❶❷❸❹❺❻❼

❶纹散灯蛾 *Argina argus* 前翅土红色或红色，具6列白圈黑心的不规则斑纹。分布于华东、华南、西南地区。❷污灯蛾 *Spilarctia* sp. 体翅棕黄色，前翅带有黑褐色点，前缘黑色，内带黑色。摄于西藏林芝。❸红缘灯蛾 *Amsacta lactinea* 前翅白色，前缘具明显红色边线，后翅横纹为黑色新月形，外缘有1～4个黑斑。分布于东北、华北、华东、华中、西南的部分地区。❹首丽灯蛾 *Eucallimorpha principalis* 翅面具有黄色近圆形不规则黄白色或橙色斑纹，是西藏雅鲁藏布大峡谷及周边区域较为常见，且很好识别的色彩艳丽的灯蛾。❺首丽灯蛾 *Callimorpha principalis* 前翅闪光黑色，前缘区从基部至外线处有4个黄白斑，后翅橙色，斑纹黑色。分布于华东、华中、西南等地。❻八点灰灯蛾 *Creatonotos transiens* 前翅白色，除前缘及翅脉外染暗褐色，中室上、下角内、外方各有1个黑点。分布于国内广大地区。❼八点灰灯蛾雄蛾的腹部末端伸出1个长满长毛的囊状发香器，散发雄性激素以吸引雌蛾。

灯蛾科
Arctiidae

❶❷❸❹❺❻

❶安土苔蛾 *Brunia antica* 为小型蛾类，静止时左右翅完全重合，形成细条状，头胸及翅缘黄色，中间为银灰色。摄于云南西双版纳。❷美雪苔蛾 *Chionaema distincta* 雌蛾前翅白色，亚基线红色，雄蛾前缘基部具红边，内线红色斜线。分布于西南地区。❸白黑华苔蛾 *Agylla ramelana* 白色，雄蛾前翅前缘黑边，外带黑；雌蛾前翅前缘从外线处达翅顶黑边，外线减缩为 2 个黑点。摄于西藏雅鲁藏布大峡谷。❹绿斑金苔蛾 *Chrysorabdia bivitta* 浅橙黄色，前面多处具有蓝绿色带，静止时翅紧贴腹部并卷曲，非常紧凑。分布于云南。❺之美苔蛾 *Barsine ziczac* 小型白色种类，前翅前缘及外缘为红色带，白色部分具黑色线条。分布于东部地区。❻丽美苔蛾 *Miltochrista* sp. 小型美丽的种类，翅黄色，遍布短小的红色横线和棕色纵线。摄于云南西双版纳。

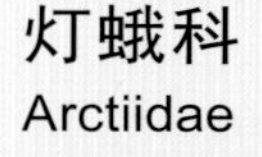

灯蛾科
Arctiidae

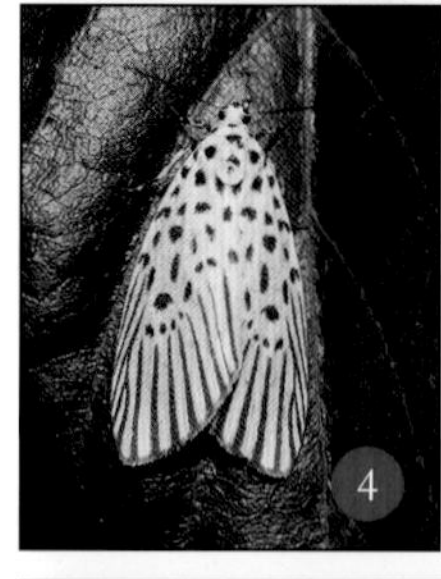

❶黄缘苔蛾 *Diduga flavicostata* 微小的蛾类，静止时略呈屋脊状，前翅向后伸展，两边略有重叠，呈楔形。四周为黄色并带有波浪纹，中间为褐色。摄于云南西双版纳。❷晦苔蛾 *Trischalis* sp. 微小的土黄色种类，静止时略呈屋脊状，前翅向后伸展，两边不重叠，呈卵圆形，翅面带有黑色螺旋纹。摄于云南西双版纳。❸地苔蛾 *Chamaita* sp. 通体黄色，并有长毛的小型蛾类，前翅略呈长方形，静止时左右平行向后伸展，且不重叠。翅面有橙色线条。摄于云南西双版纳。❹滴苔蛾 *Agrisius guttivitta* 翅白色，前翅带有放射状黑线和斑点。分布于陕西、浙江、湖北、四川、甘肃、云南等地。❺多点春鹿蛾 *Eressa multigutta* 头、胸部蓝黑色，有光泽，颈板、翅基片红色，后胸具红缘缨；腹部红色，背面具蓝黑色短带；翅黄色透明，翅脉及翅缘黑色。分布于西南地区。❻丹腹新鹿蛾 *Caeneressa foqueti* 头、胸部黑色，腹部黑色，有蓝色光泽，第 1 ~ 5 节具有红带；前翅黑色，带紫色光泽，具有 5 个透明斑；后翅黑色，具有 1 个透明斑。分布于云南。❼新鹿蛾 *Caeneressa* sp. 头黑色，前后翅大部分为透明斑，其余区域黑色。腹部黄色，腹节间有黑色环状绒条。摄于四川平武老河沟。

瘤蛾科
Nolidae

- 体小型至大型；
- 颜色暗，少有鲜艳的色彩；
- 静止时，翅呈屋脊状平置在身体上；
- 静止时，触角经常沿前翅前缘放置；
- 触角通常为简单的丝状；
- 无单眼；
- 前翅中室基部及端部有竖鳞；
- 后翅通常没有复杂的彩色斑纹；
- 翅缰钩棒状。

夜蛾科
Noctuidae

- 体中型至大型；
- 喙多发达；
- 下唇须普遍存在，前伸或上举，少数向上弯曲至后胸；
- 多有单眼；
- 触角大多线形或锯齿形，有时呈栉状；
- 体色一般较灰暗，热带和亚热带地区常有色泽鲜艳的种类；
- 幼虫植食性，有时肉食性，少数粪食性。

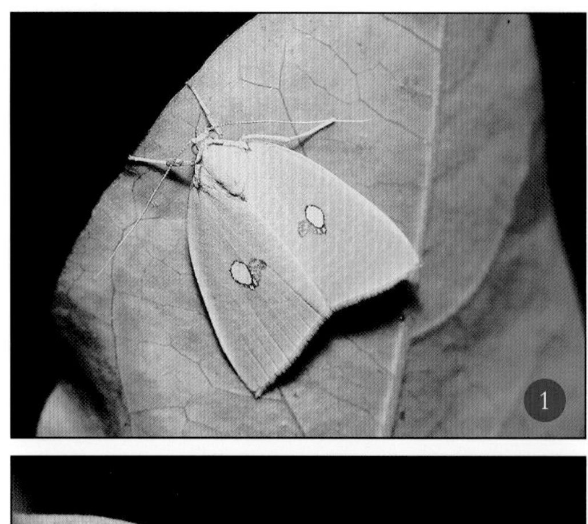

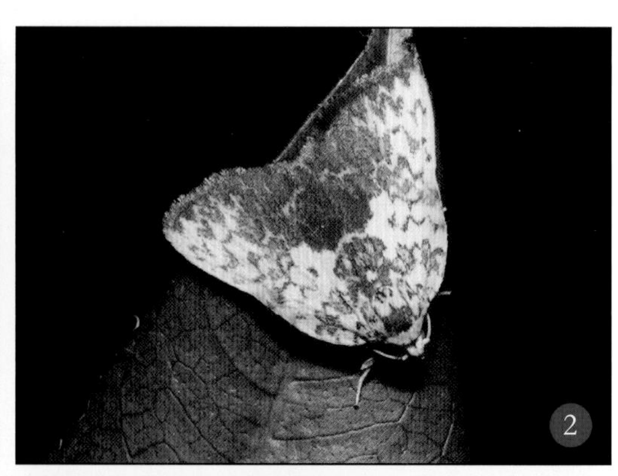

❶角翅瘤蛾 *Tyana* sp. 小型绿色蛾子，前翅中间有 1 个大型白斑。摄于云南西双版纳。❷内黄血斑瘤蛾 *Siglophora sanguinolenta* 前翅黄色，中后半具黑褐色的方形斑，斑内有不明显的脉纹。分布于云南、台湾等地。❸皮瘤蛾 *Nolathripa* sp. 小型蛾类，白色，前翅外缘褐色，带有银色鳞片，其余中间大部分为土黄色，近基部有 1 片突起的鳞片，形成 1 个小型斑点。摄于云南西双版纳。❹红衣瘤蛾 *Clethrophora distincta* 前翅绿色，前缘棕色，后缘基部有棕斑，后翅为红色。摄于陕西秦岭。❺白肾夜蛾 *Edessena gentiusalis* 棕色的中型蛾子，前翅带有 1 个较大的白斑。摄于四川平武老河沟。❻银锭夜蛾 *Macdunnoughia crassisigna* 头及胸部灰色，腹部黄褐色；前翅灰褐色，锭形银斑较大，肾纹外侧有 1 条银色纵线，亚端线锯齿形；后翅褐色。摄于西藏林芝。❼饰青夜蛾 *Diphtherocome pallida* 前翅前缘白色，内线黑色，外线黑色，内侧为白色线，亚端线为不明显的绿色带；后翅白色。摄于西藏林芝。

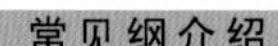

夜蛾科
Noctuidae

❶丹日明夜蛾 *Sphragifera sigillata* 前翅表面白色，具1枚大形褐色圆斑。生活在低、中海拔山区，广布于全国大部分地区。❷华析夜蛾 *Sypnoides chinensis* 前翅棕黑色为主，自前缘到后缘有1个很大的"H"形蓝白色花纹。摄于四川平武老河沟。❸红尺夜蛾 *Naganoella timandra* 粉红色的小型夜蛾，前翅各有2条黄白相间的斜纹。摄于陕西秦岭。❹髯须夜蛾 *Hypena* sp. 下唇须极长并向前伸直，静止时前翅向后呈45°角左右平铺，完全盖住后翅，但不互相交叉，呈等腰三角形。摄于云南盈江昔马。❺浮尾夜蛾 *Targalla* sp. 前翅狭长，腹部较宽大并翘起，外观有点小型天蛾的感觉，但个体较小且触角细丝状，并沿前翅前缘向后伸展。摄于云南西双版纳。❻白线篦夜蛾 *Episparis liturata* 前翅黄褐色，后翅褐色，带有白色、黄色的斑纹和线条。摄于四川平武老河沟。❼辐射夜蛾 *Apsarasa radians* 前翅底色粉黄，中部为蓝黑色棒状条，带许多同色的辐射条。分布于台湾、福建、广东、海南、云南等地。

夜蛾科
Noctuidae

❶❷❸❹❺

❶匹夜蛾 *Homodes vivida* 小型美丽的种类，以橙红色为主，翅面带有紫色纵纹和斑点，在紫色鳞片处，散布少量的银色鳞片。摄于云南西双版纳。❷殿尾夜蛾 *Anuga* sp. 体翅均白色和黑褐色交叉，静止时前后翅卷起呈圆筒状，并与身体垂直，呈“十”字形。摄于西藏雅鲁藏布大峡谷。❸枝夜蛾 *Ramadasa pavo* 前翅淡红棕色，基部至中线密布蓝灰色与黑色细点，此段前缘脉黄色，有5个黑点，中线黑色外斜，肾纹为1个窄长黑色弧形条。分布于福建、广东、海南、云南等地。❹青安钮夜蛾 *Ophiusa tirhaca* 大型蛾类，暗黄色为主，静止时前翅向后伸展呈屋脊状，完全盖住后翅，并有少量交叉。摄于云南西双版纳。❺锡金艳叶夜蛾 *Eudocima sikhimensis* 大型夜蛾，前翅黄褐色，形似枯叶，后翅橘黄色，内侧有1个大型蝌蚪状黑斑。摄于西藏雅鲁藏布大峡谷。

夜蛾科
Noctuidae

❶❷❸❹❺

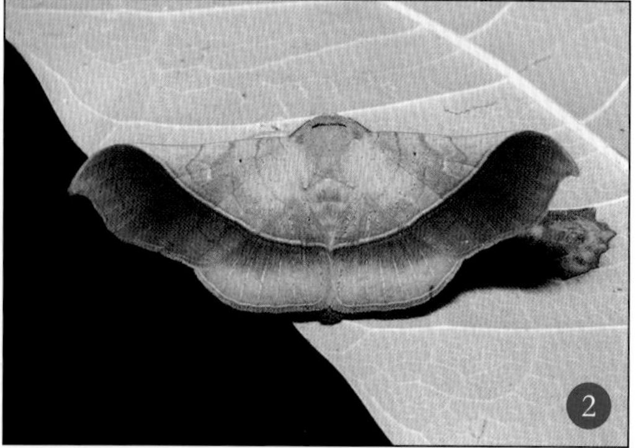

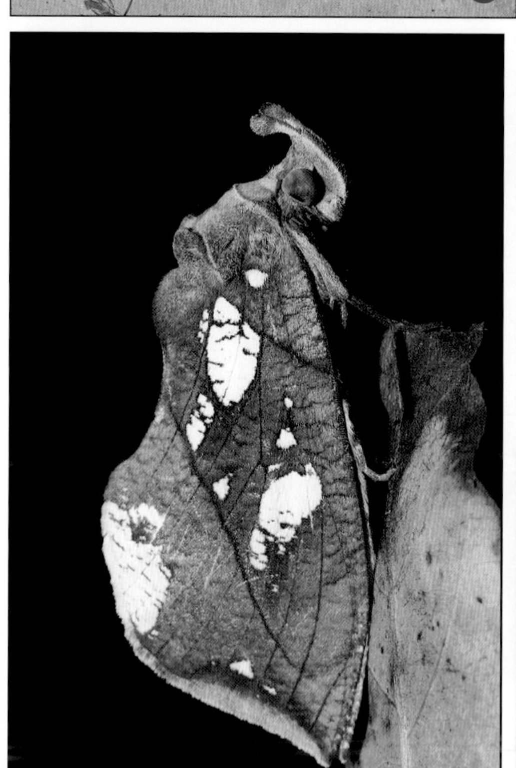

❶旋目夜蛾 *Spirama retorta* 翅面黑褐色，翅型宽大，前翅有一个“C”形大眼纹。广布于国内大部分地区。❷祁夜蛾 *Chilkasa falcata* 静止时前翅与身体垂直，四翅平铺，但前翅端部略翘起；翅面褐色，内线往里颜色浅，往外颜色深。摄于云南西双版纳。❸白斑艳叶夜蛾 *Eudocima* sp. 大型夜蛾，静止时呈屋脊状，但较为扁平，翅面拟态干枯的叶片，枯黄并破烂不堪，上面的白色斑纹如同千疮百孔。摄于云南西双版纳。❹虎蛾亚科 Agaristinae 的种类，翅蓝黑色带有大大小小的白色斑纹，白天活动。摄于四川平武老河沟。❺榕拟灯蛾 *Asota ficus*，属拟灯蛾亚科 Aganainae，中型美丽的蛾类，前翅棕黄色，带有红色和白色斑，后翅暗黄色，带有黑色斑点。摄于云南高黎贡山。

>>

弄蝶科
Hesperiidae

- 体小型或中型；
- 颜色多暗，少数为黄色或白色；
- 触角基部互相接近，并常有黑色毛块，端部略粗，末端弯而尖；
- 前翅三角形；
- 幼虫喜食禾本科或豆科植物。

❶华西孔弄蝶 *Polytremis nascens*，本种翅色较深，特点是雄蝶性标分成两段，前翅中室内通常只有1个小白斑；容易辨认；多在林间活动。分布于四川、重庆、湖北、浙江等地。❷黑豹弄蝶 *Thymelicus sylvaticus*，雄蝶正面无性标，雌蝶外缘黑带较宽，前翅正面4室黄斑长于3室黄斑。多在林区开阔地活动，喜访花。分布于东北、华北、华东、西北等地。❸金脉奥弄蝶 *Ochus subvittatus* 前翅反面前缘、外缘以及整个后翅为黄色，具有黑色脉纹和斑点；本属独种，非常容易辨认。多见于林区开阔地。分布于云南、广西、广东等地。❹大襟弄蝶 *Pseudocoladenia dea*，雄蝶斑纹黄色，雌蝶则为白色。喜在林间开阔地活动，常访花或者互相追逐。分布于华东、中南、四川等地。❺角翅弄蝶 *Odontoptilum angulatum* 翅面灰褐色，带有白色网状纹。分布于海南、广东、香港、广西、云南等地。❻金带趾弄蝶 *Hasora schoenherr* 前翅正面基半部有黄色条纹及黄色透明斑，后翅有1条宽的金黄色横带。国内仅见于云南。❼白弄蝶 *Abraximorpha davidii* 前后翅正反面底色为白色，伴以黑豹斑点，易于识别；多在林区活动，常停在树叶背面。分布于华东、华南、中南、西南等地。

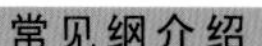

凤蝶科
Papilionidae

- 体多属大型，中型较少；
- 色彩鲜艳，底色多黑、黄、或白，有蓝、绿、红等颜色的斑纹；
- 喙发达；
- 前后翅三角形；
- 多数种类后翅具尾突，也有的种类有2条以上的尾突或无尾突；
- 有些种类有季节型和多型现象。

❶❷❸❹❺

❶柑橘凤蝶 *Papilio xuthus* 前翅正反面中室基半部有纵向黑色条纹，后翅臀角黄色斑内有黑色瞳点，是国内最常见的凤蝶之一，甚至在城市里的绿化带也经常见到。遍布全国。❷金凤蝶 *Papilio machaon* 是世界上最广布的凤蝶，地理分化较多，常见于山颠、山谷、草原和草甸地带以及农田。国内分布于除海南以外的所有地区（成虫照片见 36 页）。此为其幼虫，受惊吓后头部翻出一个分叉的橙色臭腺，以恐吓捕食者。❸巴黎翠凤蝶 *Papilio paris* 翅表散布金绿色鳞片，后翅正面有大块的金属蓝色斑块，蓝斑与后翅内缘间有金绿色细带纹相连。常见于水边吸水或访花。分布于华东、华南、中南、西南等地。❹达摩凤蝶 *Papilio demoleus* 黄黑相间的无尾突凤蝶，易与其他凤蝶区分，常见访花。分布于浙江、福建、广东、广西、香港、海南、云南、台湾等地。❺美凤蝶 *Papilio memnon* 大型凤蝶，雄蝶无尾突，类似蓝凤蝶，但后翅更宽大。雌蝶多型，尾突可有可无，后翅宽大且中域有白斑。是南方常见的大型凤蝶，访花，也常在水边吸水。分布于华东、华南、中南、西南等地。

凤蝶科
Papilionidae

❶❷❸❹❺

❶多姿麝凤蝶华西亚种 *Byasa polyeuctes lama* 尾突末端膨大并有红斑，后翅反面白斑较小。摄于四川平武老河沟。❷青凤蝶 *Graphium sarpedon* 无尾突，前翅只有 1 列与外缘平行的蓝绿色斑块形成蓝色宽带，飞行迅速，访花，常见于水边吸水及在树冠处快速飞翔。为常见凤蝶，城市内也经常见到。分布于华南、西南、中南、华东等地。❸绿带燕凤蝶 *Lamproptera meges* 前后翅正反面的中带颜色为绿色或蓝白色，以此与燕凤蝶 *Lamproptera curia* 相区别。两种凤蝶经常在溪边混飞、吸水。分布于广西、海南、云南等地。❹多尾凤蝶 *Bhutanitis lidderdalii* 体、翅黑褐色；前翅特别狭长，有 7 条明显的淡黄白色细纹，多呈波状；后翅外缘区有弯月形斑纹，臀区有大圆形深红色斑；外缘有 3 条长的尾状突和 2 条短的尾状突。秋季发生，常在树冠层飞翔，有时在林间小路上吸水。分布于云南、四川等地。❺丝带凤蝶 *Sericinus montelus* 尾突细长，体纤弱，雄蝶底色白色，雌蝶底色黑色并具白色斑纹，易与其他凤蝶区分。飞翔缓慢，多在寄主植物马兜铃附近活动。分布于东北、华北、华东等地（倪一农 摄）。

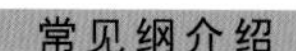

❶阿波罗绢蝶 *Parnassius apollo* 前翅中带位置上的3个斑全为黑色且无任何红色鳞，后翅正面基部无清晰的红斑，亚外缘无明显的黑带，图为雄蝶。阿波罗绢蝶被列入《濒危野生动植物种国际贸易公约》，在我国只分布在新疆天山山地一带（倪一农 摄）。❷很多种类粉蝶的雌蝶交配之后，会主动拒绝雄蝶再次追求，通常的做法是突然降落到周围的叶片上，然后将腹部翘起，以表示拒绝再次交配。图为黑脉园粉蝶 *Cepora nerissa*，其雌雄色彩异型，雄蝶白色，雌蝶微黄。摄于海南三亚。❸暗色绢粉蝶 *Aporia bieti* 翅形圆润，白色，翅脉黑色，翅面基本无斑纹。后翅反面为黄色。盛发时数量较大，常见访花或吸水。摄于西藏雅鲁藏布大峡谷。❹暗色绢粉蝶的蛹。❺橙黄豆粉蝶 *Colias fieldii* 两性正面底色橙黄色，外缘有较宽的黑边，雄蝶正面黑边内没有任何黄斑，雌蝶正面前翅黑边内具1列黄斑，常见于草甸地带。分布于国内大部分地区。❻小粉蝶 *Leptidea* sp. 身体细小，翅型狭长的小型粉蝶。摄于四川平武老河沟。❼宽边黄粉蝶 *Eurema hecabe* 最常见的粉蝶之一。季节多型现象明显，秋冬型前翅正面外缘斑纹多消失，翅反面褐色斑纹发达。春夏季节常见类型则前翅前角圆钝。多见访花或吸水。分布于华北、华东、华南、中南、西南等地。

凤蝶科
Papilionidae

❶

粉蝶科
Pieridae

- 体通常为中型或小型，最大的种类翅展达90 mm；
- 色彩较素淡，一般为白色、黄色和橙色，并常有黑色或红色斑纹；
- 前翅三角形；
- 后翅卵圆形，无尾突；
- 前足发育正常，有两分叉的两爪；
- 不少种类呈性二型；
- 雄的发香鳞在不同的属位于不同的部位：前翅肘脉基部、后翅基角、中室基部，或腹部末端；
- 有些种类有季节型；
- 寄主为十字花科、豆科、白花菜科、蔷薇科等，有的为蔬菜或果树害虫。

❷❸❹❺❻❼

常见纲介绍

粉蝶科
Pieridae

❶❷

蛱蝶科
Nymphalidae

- 体多为中型或大型，少数为小型的蝴蝶；
- 色彩鲜艳美丽，花纹相当复杂；
- 少数种类有性二型现象，有的呈季节型；
- 前足相当退化，短小无爪；
- 寄主多为堇菜科、忍冬科、杨柳科、桑科、榆科、麻类、大戟科、茜草科等。

❶报喜斑粉蝶 *Delias pasithoe* 前翅正面中室端斑为较小的白色斑，后翅正面并无清晰的红色斑块，反面中域为大片的黄色，常见访花或吸水。分布于福建、广东、广西、云南、海南、西藏、台湾等地。❷报喜斑粉蝶的幼虫。摄于广西崇左生态公园。❸虎斑蝶 *Danaus genutia* 翅橙色，正反面各翅脉都有黑色条纹，前翅近顶角有白色斑纹，容易辨认。为南方常见的斑蝶，喜访花。分布于华东、华南、西南、中南等地。❹拟旖斑蝶 *Ideopsis similis* 正反面前翅中室前侧有1条沿前缘伸展的白色线纹，喜访花。分布于华南、浙江、福建、台湾等地。❺紫斑蝶 *Euploea* sp. 翅正面蓝紫色，背面灰色，近缘种类较多，常见访花。南方地区多见。摄于广西宁明花山。❻雄性紫斑蝶 *Euploea* sp. 的腹部末端可以伸出1对“毛笔器”，其功能是在求偶时散发雄性激素以吸引雌蝶，当然，在被捕捉时也可以起到驱敌的功效。

蛱蝶科
Nymphalidae

❶❷❸❹❺❻

❶箭环蝶 *Stichophthalma howqua* 体型大，雄蝶后翅反面黑色，中线距离其外侧的黑色鳞或暗色鳞区较远，雌蝶白色中带明显较宽。常在林间活动，发生期数量很多，喜吸食粪便。分布于华东、华南、西南、中南等地。❷中介眉眼蝶 *Mycalesis intermedia* 红棕色的种类，眼斑非常显著，多见于林区以及灌丛区。分布于福建、广东、广西、云南、台湾等地。❸珍眼蝶 *Coenonympha* sp. 橙黄色的小型蝴蝶，眼状斑明显，后翅反面为褐色。摄于四川石渠海拔 4 000 m 的高山上。❹矍眼蝶 *Ypthima balda* 个体较小，内外 2 条中带大致走向平行，较底色为深，虽然模糊但能分辨，前翅正反面亚外缘线发达，眼斑周围淡色区明显，易与近缘种区分，为南方最常见的矍眼蝶之一。分布于华东、中南、华南等地。❺白边艳眼蝶 *Callerebia baileyi* 体背面黑褐色，下胸灰色；翅暗红褐色，前翅亚顶部黑底金黄。圈大眼斑 1 个，具有 2 个蓝心，黄圈下部尚有 1 小黑点；后翅白心黑底土红色圈小眼斑 1 个。摄于西藏雅鲁藏布大峡谷。❻卡米尔黛眼蝶 *Lethe camilla* 褐色，前翅有 1 条白色细白带，翅反面基部至中域褐色，亚外缘至外缘红褐色。前翅反面亚外缘有 4 个不呈直线排列的眼斑，后翅反面有 6 个眼斑，多在林区活动。分布于四川。

蛱蝶科
Nymphalidae

❶❷❸❹

❶蓝斑丽眼蝶 *Mandarinia regalis* 雄蝶前翅有较大的闪蓝宽带，飞行中易于辨认，雌蝶的蓝带较窄。常在隐蔽的路边植物枝头上停留并有驱逐行为。分布于华东、华南、西南、中南等地。❷忘忧尾蛱蝶 *Polyura nepenthes* 前翅外缘黑色，亚外缘有 2 列黄白色小圆斑，中室端外有 2 个小黑斑。后翅尾突 2 个，细而尖，外缘青绿色，亚外缘为 1 黑色带，内有蓝色斑点。常见蛱蝶，喜吸食粪便、腐烂水果。分布于华南、西南、华东部分地区。❸一种尾蛱蝶的幼虫。摄于广西崇左生态公园。❹白带螯蛱蝶 *Charaxes bernardus* 前翅正面有宽阔的白色中带，反面底色斑驳，中域底色较其他区域为淡，隐约可见一些淡色斑块连成不规则的带状。较为常见，飞行迅速，喜停在垃圾或腐烂的水果上吸食。分布于华东、华南、西南、中南等地。

蛱蝶科
Nymphalidae

❶❷❸❹❺❻❼

❶白带锯蛱蝶 *Cethosia cyane* 前翅正反面都有1条较宽的白色斜带，易于辨认。在热带林区的路边或光线较好的林中都易见到。分布于广东、广西、海南、云南等地。❷白带锯蛱蝶的幼虫。❸白带锯蛱蝶的蛹。❹紫闪蛱蝶 *Apatura iris* 翅黑褐色，雄蝶有紫色闪光。分布于吉林、宁夏、甘肃、青海、陕西、河南、湖北、重庆、四川等地。❺扬眉线蛱蝶 *Limenitis helmanni* 前翅中室内棒状纹较直，后翅反面亚外缘白色斑伴以模糊的灰色斑块，多在林间开阔地活动，喜在地面吸水。分布于东北、华北、西北、华东、中南等地。❻秀蛱蝶 *Pseudergolis wedah* 正面底色赭色伴以黑色线纹，反面底色为黑棕色，喜在日光强烈的林缘地段活动。分布于陕西、四川、重庆、贵州、湖北、云南、西藏东南等地。❼文蛱蝶 *Vindula erota* 大型蛱蝶，雄蝶赭红色或赭黄色，雌蝶棕绿色为主，两性都有明显的尾突。易于辨认，常沿林区的小路可见。分布于云南、广东、广西、海南等地。

蛱蝶科
Nymphalidae

❶❷❸❹❺❻❼

❶青豹蛱蝶 *Argynnis sagana* 雌雄异型，差异较大。雄蝶橙红色，雌蝶正面青黑色有金属光泽，并饰以白色带纹，喜在开阔地活动，常访花。分布于东北、华北、华东、中南、华南等地。❷小豹律蛱蝶 *Lexias pardalis* 触角端部为红色。雌雄异型，雄蝶个体较小，翅面近乎全黑，仅后翅外中域有闪蓝色的宽带区，雌蝶较大，翅面遍布黄色斑点。热带林中阴暗处常见其停栖和飞行。分布于海南、云南等地。❸丁丁蟠蛱蝶 *Pantoporia dindinga* 橙黄色的小型蛱蝶，带有黑色条纹，国内仅见于云南西双版纳。❹网丝蛱蝶 *Cyrestis thyodamas* 翅面白色或淡黄色，横向线纹较多且发达，与脉纹形成地图状网格，易于辨认。溪边可见，飞行缓慢。国内分布于华东、中南、华南、西南地区。摄于泰国考艾（Khao Yai）国家公园。❺荨麻蛱蝶 *Aglais urticae* 小型蛱蝶，前后翅正面的亚外缘有清晰的蓝色斑列，常在林区周边以及开阔地见到。分布于东北、华北、西北、西南等地。❻小红蛱蝶 *Vanessa cardui* 为世界广布种，易于辨认，喜欢开阔环境，城市里也能见到，常见访花。分布遍布全国。❼美眼蛱蝶 *Junonia almana* 翅正面橙黄色，前后翅都有大型的孔雀眼斑。季节型差异较大，低温型反面模拟枯叶状。南方常见的美丽蛱蝶，喜开阔区域活动，多访花。分布于华东、华南、西南、中南等地。

蛱蝶科
Nymphalidae

❶❷❸❹❺❻❼

❶散纹盛蛱蝶 *Symbrenthia lilaea* 反面底色主要为黄色且无明显的黑斑块，多为模糊的线状纹，易于识别。南方最常见的盛蛱蝶，多见于开阔地。分布于华东、华南、中南、西南等地。❷曲纹蜘蛱蝶 *Araschnia doris* 前后翅正反面都有清晰而弯曲的中带，后翅外缘圆滑。本种有季节型之分，春型前翅无白带，反面棕红色明显，易被误认为其他种类。多见于林间以及开阔地。分布于华东、中南、西南等地。❸黑网蛱蝶 *Melitaea jezabel* 翅红褐色，外缘黑带宽，近缘种类较多。分布于云南、西藏、四川等地。摄于西藏林芝。❹大卫绢蛱蝶 *Calinaga davidis* 翅色较淡，斑纹对比较不显著，多在阳光充足的林间空地活动，常见吸水。分布于四川、陕西、重庆等地。❺苎麻珍蝶 *Acraea issoria* 翅型狭长，翅黄色半透明状，飞行缓慢，易于辨认。盛发期数量极多，常见于林区光线好的地段。分布于华东、华南、西南、中南等地。❻苎麻珍蝶的幼虫。❼朴喙蝶 *Libythea lepita* 下唇须极长，前翅在 5 脉尖出并折呈锐角，前翅中室棒纹不与中域斑融合，有明显的割断或勉强相连，后翅中带较窄。常见其停栖于光照较好的林区路上，喜在地面吸水。分布于华北、华东、中南、西南等地。

灰蝶科
Lycaenidae

- 体小型，极少为中型；
- 翅正面常呈红、橙、蓝、绿、紫、翠、古铜等颜色，颜色单纯而有光泽；
- 翅反面的图案与颜色与正面不同，成为分类上的重要特征；
- 复眼互相接近，其周围有1圈白毛；
- 触角短，每节有白色环；
- 雌蝶前足正常；
- 雄蝶前足正常或跗节及爪退化；
- 后翅有时有1~3个尾突；
- 寄主多为豆科，也有捕食蚜虫和介壳虫的。

❶❷❸❹❺❻

❶波蚬蝶 *Zemeros flegyas* 正反面底色以棕红色为主，密布白色点斑，极易识别。为常见的蚬蝶，林区路上易见。分布于华东、华南、中南、西南等地。❷蛇目褐蚬蝶 *Abisara echerius* 后翅在第 4 脉突出，前后翅正反面底色以红棕色为主，没有清晰的白斑，仅有模糊的横向弧状白色条纹。多见于林间开阔地。分布于浙江、福建、广东、香港、广西、海南等地。❸白带褐蚬蝶 *Abisara fylloides* 前翅斜带白色或者黄色，前翅近顶角正反面均无白色斑点。林中阴暗处可见，常见访花。分布于华东、华南、中南、西南等地。❹豆灰蝶 *Plebejus* sp. 常见的一类蓝色灰蝶。摄于四川石渠。❺琉璃灰蝶 *Celastrina argiolus* 正面白色区较广，反面黑点较大，亚缘斑带较退化。多见于林区，喜访花或在湿地上吸水。分布于华东、中南、华南、西南等地。❻曲纹紫灰蝶 *Chilades pandava* 雄蝶正面紫蓝色，黑边窄，雌蝶仅中域为蓝色。反面淡棕色，后翅除了近前缘有 2 个黑点外，近基部也有清晰的黑点。分布于华东、华南、中南、西南等地。

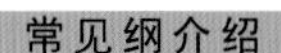

灰蝶科
Lycaenidae

❶❷❸❹❺❻❼

❶浓紫彩灰蝶 *Heliophorus ila* 雄蝶前翅正面无红斑，两翅中域的紫色斑都较小。喜在日光照射强烈的林区活动。分布于浙江、福建、江西、广东、广西、四川、陕西、河南、海南、台湾等地。❷豆粒银线灰蝶 *Spindasis syama* 前翅反面基斑不到前缘，后翅反面 1 室内的亚基部斑点不与其上侧的其他亚基斑融合，也不沿翅脉向外缘扩散伸展。多在林区活动，喜访花。分布于华南、华东、中南、西南等地。❸细灰蝶 *Leptotes plinius* 雌雄异型，两性反面的黑白斑斑形独特，极易识别，没有容易混淆的近似种。喜在开阔地区活动，常见访花。分布于福建、广东、广西、云南、西藏、台湾等地。❹珍灰蝶 *Zeltus amasa* 后翅 2 个白色尾突，其中内侧一个极长，几与后翅等长。正面黑色带蓝色区，反面底色以黄色和白色为主，极易识别。热带林中常见，飞行飘逸。分布于广东、海南、广西、云南等地。❺曲纹拓灰蝶 *Caleta roxus* 黑白斑为主的小灰蝶，容易识别，本种前后翅反面近基部都仅有 1 个融合的黑斑，而不呈多个分立的黑斑。见于热带林区边缘。分布于广东、广西、云南等地。❻三点桠灰蝶 *Yasoda tripunctata* 前翅顶角尖突，外缘呈弧形，翅正面橙红色，背面灰黄色。分布于广西、云南等地。❼尖翅银灰蝶 *Curetis acuta* 后翅斑纹通常呈“C”形，顶角尖但不很突出。多见于林区边缘，喜在地面吸水。分布于云南、广西等地。

后翅钩列膜翅目，蜂蚁细腰并胸腹；捕食寄生或授粉，害叶幼虫为多足。

膜翅目

- 小型至中型，个别大型；
- 口器咀嚼式，少数种类上颚咀嚼式，下颚和下唇组成喙，为嚼吸式；
- 复眼1对，较发达，单眼3个，少数退化或无；
- 触角形状、节数以及着生位置变化较大，常丝状、念珠状、棍棒状、栉齿状、膝状等；
- 前胸背板的形状是否与肩板接触是重要的分类特征；
- 部分种类由腹部第1节并入胸部形成并胸腹节；
- 翅常2对、膜质，少数种类翅退化或变短；
- 翅的连锁靠后翅前缘的翅钩列；
- 多数种类的翅脉较复杂，少数种类翅脉极度退化；
- 腹部常10节，个别见3~4节；
- 腹部基部是否缢缩变细是重要分类特征，部分种类第1腹节呈腹柄状；
- 雌虫产卵器发达，其形状、着生位置因类群而异。

HYMENOPTERA

● 无刺蜂 *Trigona* sp.

膜翅目是昆虫纲中第三大目，全世界已知10万多种，估计中国分布种类在25 000~30 000种，包括各种蜂和蚂蚁。膜翅目在进化过程中现存有两个大的分支：一个是广腰亚目，形态结构原始，幼虫活动能力强，植食性，少数寄生性。比较常见的如叶蜂、扁蜂、树蜂等。另一个是细腰亚目，在进化中呈现出极强的适应能力，绝大多数幼虫缺乏活动能力，在成虫筑造的巢穴中由亲代哺育或在寄主体内体外发生各种寄生行为；在细腰亚目中，还出现了不同程度的社会性现象，松散原始的社会性出现在一些泥蜂和隧蜂中，高度发达的社会性出现在胡蜂和蜜蜂中；比较常见的细腰亚目成员有旗腹蜂、小蜂、姬蜂、胡蜂、蚁、蜜蜂等。

膜翅目昆虫为完全变态。常为有性生殖，部分孤雌生殖和多胚生殖。成虫的生活方式为独居性、寄生性或社会性。

膜翅目在生态系统中扮演着极为重要的两种角色：传粉者和寄生者。传粉者在各种生态系统类型中都是生物多样性形成、维持和发展最重要的一环，寄生者中又通过化学适应辐射出外寄生、内寄生、盗寄生、重寄生等高度分化且特化的形式，毫不夸张地说，几乎所有昆虫都有其相应的寄生蜂。

❶荔浦吉松叶蜂 *Gilpinia lipuensis* 黄褐色，翅淡烟灰色透明，翅痣大部浅褐色，体形粗壮，腹部具细横刻纹。幼虫取食马尾松松针，成虫6月出现。分布于安徽、广西、四川、重庆等地。❷莫氏细锤角叶蜂 *Leptocimbex mocsaryi* 触角暗黄褐色，胸部背板和侧板大部黑色，前胸背板和小盾片黄褐色；腹部大部柠檬黄色，前翅具烟褐色长斑。分布于台湾、四川、河南等地。❸宝丽锤角叶蜂 *Abia* sp. 体黑色，具明显的金属铜色光泽；翅痣黄褐色，前翅前缘从基部到顶角具烟褐色带斑。摄于陕西秦岭。

松叶蜂科
Diprionidae

- 体短宽，长5~12 mm；
- 头部短宽；
- 上颚外观狭片状，具额唇基缝；
- 触角短，14~32节，雄性羽状，雌性短锯齿状；
- 前胸侧板膜面尖出，互相远离；
- 中胸小盾片发达，无附片；
- 后胸侧板不与腹部第1背板愈合；
- 主要分布于北温带针叶林中。

锤角叶蜂科
Cimbicidae

- 体长7~35 mm；
- 头部短宽；
- 触角锤状，基部2节短小，第3节细长，端部3节甚膨大，常愈合；
- 后胸侧板与腹部第1背板愈合，愈合线不明显；
- 前翅和翅痣狭长；
- 后翅具7~8个闭室；
- 腹部腹侧平坦，背侧鼓起，侧缘脊发达；
- 成虫飞行快，具响声；
- 雌雄成虫常异型，有时雄虫还具两种类型：一类体粗壮，上颚十分发达，用于争斗，一类体较小，上颚弱；
- 幼虫常独栖性，多足型，腹部具8对足，触角2节，有些种类具蜡腺。

常见纲介绍

>>

三节叶蜂科
Argidae

- 体长5~15 mm；
- 头部横宽；
- 上颚不发达；
- 触角3节，第3节长棒状或音叉状；
- 前足胫节具1对简单的端距；
- 后翅具5~6个闭室，臀室有时端部开放；
- 腹部不扁平，无侧缘脊；
- 产卵器短，有时很宽大，副阳茎宽大；
- 幼虫多足形，腹部具6~8对足，常裸露食叶，少数潜叶或蛀食嫩茎，有些幼虫取食时腹端翘而弯。

叶蜂科
Tenthredinidae

- 体长2.5~20 mm；
- 头部短，横宽；
- 上颚中等发达；
- 触角窝下位；
- 触角常9节，少数属种少至7节或多达30节；
- 中胸小盾片发达；
- 产卵器短小，常稍伸出腹端；
- 多数成虫有访花习性，偶有捕食小型昆虫和蜘蛛的行为；
- 幼虫多足形，腹部具6~8对足，潜叶和蛀干种类有时部分退化；
- 幼虫常在寄主体表自由取食，少数类群在寄主内部取食，包括蛀芽、蛀茎、潜叶和做瘿4类。

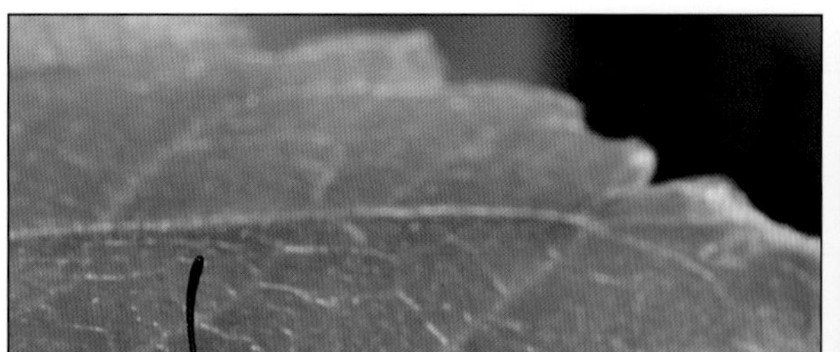

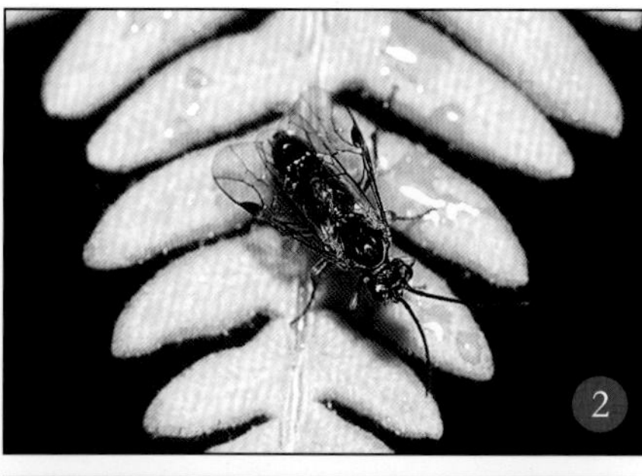

❶尖鞘三节叶蜂 *Tanyphatnidea* sp. 体橙红色，头部和触角黑色，翅烟褐色；体光滑，无明显刻点；头部小，远窄于胸部，背面观后头两侧强烈收缩。摄于云南高黎贡山。❷三节叶蜂 *Arge* sp. 体黑色，无明显的蓝色光泽；翅淡色透明，前缘脉浅褐色，翅痣黑色。摄于西藏雅鲁藏布大峡谷。❸三节叶蜂 *Arge* sp. 的幼虫。摄于四川雅安碧峰峡。❹细长的黑色叶蜂，带有黄白色斑纹，头部最宽，腹部末端略膨大。摄于重庆四面山。❺槌腹叶蜂 *Tenthredo* sp. 体棕褐色，具少数不明显的黑色条斑和较多淡黄色斑纹，触角鞭节黑褐色，翅浅烟黄色，翅痣和前缘脉浅褐色。我国南部常见森林叶蜂，活动于林缘、灌木林带。1年1代。成虫发生于春末至夏季，外形和飞行动作均拟胡蜂，成虫有时取食其他昆虫包括小型叶蜂。❻叶蜂科幼虫，群聚在一起，取食植物叶片。摄于四川平武老河沟。

扁蜂科
Pamphiliidae

- 体多为中型;
- 体扁平;
- 上颚狭长, 不对称;
- 唇基宽大;
- 触角16~33节, 鞭节简单;
- 中胸小盾片具显著附片;
- 前足胫节具1对不等长的端距;
- 前翅翅脉多曲折;
- 腹部极扁平, 两侧具锐利边缘。

广蜂科
Megalodontesidae

- 体中型;
- 背腹向扁平;
- 上颚狭长, 唇基宽大;
- 复眼小, 间距宽;
- 触角多于15节, 鞭节常具发达的叶片;
- 前胸背板短, 后缘较直;
- 中胸背板短宽, 小盾片无附片;
- 翅常烟褐色;
- 前翅翅痣狭长;
- 腹部扁筒形, 无侧缘脊;
- 成虫飞行速度较快, 喜访花;
- 幼虫群居, 取食伞形花科和芸香科植物等。

❶环斑腮扁蜂 *Cephalcia circularis* 体黄褐色，头部扁平，复眼小，互相远离；前翅端部具环形黑色斑纹，翅痣黑色。寄主为松属植物。分布于陕西、重庆等地（周纯国 摄）。❷鲜卑广蜂 *Megalodontes spiraeae* 体黑色，具暗蓝色金属光泽，翅烟黑色，具紫色虹彩，翅痣和翅脉均黑色。头部很扁平，触角约15节，翅宽大，翅脉多弯曲。成虫夏天活动，喜访花，成虫经常在伞形花科植物的花序上栖息、交配，活动性差，飞行缓慢。静止时翅平展。分布于黑龙江、吉林、辽宁、内蒙古、新疆、陕西、甘肃、河北等地（任川 摄）。

树蜂科
Siricidae

- 体中大型，长12~50 mm;
- 头部方形或半球形，后头膨大;
- 口器退化;
- 触角丝状. 12~30节，第1节通常最长;
- 前胸背板短，横方形;
- 前翅前缘室狭窄，翅痣狭长;
- 后翅常具5个闭室;
- 腹部圆筒形;
- 产卵器细长，伸出腹端很长;
- 成虫不取食，卵产于茎杆内;
- 幼虫蛀茎，生活期为2~8年。

钩腹蜂科
Trigonalyidae

- 体小型或中型，10~13 mm;
- 体坚固，看似胡蜂，但触角长可区别;
- 触角26~27节，丝状;
- 上颚发达，一般不对称;
- 翅脉特殊，前翅有10个闭室，亚缘室3~4个，后翅有2个闭室;
- 腹部第1腹节圆锥形，第2腹节最大;
- 雌蜂腹端向前下方稍呈钩状弯曲，适于产卵于叶缘内面。

❶西藏大树蜂 *Urocerus gigas tibetanus*。摄于西藏东南部。❷钩腹蜂科昆虫寄生习性颇为特殊，雌虫将卵产在植物叶子背面，产下的卵暂不孵化，待寄主叶蜂或鳞翅目幼虫取食叶片时把这些蜂卵吃进体内后才孵化为幼虫。

❶褶翅蜂 *Gasteruption* sp. 体黑色，翅稍带烟色，翅痣和翅脉黑色。盗寄生性，雌蜂钻入寄主巢穴，在每个巢室内产 1 枚卵；幼虫一般在独栖性蜜蜂的巢穴内先取食寄主的卵或幼虫，后以寄主贮存的蜂粮发育。摄于重庆四面山。❷大型的冠蜂，头部红色，非常好看。摄于泰国考艾（Khao Yai）国家公园。

褶翅蜂科
Gasteruptiidae

- 体中型，细长，常黑色；
- 触角雄蜂13节，雌蜂14节；
- 前胸侧板向前延长呈颈状；
- 前翅可纵摺，翅脉发达；
- 后翅翅脉减少，无臀叶；
- 雌蜂后足胫节端部膨大；
- 腹部末端呈棍棒状，第1腹节细长；
- 雌蜂产卵管长至很长，伸出腹端。

冠蜂科
Stephanidae

- 体中型至大型，长35~60 mm，细长；
- 头球形或近球形；
- 触角丝形，30节或更多；
- 前胸常较长，如颈；
- 前翅具翅痣，后翅翅脉退化；
- 后足腿节膨大，腹方常具齿；
- 腹部多细长如棒锤状；
- 产卵器细长，伸出部分可达体长的2倍；
- 体多暗色，有时具暗斑；
- 多半停息在死树干或受蛀虫严重为害的枝干上，寄生鞘翅目和树蜂等茎杆蛀虫。

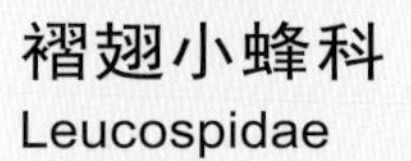

褶翅小蜂科
Leucospidae

- 体长2.5~16 mm;
- 体粗壮，体多黑色夹有黄纹;
- 复眼大;
- 触角13节;
- 前胸宽大;
- 中胸盾片多光滑;
- 后足基节特别大;
- 后足腿节极大;
- 前翅在休止时纵叠，可见原始翅脉痕迹;
- 腹部具宽柄，端部钝圆;
- 产卵管鞘长，弯向背面，腹部背面中央常有1条容纳产卵器的纵沟;
- 成虫常在伞形科和菊科植物上取食花蜜，也常见在椽柱中有木蜂为害的孔洞中进出。

小蜂科
Chalcididae

- 体长2~9 mm，坚固;
- 多为黑色或褐色，并有白色、黄色或带红色的斑纹，无金属光泽;
- 头、胸部具粗糙刻点;
- 触角11~13节;
- 胸部膨大;
- 翅广宽，不纵褶;
- 后足基节长，圆柱形;
- 后足腿节相当膨大;
- 后足胫节向内呈弧形弯曲;
- 跗节5节;
- 腹部一般卵圆形，有腹柄;
- 产卵器不伸出;
- 所有种类均为寄生性，多数寄生于鳞翅目或双翅目。

❶形态特殊的中华褶翅小蜂 *Leucospis sinensis*。摄于西藏察隅。❷通体黑色的小蜂科的种类。摄于重庆市区。

❶长尾小蜂的产卵器有时极度延长。图为产自云南西双版纳的艾长尾小蜂 *Ecdamua* sp.，产卵期的长度几乎为体长的2倍。❷长尾小蜂 *Torymus* sp. 身体具强烈的金属绿色；头小，复眼鲜红色；背部隆起，翅无色透明；腹部光滑，产卵管鞘外露，其长约等于体长。寄生性，长尾小蜂常见寄主包括鳞翅目、膜翅目等。摄于云南西双版纳。❸榕树果实剖开后可以见到榕小蜂的成虫。摄于云南西双版纳。❹榕小蜂的雌虫。摄于泰国考索（Khao Sok）国家公园。

长尾小蜂科
Torymidae

- 体一般较长，不含产卵器长为1.1~7.5 mm，含产卵器可长达16.0 mm，个别长为30 mm；
- 体多为蓝色、绿色、金黄色或紫色，具强烈的金属光泽；
- 触角13节；
- 前胸背板小，背观看不到；
- 跗节5节；
- 腹部常相对较小，呈卵圆形略侧扁；
- 腹柄长，第2背板通常较长；
- 雌产卵器显著外露。

榕小蜂科
Agaonidae

- 本科性二型明显，雄性翅短或无；
- 体长1.0~10 mm；
- 浅色或暗色，常有金属光泽；
- 一般骨化程度弱；
- 触角各样，有时少于13节，雄性短，3~9节；
- 跗节4~5节；
- 雌蜂前翅不纵褶；
- 雌蜂产卵管明显伸出或隐蔽；
- 雄蜂前足和后足短而肥胖；
- 植食性传粉昆虫，生活于无花果等植物内，雌蜂飞行于树间，雄蜂常居果内。

蚁小蜂科 Eucharitidae

- 体长1.7~11.0 mm;
- 体呈金属色泽，有时部分带黄色;
- 头胸部强度骨化;
- 头短小，横形;
- 触角不呈膝状;
- 前胸背板小，背观一般看不到;
- 小盾片常具长而成对叉状端刺;
- 跗节5节;
- 腹部常相对较小;
- 腹柄长，第2背板常长，呈卵圆形略侧扁;
- 产卵管不伸出腹端;
- 内寄生或外寄生于蚁的幼虫和蛹。

金小蜂科 Pteromalidae

- 体小型至中型，长1.2~6.7 mm;
- 体常具金属的绿色、蓝色及其他有虹颜色，一般光泽强烈;
- 头、胸部密布网状细刻点;
- 触角8~13节;
- 前胸背板短至甚长，常具显著的颈片;
- 翅发达，个别短翅型或无翅;
- 跗节5节;
- 产卵器从完全隐藏至伸出腹末很长;
- 可寄生于大多数目昆虫，有的为重寄生;
- 部分主要为捕食性，捕食介壳虫和蜘蛛;
- 极少数种类为植食性，取食植物种子。

❶角胸蚁小蜂 *Schizaspidia* sp. 胸部深色，常闪金属光泽，刻点密集粗大、不规则；具腹柄；腹部光滑，色较胸部浅，常呈棕色、棕黄色、棕红色；触角雄性梳状，雌性栉状。蚁小蜂于蚂蚁幼期上营内寄生或外寄生。摄于泰国考艾（Khao Yai）国家公园。❷安蚁小蜂 *Ancylotropus* sp. 触角线状，与身体几乎等长。摄于印度尼西亚龙目岛。❸细长的金小蜂种类，具强烈金属光泽，腹部末端尖。摄于云南高黎贡山。❹较为短小的金小蜂，带有金绿色光泽。摄于西藏雅鲁藏布大峡谷。

旋小蜂科
Eupelmidae

- 体小型至较大型，长1.3~7.5 mm，在热带有的长达9 mm；
- 常具强烈的金属光泽，有时呈黄色或橘黄色；
- 触角雌性11~13节，雄性9节，偶有分枝；
- 前胸背板有时明显呈三角形，延长；
- 跗节5节；
- 寄生于鞘翅目、鳞翅目、双翅目、直翅目、半翅目、脉翅目和膜翅目。

跳小蜂科
Encyrtidae

- 体微小型至小型，长0.25~6.0 mm，一般1~3 mm；
- 常粗壮，但有时较长或扁平；
- 暗金属色，有时黄色、褐色或黑色；
- 头部宽，多呈半球形；
- 复眼大，单眼三角形排列；
- 触角雌性5~13节，雄性5~10节，雌雄触角颇不相同；
- 中胸盾片常大而隆起；
- 小盾片大；
- 中足常发达，适于跳跃；
- 腹部宽，无柄，常呈三角形；
- 寄主极为广泛，多数种类寄生于介壳虫。

❶平腹小蜂 *Anastatus* sp. 头部圆形，触角膝状，体具金属光泽。摄于云南西双版纳。❷这种旋小蜂头部侧扁，触角膝状，翅面有暗色斑纹，体具金属光泽。摄于云南西双版纳。❸粉蚧跳小蜂 *Aenasius* sp. 身体粗壮，黑色或棕黑色；头顶部眼间距约为1/4头宽，头部具大的如高尔夫球般显著刻点；触角柄节圆柱形、明显变宽或扁平；翅通常透明，有些种类染透明色斑。寄生性，单寄生于半翅目粉蚧科。摄于广东（雷波 摄）。❹跳小蜂科的种类，在灯蛾刚刚产下卵之后，就开始在其卵上寄生产卵。摄于海南吊罗山自然保护区。

姬小蜂科
Eulophidae

- 体微小型至小型，长0.4~6.0 mm；
- 体骨化程度差；
- 体黄色至褐色，或具暗色斑，有时斑上或整体均具金属泽；
- 触角7~9节；
- 跗节均为4节；
- 腹部具明显的腹柄，一般为横形；
- 产卵器不外露或露出很长；
- 寄生方式多样，变化很大，多为隐蔽性生活的昆虫幼虫。

缘腹细蜂科
Scelionidae

- 体微小型至小型，长0.5~6.0 mm；
- 体大多暗色，有光泽；
- 触角膝状，着生在唇基基部，距离很近；
- 雌蜂触角11~12节，偶有10节，末端数节通常形成棒形，若棒节愈合亦有少到7节的；
- 雄蜂触角丝形或念珠形，12节；
- 有翅，偶有无翅；
- 前翅一般有亚缘脉、缘脉、后缘脉及痣脉，无翅痣；
- 腹部无柄或近于无柄；
- 卵圆形，或纺锤形，稍扁；
- 卵寄生蜂，寄生于昆虫及蜘蛛的卵。

❶姬小蜂绝大多数种类寄生性，方式多样，有内寄生、外寄生、容性寄生、抑性寄生、初寄生、重寄生，极少数营捕食性。寄主包括鳞翅目、双翅目、半翅目异翅亚目、脉翅目、缨翅目等以及瘿螨和蜘蛛。摄于广东（雷波 摄）。❷正在鳞翅目卵上寄生产卵的缘腹细蜂。摄于重庆圣灯山。

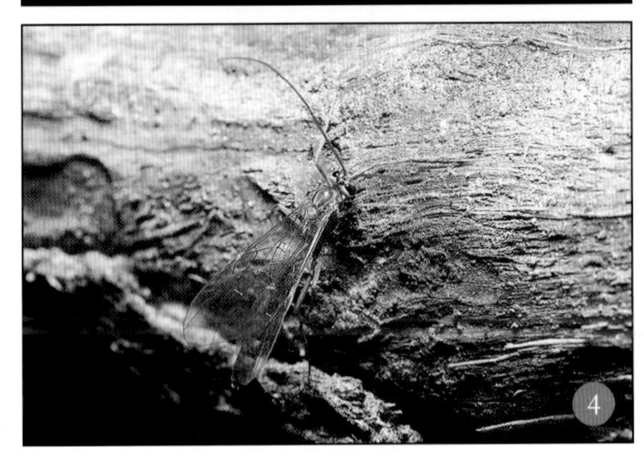

❶褶翅锤角细蜂 *Coptera* sp. 大部分内寄生双翅目的蛹，许多种类为聚寄生，也可以是螯蜂、茧蜂或啮小蜂幼虫的重寄生蜂，少数种类寄生甲虫。摄于广东(雷波 摄)。❷阿格姬蜂 *Agrypon* sp. 头、胸部红褐色，布刻点；触角黄褐色；足黄色，后足胫节端部带赤褐色；腹部黄色；第2节背板基半的倒箭状纹和后缘染褐色。摄于云南丽江老君山。❸悬茧姬蜂 *Charops* sp. 单寄生，寄生多种螟蛾、夜蛾、尺蛾等;幼虫在寄主体内完成发育后，会钻出寄主，用一股长丝悬挂在叶片上，在长丝下端结茧，将茧悬挂在空中。茧圆筒形，灰色，有黑色斑。摄于重庆大足龙水湖。❹瘦姬蜂 *Ophion* sp. 体橙黄色，翅透明并有橙色翅痣，瘦姬蜂有趋光性，大部分寄生夜蛾科昆虫的幼虫。摄于西藏雅鲁藏布大峡谷。❺凿姬蜂 *Xorides* sp. 黑色种类，触角前部白色，但最端部为黑色。雌虫靠触角不停敲打枯木以确定寄主鞘翅目幼虫的位置，并将极长的产卵器插入产卵。摄于海南尖峰岭。

锤角细蜂科
Diapriidae

- 体微小型至小型，长1~6 mm;
- 体黑色或褐色;
- 3个单眼很靠近，正三角形排列;
- 触角平伸;
- 雄蜂触角12~14节，丝状或念珠状，雌蜂触角9~15节，棒锤状;
- 前胸背板从上方刚可见;
- 前翅缘缨发，翅脉退化，无明显翅痣;
- 后翅具1个翅室或无;
- 常有无翅种类;
- 腹部少有柄，极少有长柄。

姬蜂科
Ichneumonoidea

- 姬蜂种类众多，形态变化甚大;
- 成虫微小至大型，2~35 mm(不包括产卵管);
- 体多细弱;
- 触角长，丝状，多节;
- 翅一般大型，偶有无翅或短翅，具翅痣;
- 并胸腹节大型，常有划纹、隆脊或隆脊形成的分区;
- 腹部多细长，圆筒形、侧扁或扁平;
- 产卵管长度不等，有鞘。

茧蜂科
Braconidae

- 体小型至中等大，体长2~12 mm居多，少数雌蜂产卵器长度与体长相等或长数倍；
- 触角丝状，多节；
- 翅脉一般明显，前翅具翅痣；
- 并胸腹节大，常有刻纹或分区；
- 腹部圆筒形或卵圆形，基部有柄、近于无柄或无柄；
- 产卵管长度不等，有鞘；
- 寄主均为昆虫，以完全变态昆虫为主。

螯蜂科
Dryinidae

- 体小型，体长2.5~5.0 mm；
- 雄蜂有翅，部分雌蜂无翅，体形和行动颇似蚁；
- 头大，横宽或近方形；
- 触角10节，丝形或末端稍粗；
- 雌蜂前胸背板甚长；
- 雌蜂前足比中、后足稍大，第5跗节与1只爪特化形成螯状；
- 雌蜂腹部纺锤形或长椭圆形；
- 雌蜂产卵管针状，从腹末伸出，但不明显；
- 雄蜂前胸背板很短，从上面几乎看不到；
- 雄蜂前足比中后足稍小，不成螯状；
- 雄蜂前翅具矛形或卵圆形翅痣；
- 寄主全为半翅目头喙亚目昆虫。

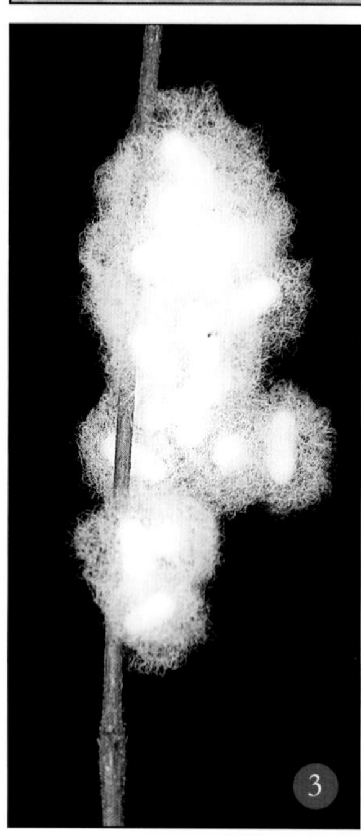

❶反颚茧蜂亚科 Alysiinae 的种类，体黑色，触角长，足橘黄色。摄于重庆南山。❷愈腹茧蜂 *Phanerotoma* sp. 为红褐色的小型茧蜂，体宽复眼及单眼黑色，愈腹茧蜂通常寄生于小蛾类的幼虫。摄于云南西双版纳。❸茧蜂科的茧。❹螯蜂 *Dryinus* sp. 雌虫长翅，前翅有由黑化翅脉包围形成的前缘室、中室和亚中室。寄生性蜂类，寄主为蜡蝉总科若虫。摄于广东（雷波 摄）。

青蜂科
Chrysididae

- 体中型，也有小型，体长2~18 mm；
- 具青色、蓝色、紫色或红色等金属光泽；
- 头与胸等宽；
- 触角短，12~13节；
- 胸部大；
- 前胸背板一般不达翅基片；
- 小盾片发达；
- 并胸腹节侧缘常有锋锐隆脊或尖刺；
- 足细；
- 后翅小，有臀叶，无闭室；
- 产卵器管状，粗大或针状，能收缩；
- 均为寄生性。

蚁蜂科
Mutillidae

- 体小型至大型，体长3~30 mm；
- 色鲜艳，有短或长而密的毛，故又称天鹅绒蚁；
- 性二型，雄蜂常有翅，偶无翅，雌蜂完全无翅，形极似蚁；
- 触角雌蜂12节，卷曲，雄蜂13节，直；
- 复跟小；
- 雌性胸部环节紧密愈合，纺锤形或方匣形；
- 雄蜂前翅有1~3个亚缘室，有翅痣；
- 后翅有闭室；
- 多数寄生于蜜蜂、胡蜂、泥蜂的幼虫和蛹；
- 有些为捕食性，袭击寄主仅为了取食。

❶在土栖蜜蜂总科的蜂巢周围徘徊的青蜂，浑身带有绿色和蓝色的金属光泽。摄于云南西双版纳。❷在泥蜂的巢穴上探索的青蜂。摄于广西崇左生态公园。❸寄生于黄刺蛾茧中的青蜂。摄于北京鹫峰（吴超 摄）。❹眼斑驼盾蚁蜂 *Trogaspidia oculata* 胸部赤褐色；头部、胸部背面及腹部黑色部位的毛多为黑褐色至黑色，腹部第2背板横列的2个椭圆形斑及第3背板后缘宽横带上的毡状毛黄褐色。寄生性，蚁蜂科多寄生于蜜蜂、胡蜂、泥蜂的幼虫和蛹，少数寄生鞘翅目和双翅目，个别为捕食性；寄生为外寄生。雄蜂具翅，根据气味跟随地面雌蜂活动痕迹寻找雌蜂交配。我国中东部、南部地区均有分布。

土蜂科
Scoliidae

- 体多数种大型，体长9~36 mm，体壮；
- 大多有密毛；
- 雄性体稍小而细长；
- 体色黑，并有白黄、橘黄或红色的斑点及带；
- 头略成球形，常较胸为狭；
- 触角短，弯曲或卷曲；
- 复眼大；
- 前胸背板与中胸紧接，不能活动，其后上方达翅基片；
- 足粗短，胫节扁平，有长鬃毛；
- 翅带烟褐色，有绿或紫色虹光；
- 脉序不伸至边缘；
- 后翅有臀叶；
- 腹部延长；
- 幼虫寄生于金龟子幼虫或其他大型鞘翅目幼虫；
- 取食花蜜或分泌物，喜伞形科植物。

❶条土蜂 *Triscolia* sp. 圆筒形的土蜂，外观有些接近树蜂。棕黑色，腹部后半段为橙黄色。摄于云南普洱。❷钩土蜂 *Tiphia* sp. 体黑色，遍布白色长毛，翅黄色。摄于重庆缙云山。

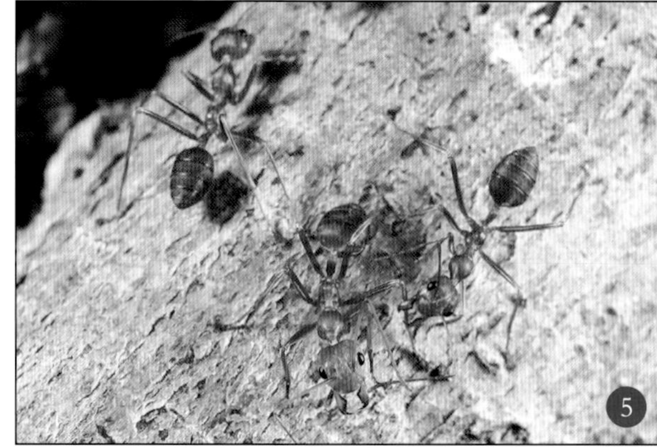

蚁科
Formicidae

- 体小型至大中型；
- 真社会性生活的膜翅目类群，具3种品级：工蚁、后蚁及雄蚁，少数社会性寄生的种类无工蚁；
- 若有翅，则后翅无轭叶和臀叶，具1个或2个闭室；
- 触角膝状，柄节很长，后蚁和工蚁7～12节，雄蚁10～13节；
- 腹部第2节，或第2—3节特化成独立于其他腹节的结节状或鳞片状；
- 腹末具螯针，有刺螯功能（猛蚁亚科和切叶蚁亚科），或螯针退化无刺螯功能，而代之以臭腺防御（臭蚁亚科），或形成能喷射蚁酸的喷射构造（蚁亚科）。

❶❷❸❹❺❻

❶山大齿猛蚁 *Odontomachus monticola* 属猛蚁亚科 Ponerinae，体褐黄色至黑褐色；上颚发达，前伸，显得十分威猛，腹部末端有蜇针，被蜇后会有明显疼痛感，但对人体无较大伤害。分布于华北、华东、中南、西南、华南等地。❷大头蚁 *Pheidole* sp.。摄于广西桂林雁山园。❸双凸切叶蚁 *Dilobocondyla* sp. 属切叶蚁亚科，头部和后腹部黑色，并胸腹和结节褐红色；第 1 结节圆柱形，无明显的结，第 2 结节椭圆形；活跃树上，取食植物蜜露、昆虫尸体。摄于云南丽江老君山。❹臭蚁亚科 Dolichoderinae 的种类，正在取食蚜虫分泌的“蜜露”。摄于云南无量山自然保护区。❺黄猄蚁 *Oecophylla smaragdina* 属蚁亚科，体锈红色，有时为橙红色；全身有十分细微的柔毛；立毛很少，仅限于后腹末端；体具弱的光泽。分布于广东、海南、云南等地。❻黄猄蚁在巢穴外活动的工蚁，用树叶编织成巢，里面分成若干小室，一个大巢由若干小巢组成。摄于云南西双版纳。

>>

蚁科
Formicidae

❶❷❸

蛛蜂科
Pompilidae

- 体小型至大型，长2.5~50 mm；
- 触角雌性卷曲，12节，雄性一般线形，13节，死后卷曲；
- 复眼完整；
- 上颚常具1~2齿；
- 前胸背板具领片，其后缘拱形，与中胸背板连接不紧密，后上方伸达翅基片；
- 中胸侧板有一斜而直的缝分隔成上、下两部；
- 足长，多刺；
- 腿节常超过腹端；
- 翅甚发达，带有昙纹或赤褐色，翅脉不达外缘；
- 腹部较短，雌性可见6节，雄性7节；
- 腹部前几节间无缢缩，仅少数具柄；
- 体色杂而鲜艳，有黑色、暗蓝色、赤褐色等，其上有淡斑；
- 寄生于蜘蛛，是典型的狩猎性寄生蜂。

❹❺

❶日本弓背蚁 *Camponotus japonicus* 属蚁亚科，通体黑色，极个别个体颊前部、唇基、上颚和足红褐色。地下筑巢，巢位于稀林地、林缘、路边及林间空地。食物为小昆虫、蜜露和植物分泌物，对马尾松毛虫有较强的捕食能力。全国各地广布。❷弓背蚁 *Camponotus* sp. 雌雄交配状。摄于重庆垫江明月山。❸蚁亚科 Formicinae 的种类，生活于石下，受到惊扰后，会迅速将幼虫和茧运到安全的地方。摄于四川石渠。❹蛛蜂常在花丛间搜寻，捕获猎物时，先设法逮住蜘蛛，用上颚咬住其身体一侧几个足的基部。随后把腹末弯向前方刺螫并麻痹猎物，旋即在猎物腹基部背面产卵。也有些蛛蜂先把麻痹了的猎物搬到合适的地方隐藏后才产卵的。蛛蜂成虫常在地下、石块缝隙或朽木中筑巢，也有利用其他动物废弃的巢穴，或昆虫的蛀道和有隧道植物的茎干，将猎物放入巢中，供幼虫取食。图为蛛蜂属 *Pompilus* 的种类。摄于西藏雅鲁藏布大峡谷。❺红尾蛛蜂 *Tachypompilus* sp. 是一种较大型的蛛蜂，身体红褐色有光泽，翅为蓝黑色。摄于重庆江津大圆洞。

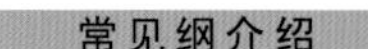

胡蜂科
Vespidae

- 雌蜂（后蜂及工蜂）触角12节，雄蜂13节；
- 复眼内缘中部凹入；
- 上颚闭合时呈横形，相互搭叠，但不交叉；
- 前胸背板向后达翅基片；
- 中足基节相互接触，中足胫节2距；
- 停息时翅纵褶；
- 腹部第1背板和腹板部分愈合，背板搭叠在腹板上；
- 第1，2腹板间有1个明显缢缩；
- 社会性行为的昆虫类群，生活习性较复杂，亲代个体间不但共同生活在一起，还有合作关系。

❶❷❸❹❺

❶马蜂 *Polistes* sp. 体为黄色间有黑色；中胸背板具2条相对较窄而短的纵向黄色斑纹，腹部第1节基部为黑色，腹部第2节背板中部有横带状的2个黄斑，紧邻端部黄色边缘。摄于重庆圣灯山。❷侧异腹胡蜂 *Parapolybia* sp. 头顶及中胸背板为红棕色；腹部第1～6节背板端部两侧分别具1白色横斑。摄于广西宁明花山。❸土栖的盾蜾蠃 *Odynerus* sp. 有着狭长的巢穴入口。摄于云南西双版纳。❹秀蜾蠃 *Pareumenes* sp. 中足胫节具1端距；并胸腹节向下倾斜，向后延长成2尖齿状突起；腹部第1节窄于其他节并呈钟形延长。摄于云南红河。❺身材极其“苗条”的侧狭腹胡蜂 *Parischnogaster* sp. 的蜂巢成串排列在植物的小细枝条上，像是一个个小巧的单间宿舍，跟其他胡蜂迥然不同。摄于广西宁明花山。

胡蜂科
Vespidae

❶❷❸❹

蜜蜂科
Apidae

- 体小型至大型，长 2~39 mm;
- 多数体被绒毛或由绒毛组成的毛带，少数光滑，或具金属光泽;
- 中胸背板的毛分枝或羽状;
- 触角雌性12节，雄性13节;
- 前胸背板短，后侧方具叶突，不伸达翅基片;
- 后胸背板发达;
- 翅发达，前后翅均有多个闭室;
- 后翅具臀叶，常有轭叶;
- 腹部可见节雌性6节，雄性7节;
- 前足基跗节具净角器;
- 多数雌虫后足胫节及基跗节扁平，并着生由长毛形成的采粉器，一些种转节及腿节具毛刷。

1

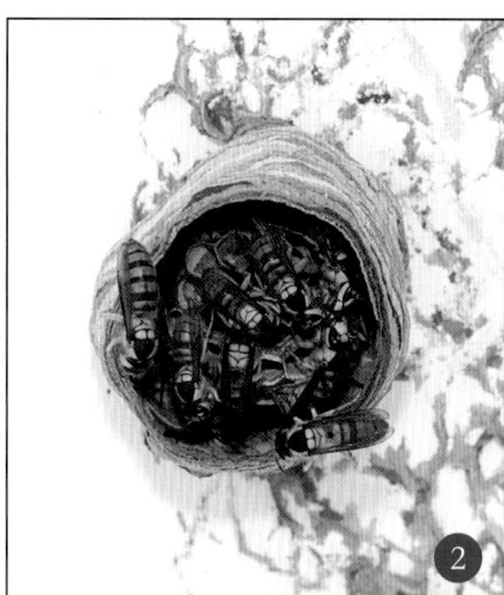
2

3

4

5

❶金环胡蜂 *Vespa manderinia* 体色 2 种以上，腹部除第 6 节背板、腹板为橙黄色外，其余各节背板均为棕黄色与黑褐色相间。分布于辽宁、江苏、浙江、福建、江西、湖北、广西、四川、云南、海南等地。❷黑盾胡蜂 *Vespa bicolor* 因中胸背板黑色而得名的常见胡蜂种类，正在建巢的过程中。分布于北京、河北、陕西、四川、重庆、浙江、福建、广东、广西等地区。❸云南西北地区有着食用胡蜂蛹 *Vespa* spp. 的习俗，很多山民春天将刚刚开始筑巢的蜂群转移到住家附近放养，秋后就可拿到集市上出售了。❹云南哀牢山区集市上出售胡蜂蛹的摊位。❺西方蜜蜂 *Apis mellifera* 世界广泛人工饲养的种类，工蜂、雌性蜂王与雄蜂分化明显；不同地区具有不同亚种及生态型；真社会性，喜访开放型花，酿蜜。引入种，已遍布我国。

蜜蜂科
Apidae

❶❷❸❹❺

❶东方蜜蜂 *Apis cerana* 工蜂头部呈三角形；唇基中央稍隆起，中央具三角形黄斑；上唇长方形，具黄斑；体黑色；腹部各节背板端缘均具黑色环带。真社会性，喜访各种开花植物。广布于除新疆外的我国各省区，主要集中在长江流域和华南各省山区，原产于中国。❷东方蜜蜂的雄蜂。摄于陕西秦岭。❸小蜜蜂 *Apis florea* 栖息于海拔 1 900 m 以下的河谷、盆地，筑巢于低矮灌木枝杈处，距地面通常 0.2 ~ 3 m，单脾巢。分布于广西、云南等地。❹大蜜蜂 *Apis dorsata* 体细长；头、胸、足及腹部端部 3 节黑色；腹部基部 3 节蜜黄色；翅黑褐色，透明，具紫色光泽，后翅色浅；小盾片及并胸腹节被蜜黄色长毛；足被黑色毛。真社会性。访问砂仁、悬钩子等多种植物。一般活动于海拔 2 500 m 左右，有迁徙的习性，5—8 月在林中高大树上筑巢，9 月后迁徙到较低海拔河谷岩石处储蜜越冬，筑巢在离地 10 m 以上处。性凶猛，会主动攻击人、畜。分布于广西、云南、海南等地。❺黑大蜜蜂 *Apis laboriosa* 是蜜蜂属中体黑且大的一种，由于主产区在喜马拉雅周围的雪山下，岩栖，故俗名又称为喜马拉雅蜜蜂、雪山蜜蜂及岩蜂等。图为山崖下的黑大蜜蜂巢。摄于西藏雅鲁藏布大峡谷。

蜜蜂科
Apidae
❶❷❸❹❺

❶黑胸无刺蜂 *Trigona pagdeni* 头宽于胸，腹部宽短，栗红色；足黑色，被黑毛；后足胫节花粉篮外侧被深褐色毛。社会性；访花酿蜜；在树洞、石缝等场所筑巢，巢口用口器腺体分泌物造成喇叭口状。分布于云南、四川等地。❷无刺蜂 *Trigona* sp. 巢内的结构，与一般的蜜蜂完全不同。摄于云南西双版纳。❸在大树树干上筑巢的无刺蜂 *Trigona* sp. 巢穴洞口。摄于泰国考索（Khao Sok）国家公园。❹熊蜂 *Bombus* sp. 全体密被长毛，毛色鲜艳，由黄、橙、灰白、黑色组成；3 个单眼呈直线排列；雌蜂及工蜂后足胫节特化为采粉器官。真社会性，访花酿蜜。摄于四川石渠海拔 4 000 多米的高山上。❺木蜂 *Xylocopa* sp. 大型蜜蜂，体形粗壮，体黑色，胸部密被毛，黄色；翅深色，多有金属光泽；访问植物众多，是很多经济作物的有效传粉昆虫。多在枯木、竹、木材、房屋木质结构中钻洞筑巢，少数种类在土中筑巢。摄于重庆金佛山。

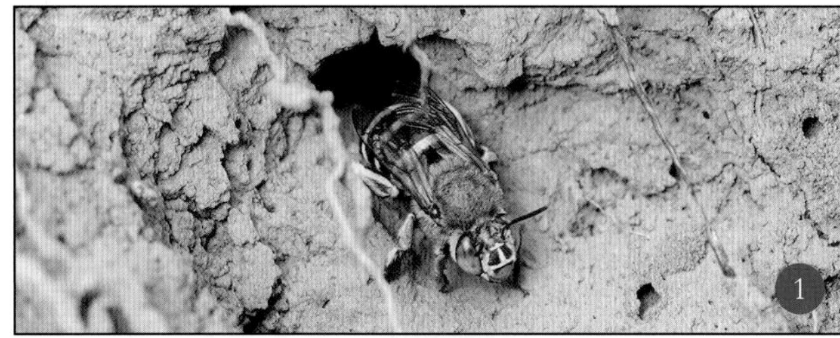

❶无垫蜂 *Amegilla* sp. 胸部被灰蓝色杂有黑色毛；腹部第 1 ~ 4 节背板端缘为蓝绿色毛带，杂有白毛，具强金属光泽。独栖性蜜蜂，于土中掘洞筑巢；飞行迅速，能在花前悬飞吸食花蜜，常在离地不足 50 cm 的高度迅速在花间转移，访问多种开花植物。摄于云南西双版纳。❷凹盾斑蜂 *Crocisa emarginata* 黑色，具蓝色毛斑；体上密布细刻点；翅深褐色。盗寄生性，寄主为其他蜜蜂类。图为正在侵入无垫蜂 *Amegilla* sp. 巢穴的凹盾斑蜂及在洞口防范入侵的无垫蜂。摄于云南西双版纳。❸艳斑蜂 *Nomada* sp. 体型修长，似胡蜂；中胸多有棕色、黄色、红色纵纹；腹部多有黄色或白色的斑；翅染烟色。盗寄生性，主要寄生地蜂科种类，在洞口等待伺机侵入寄主洞穴，在每个巢室里产 1 枚卵。摄于云南西双版纳。❹夜间聚集在一起休息的地蜂。摄于广西崇左生态公园。❺地蜂科的种类，在土中做巢。摄于辽宁（王江 摄）。❻彩带蜂 *Nomia* sp.，分布于西藏东南部。

蜜蜂科
Apidae

地蜂科
Andrenidae

- 体小型至中型；
- 触角窝至额唇基缝间有2条亚触角沟，其间为亚触角区；
- 中唇舌轻短，端部尖；
- 下唇须各节等长或第1节长而扁（少数者第2节也如此）；
- 中足基节外侧的长度显著短于基节顶端至后翅基部的距离；
- 后翅有臀区。

隧蜂科
Halictidae

- 体小型至中型；
- 下颚须前部的盔节长而窄，一般与须后部等长；
- 下唇须各节等长，圆柱状；
- 中胸侧板前侧缝一般完整；
- 后胸盾片水平状；
- 前翅基脉明显弯曲呈弓形；
- 中足基节外侧的长度显著短于基节顶端至后翅基部的距离。

准蜂科
Melittidae

- 上唇宽度大于长度;
- 无亚触角区，触角缝一般伸向触角内缘;
- 唇基端缘正常或稍向后弯;
- 下唇须各节等长，圆柱状;
- 中足基节明显短于或等于自基节顶端到后翅基部之长;
- 毛刷仅限于后足胫节及基跗节;
- 绝大多数种类都是寡食性。

切叶蜂科
Megachilidae

- 体多为中型;
- 亚触角沟伸向触角窝外侧;
- 上唇长大于宽，与唇基相连处宽;
- 中唇舌细长而尖;
- 下唇须前2节长，呈鞘状;
- 下唇亚颏呈“V”形;
- 中足基节外侧长度超过从基节顶端至后翅基部的2/3;
- 前翅具2亚缘室;
- 雌性采粉器位于腹部腹面。

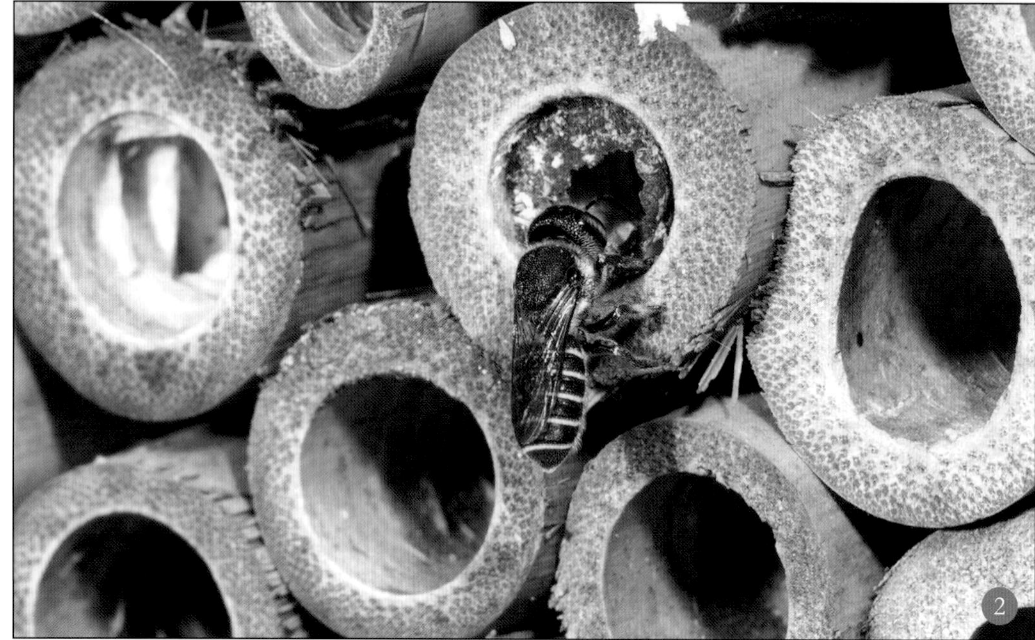

❶日本毛足蜂 *Dasypoda japonica*。摄于内蒙古锡林格勒盟正蓝旗元上都遗址（袁峰　摄）。❷凹唇壁蜂 *Osmia excavata*，体黑色，带有绿色光泽。在芦苇和竹竿中做巢，巢口用泥土堵塞，表面颗粒状。摄于重庆南岸雷家桥水库。

泥蜂科
Sphecidae

- 体小型至大中型；
- 一般上颚发达；
- 雌性触角12节、雄性13节；
- 前胸短，横形，与中胸连接紧密，后上角不伸达翅基片；
- 中胸一般发达，背面具纵沟；
- 并胸腹节发达；
- 一般足长，转节1节；
- 胫节及跗节具刺或栉；
- 中足胫节距1或2个；
- 前翅翅脉发达，有翅痣；
- 腹部具细长柄或无柄；
- 雌性螯刺一般发达；
- 体光滑裸露，被稀毛，某些类群头部或胸部被密毛，或腹部有毛带，毛不分枝；
- 一般体色暗，具红色、黄色或白色斑纹，有些类群体具蓝或绿色金属光泽；
- 一般为独栖性蜂类，少数聚居于同一筑巢场地；
- 猎物范围极广，可猎杀各种昆虫或其他节肢动物等，部分类群食性专一。

❶蠊泥蜂 *Ampulex* sp.，体金属绿或蓝色。在土中或枯木孔道中筑巢，捕猎蜚蠊目昆虫，将猎物麻醉存在洞中，于其上产卵。摄于西藏东南部。❷黄柄壁泥蜂 *Sceliphron madraspatanum* 体黑色具黄斑，翅淡褐色透明；用泥土筑巢，捕猎蜘蛛，将蜘蛛麻醉存贮在巢中，于其上产卵后将巢穴用泥土封闭，幼虫在其中发育、化蛹，羽化后咬破泥巢飞出。分布于福建、重庆、四川、广东、贵州、云南等地（雷波 摄）。❸壁泥蜂 *Sceliphron* sp. 的巢，建在建筑物的顶部。摄于泰国考索（Khao Sok）国家公园。❹沙泥蜂 *Ammophila* sp. 红黑相间的常见泥蜂，沙土中掘洞筑巢，捕猎鳞翅目幼虫或膜翅目幼虫，将猎物麻醉存贮在洞中，于其上产卵。摄于广西崇左生态公园。❺斑沙蜂 *Bembix* sp. 复眼绿色，胸部黑色，带有黄绿色斑点，腹部黑白相间，白色中透着翠绿颜色，在沙地筑巢。摄于西藏林芝。

泥蜂科
Sphecidae

❶❷❸❹

❶弯角盗方头泥蜂 *Lestica alata basalis* 体黑色，有红色和黄色斑；腿节、胫节、跗节、翅基片及翅脉、腹部基部雌虫为红色，雄虫为黄色。捕猎蝇类；并挖洞贮藏，在其上产卵。分布于东北、河北、新疆、江苏等地（寒枫 摄）。❷短翅泥蜂 *Tripoxylon* sp. 小型的黑色种类，翅较短，不能盖住整个腹部，在建筑物的木桩上钻孔筑巢，以小型蜘蛛为食。摄于重庆石柱黄水国家森林公园。❸短柄泥蜂 *Pemphredon* sp. 小型的黑色泥蜂，头很大，极为突出。摄于云南西双版纳。❹节腹泥蜂 *Cerceris* sp. 小型黑色的种类，胸部和腹部部分橙黄色，翅透明，顶角黑色，腹部分节明显。摄于云南高黎贡山。

推荐文献及书目

本书只是提供给昆虫爱好者们一个快速鉴别昆虫"科"的指南，并不能作为科学研究和鉴定具体种类的依据。如果想进一步了解你所见到的昆虫种类，那么，查阅必要的文献资料是不可缺少的。这里向大家推荐一些目前来说较为重要的国内外昆虫学书籍和研究论文，每个类群只选择了重复性较小的列入，仅供广大读者学习参考。

应该说，这里列出的并非一个简单的书目，内容主要包括两个方面：其一是本书编写过程中参考的主要文献，其中会涉及一些重要的有关最新研究成果的分类学论文，而并非图书；其二则是国内外（特别是国内）曾经出版过的书籍，虽然部分书籍因出版年代等原因，其分类系统等方面有些过时，但目前尚未有其他中文书籍可以替代，因此也一并列入。

综合性

卢耽．图解昆虫世界 [M]．北京：电子工业出版社，2012.

麦加文．昆虫 [M]．王琛柱，译．北京：中国友谊出版公司，2005.

杨集昆．集昆记 [M]．北京：中国农业大学出版社，2005.

张巍巍．常见昆虫野外识别手册 [M]．重庆：重庆大学出版社，2007.

张巍巍，李元胜．中国昆虫生态大图鉴 [M]．2 版．重庆：重庆大学出版社，2019.

郑乐怡，归鸿．昆虫分类：上、下册 [M]．南京：南京师范大学出版社，1999.

Gullan, P J, Cranston, P S. 昆虫学概论 [M]．3 版．彩万志，花保祯，宋敦伦，等，译．北京：中国农业大学出版社，2009.

鈴木知之．虫の卵ハンドブック [M]．東京：文一総合出版，2012.

学研．日本産幼虫図鑑（大型本）[M]．東京：学習研究社，2005.

Beccaloni, J Arachnids [M]. London: Natural History Museum, 2009.

Eiseman, C & Charney, N. Tracks and Sign of Insects and Other Invertebrates: A Guide to North American Species [M]. Lanham: Stackpole Books, 2010.

Grimaldi, D & Engel, M S. Evolution of the Insects [M]. Cambridge: Cambridge University Press, 2005.

Resh, V H & Carde, R T. Encyclopedia of Insects [M]. Second Edition Amsterdam: Elsevier, Inc., 2009.

原尾纲 Protura

尹文英．中国动物志 节肢动物门 原尾纲 [M]．北京：科学出版社，1999.

弹尾纲 Collembola

贾俊丽，李友莲．中国球角䖴科系统分类及山西省弹尾纲多样性研究 [M]．北京：中国农业科学技术出版社，2013.

孙元．黑龙江省弹尾虫分类与生态多样性研究 [M]．哈尔滨：黑龙江大学出版社，2012.

双尾纲 Diplura

栾云霞，谢荣栋，尹文英．双尾虫系统进化的初步探讨 [J]．动物学研究，2002，23(2)：149-154.

周尧，黄复生．巨铗虮亚科一新属新种 [J]．昆虫分类学报，1986，8（3）：237-241.

石蛃目 Microcoryphia

Sturm, H & DeRoca, C B. On the systematics of the Archaeognatha (Insecta) [J]. *Entomol. Gen.*, 1993 (18): 55-90.

Yu, D N, Zhang, J Y & Zhang, W W. A New bristletail species of the genus *Pedetontinus* (Microcoryphia: Machilidae) from China [J]. *Acta Zootaxon Sinica*, 2010, 35 (3): 203-206.

Zhang, J Y & Li, T. A New bristletail species of the genus *Pedetontinus* (Microcoryphia: Machilidae) from China [J]. *Acta Zootaxon Sinica*, 2009, 34 (2): 203-206.

衣鱼目 Zygentoma

Mendes, L F. New data on thysanurans (Microcoryphia and Zygentoma: Apterygota) and description of a new species in Brazil [J]. *Garcia De Orta Serie de Zool*, 2002 (24): 81-87.

蜉蝣目 Ephemeroptera

尤大寿，归鸿．中国经济昆虫志 第四十八册 蜉蝣目 [M]．北京：科学出版社，1995.

Caucci, A & Nastasi, B. Mayfly Guide: Quick and Easy Steps to Identifying Nymphs, Duns, and Spinner [M]. New York: Scott & Nix, Inc, 2011.

蜻蜓目 Odonata

吴宏道．惠州蜻蜓 [M]．北京：中国林业出版社，2012.

渔农自然护理署．香港蜻蜓 [M]．香港：天地图书有限公司，2011.

赵修复．中国春蜓分类 [M]．福州：福建科学技术出版社，1990.

襀翅目 Plecoptera

Fochetti, R & Tierno de Figueroa, J M. Global diversity of stoneflies (Plecoptera; Insecta) in freshwater [J]. *Hydrobiologia*, 2008 (595): 365-377.

Li, W H & Yang, D. New species of *Nemoura* (Plecoptera: Nemouridae) from China [J]. *Zootaxa*, 2006 (1137): 53-61.

Sivec, I, Stark, B P. & Uchida, S. Synopsis of the world genera of Perlinae (Plecoptera: Perlidae) [J]. *Scopolia*, 1988 (16): 1-66.

等翅目 Isoptera

黄复生，朱世模，平正明．中国动物志 昆虫纲：第十七卷 等翅目 [M]．北京：科学出版社，2000.

李桂祥．中国白蚁及其防治 [M]．北京：科学出版社，2002.

蜚蠊目 Blattodea

冯平章，郭予元，吴福桢．中国蟑螂种类及防治 [M]．北京：中国科技出版社，1997.

Bell, W J, Roth, L M, Nalepa, C A. Cockroaches: Ecology, Behavior and Natural History [M]. Baltimore: The Johns Hopkins University Press, 2007.

Roth, L M. Systematics and phylogeny of cockroaches (Dictyoptera: Blattaria) [J]. *Oriental Insect*, 2003 (37): 1-186.

螳螂目 Mantodea

朱笑愚，吴超，袁勤．中国螳螂 [M]．北京：西苑出版社，2012.

蛩蠊目 Grylloblattodea

王书永．蛩蠊目昆虫在中国的发现及一新种记述 [J]．昆虫学报，1987，30(4)：423-429.

Bai, M, Jarvis, K, Wang, S Y, et al. A second new species of ice crawlers from China (Insecta: Grylloblattodea), with thorax evolution and the prediction of potential distribution [J/OL]. *PLoS ONE*, 2010, 5(9): e12850 [2021-12-07]. http://www.plosone.org/article/info%3Adoi%2F10.1371%2Fjournal.pone.0012850

螳䗛目 Mantophasmatodea

陈学新，何俊华，彩万志，等．昆虫界的“四不象”——新建“螳䗛目”昆虫简介 [J]．昆虫知识，2002，39 (6) ：468-470.

Klass, K D, et al. Mantophasmatodea: A new insect order with extant members in the afrotropics [J]. *Science*, 2002 (296): 1456-1459.

Wipfler B, Pohl H, Predel R. Two new genera and two new species of Mantophasmatodea (Insecta, Polyneoptera) from Namibia [J/OL]. *ZooKeys*, 2012 (166): 75-98.

竹节虫目 Phasmida

陈树椿，何允恒．中国䗛目昆虫 [M]．北京：中国林业出版社，2008.

何维俊．香港的竹节虫 [M]．香港：香港昆虫学会，2013.

黄世富．台湾的竹节虫 [M]．台北：大树文化事业股份有限公司，2002.

Brock, P D & Hasenpusch, J W. A complete field guide to stick and leaf insects of Australia [M]. Collingwood : Csiro publishing, 2009.

Hennemann, F H, Conle, O V, & Zhang, W W. Catalogue of The Stick-Insects and Leaf-Insects (Phasmatodea) of China, with A Faunistic Analysis, Review of Recent Ecological and Biological Studies and Bibliography (Insecta: Orthoptera: Phasmatodea) [J]. *Zootaxa*, 2008, 1735: 1-77.

纺足目 Embioptera

卢川川 . 婆罗洲丝蚁的耐寒性 [J]. 昆虫知识，1987 (5)：31-32.
卢川川 . 海南蛛目昆虫一新种及一新纪录蛛目：等尾蛛科 [J]. 动物分类学报，1990 (3)：323-326.

直翅目 Orthoptera

李鸿昌，夏凯龄. 中国动物志 昆虫纲：第四十三卷 蝗总科（四）[M]. 北京：科学出版社，2006.
梁铬球. 中国动物志 昆虫纲：第十二卷 蚱总科 [M]. 北京：科学出版社，1998.
夏凯龄，毕道英，等. 中国动物志 昆虫纲:第四卷 直翅目 蝗总科 癞蝗科 瘤锥蝗科 锥头蝗科 [M]. 北京: 科学出版社，2016.
印象初，夏凯龄. 中国动物志 昆虫纲：第三十二卷 直翅目 蝗总科 槌角蝗科 剑角蝗科 [M]. 北京：科学出版社，2016.
郑哲民，夏凯龄. 中国动物志 昆虫纲：第十卷 直翅目 蝗总科 斑翅蝗科 网翅蝗科 [M]. 北京：科学出版社，1998.
村井貴史，伊藤ふくお. バッタ · コオロギ · キリギリス生態図鑑 [M]. 札幌：北海道大学出版会，2011.

革翅目 Dermaptera

陈一心，马文珍. 中国动物志 昆虫纲：第三十五卷 革翅目 [M]. 北京：科学出版社，2004.

缺翅目 Zoraptera

黄复生 . 中国缺翅目昆虫 [J]. 昆虫学报 ,1974(4):423-427.
张巍巍 . 天使之虫——墨脱缺翅虫和她的亲戚们 [J]. 西藏人文地理，2011（11）：28-37.

啮虫目 Psocoptera

李法圣. 中国蛄目志：上、下 [M]. 北京：科学出版社，2002.

虱目 Phthiraptera

金大雄 . 中国吸虱的分类和检索 [M]. 北京：科学出版社，1999.

缨翅目 Thysanoptera

韩运发. 中国经济昆虫志 第五十五册 缨翅目 [M]. 北京：科学出版社，1997.

半翅目 Hemiptera

卜文俊，郑乐怡. 中国动物志 昆虫纲：第二十四卷 半翅目 毛唇花蝽科 细角花蝽科 花蝽科 [M]. 北京：科学出版社，2001.

陈振祥. 台湾赏蝉图鉴 [M]. 台北：天下远见出版股份有限公司，2007.

丁锦华. 中国动物志 昆虫纲：第四十五卷 同翅目 飞虱科 [M]. 北京：科学出版社，2006.

李法圣. 中国木虱志：上、下卷 [M]. 北京：科学出版社，2011.

刘国卿，丁建华. 中国蝎蝽总科 (半翅目 : 异翅亚目) 分类研究 [C]// 李典漠. 当代昆虫学研究——中国昆虫学会成立 60 周年纪念大会暨学术讨论会论文集. 北京：中国农业科学技术出版社，2004：56-61.

任树芝. 中国动物志 昆虫纲：第十三卷 半翅目 姬蝽科 [M]. 北京：科学出版社，1998.

王子清. 中国动物志 昆虫纲：第二十二卷 同翅目 蚧总科 粉蚧科 绒蚧科 蜡蚧科 链蚧科 盘蚧科 壶蚧科 仁蚧科 [M]. 北京：科学出版社，2001.

袁锋，周尧. 中国动物志 昆虫纲：第二十八卷 同翅目 角蝉总科 犁胸蝉科 角蝉科 [M]. 北京：科学出版社，2002.

张广学 . 西北农林蚜虫志 [M]. 北京：中国环境科学出版社，1999.

张广学，乔格侠，钟铁森. 中国动物志 昆虫纲：第四十一卷 同翅目 斑蚜科 [M]. 北京：科学出版社，2005.

张广学，乔格侠，钟铁森，等. 中国动物志 昆虫纲:第十四卷 同翅目 纩蚜科 瘿棉蚜科 [M]. 北京:科学出版社，1999.

章士美，等. 中国经济昆虫志：第三十一册 半翅目（一）[M]. 北京：科学出版社，1985.

章士美，等. 中国经济昆虫志：第五十册 半翅目（二）[M]. 北京：科学出版社，1995.

张雅林. 中国叶蝉分类研究 [M]. 杨陵：天则出版社，1990.

郑乐怡. 中国动物志 昆虫纲：第三十三卷 半翅目 盲蝽科 盲蝽亚科 [M]. 北京：科学出版社，2004.

郑胜仲，林义祥. 椿象图鉴 [M]. 台中：晨星出版有限公司，2013.

周尧，雷仲仁. 中国蝉科志（同翅目：蝉总科）[M]. 杨凌：天则出版社，1997.

周尧，路进生，黄桔，等. 中国经济昆虫志：第三十六册 同翅目：蜡蝉总科 [M]. 北京：科学出版社，1985.

脉翅目 Neuroptera

杨星科，杨集昆，李文柱. 中国动物志 昆虫纲：第三十九卷 脉翅目 草蛉科 [M]. 北京：科学出版社，2005.

Aspöck, H, Aspöck, U, Hölzel, H Die Neuropteren Europas [M].2 vols. Krefeld: Goecke and Evers, 1980.

Wang, X L & Bao R A taxonomic study on the genus Balmes Navás from China (Neuroptera, Psychopsidae) [J]. *Acta Zootaxonomica Sinica*, 2006, 31 (4): 846-850.

广翅目 Megaloptera

杨定，刘星月. 中国动物志 昆虫纲：第五十一卷 广翅目 [M]. 北京：科学出版社，2010.

蛇蛉目 Raphidioptera

Aspöck, H, Aspöck, U, Rausch, H. Die Raphidiopteren der Erde. Eine monogra-phische Darstellung der Systematik, Taxonomie, Biologie, Ökologie und Cho rologie der rezenten Raphidiopteren der Erde, mit einer zusammenfassenden Über sicht der fossilen Raphidiopteren (Insecta: Neuropteroidea) [M]. 2 Vols. Krefeld: Goecke & Evers, 1991.

Liu, X Y, Aspöck, H, Yang. D & Aspöck, U. *Inocellia elegans* sp. n. (Raphidioptera, Inocelliidae) — A new and spectacular snakefly from China [J]. *Deutsche Entomologische Zeitschrift*, 2009, 56 (2): 317-321.

Liu, X Y, Aspöck, H, Zhang, W W. & Aspöck, U. New species of the snakefly genus *Inocellia* Schneider, 1843 (Raphidioptera: Inocelliidae) from Yunnan, China [J]. *Zootaxa*, 2012 (3298): 43-52.

鞘翅目 Coleoptera

陈克敏. 粪金龟的世界 [M]. 台北：猫头鹰出版社，2002.

陈世骧，等. 中国动物志 昆虫纲：第二卷 鞘翅目 铁甲科 [M]. 北京：科学出版社，1986.

付新华. 故乡的微光（中国萤火虫指南）[M]. 长沙：湖南人民出版社，2013.

华立中，奈良一，Saemulson，等. 中国天牛（1406 种）彩色图鉴 [M]. 广州：中山大学出版社，2009.

黄灏，陈常卿. 中华锹甲（壹）[M]. 台北县：福尔摩沙生态有限公司，2010.

黄灏，陈常卿. 中华锹甲（贰）[M]. 新北市：福尔摩沙生态有限公司，2013.

计云. 中华葬甲 [M]. 北京：中国林业出版社，2012.

江世宏，王书永. 中国经济叩甲图志 [M]. 北京：中国农业出版社，1999.

蒋书楠，陈力. 中国动物志 昆虫纲：第二十一卷 鞘翅目 天牛科 花天牛亚科 [M]. 北京：科学出版社，2001.

林平. 中国彩丽金龟属志 [M]. 广州：中山大学出版社，1993.

林平. 中国弧丽金龟属志 [M]. 杨凌：天则出版社，1988.

刘广瑞，章有为，王瑞. 中国北方常见金龟子彩色图鉴 [M]. 北京：中国农业出版社，1997.
马文珍. 中国经济昆虫志：第四十六册 鞘翅目 金花龟科、斑金龟科、弯腿金龟科 [M]. 北京：科学出版社，1995.
任国栋，巴义彬. 中国土壤拟步甲志：第二卷 鳖甲类 [M]. 北京：科学出版社，2010.
任国栋，杨秀娟. 中国土壤拟步甲志：第一卷 土甲类 [M]. 北京：高等教育出版社，2006.
任国栋，于有志. 中国荒漠半荒漠的拟步甲科昆虫 [M]. 保定：河北大学出版社，1999.
任顺祥，王兴民，庞虹，等. 中国瓢虫原色图鉴 [M]. 北京：科学出版社，2009.
谭娟杰，王书永，周红章. 中国动物志 昆虫纲：第四十卷 鞘翅目 肖叶甲科 [M]. 北京：科学出版社，2005.
谭娟杰，虞佩玉. 中国经济昆虫志：第十八册 鞘翅目 叶甲总科（一）[M]. 北京：科学出版社，1980.
殷惠芬，黄复生，李兆麟. 中国经济昆虫志：第二十九册 鞘翅目 小蠹科 [M]. 北京：科学出版社，1984.
虞国跃. 中国瓢虫亚科图志 [M]. 北京：化学工业出版社，2010.
虞佩玉，王书永，杨星科，等. 中国经济昆虫志：第五十四册 鞘翅目 叶甲总科（二）[M]. 北京：科学出版社，1996.
赵养昌，陈元清. 中国经济昆虫志：第二十册 鞘翅目 象虫科 [M]. 北京：科学出版社，1980.
Shook, G. & Wu, X Q. Tiger Beetles of Yunnan [M]. Kunming: Yunnan Science & Technology press, 2007.
Hangay, G. & Zborowski, P. A Guide to the Beetles of Australia [M]. Csiro publishing, 2010.
Weigel, A, Meng, L Z & Lin M Y. Contribution to the fauna of longhorn beetles in the Naban river watershed national natural reserve [M]. Taiwan: Formosa ecological company, 2013.

捻翅目 Strepsiptera

葛斯琴，杨星科，崔俊芝，等. 捻翅目系统演化关系研究评述 [J]. 动物分类学报，2003，28（2）：185-191.

双翅目 Diptera

范滋德. 中国动物志 昆虫纲：第四十九卷 双翅目 蝇科（一）[M]. 北京：科学出版社，2008.
范滋德. 中国动物志 昆虫纲：第六卷 双翅目 丽蝇科 [M]. 北京：科学出版社，1997.
范滋德. 中国经济昆虫志：第三十七册 双翅目 花蝇科 [M]. 北京：科学出版社，1988.
黄春梅，成新跃. 中国动物志 昆虫纲：第五十卷 食蚜蝇科 [M]. 北京：科学出版社，2012.
陆宝麟，等. 中国动物志 昆虫纲：第八卷 双翅目 蚊科：上卷 [M]. 北京：科学出版社，1997.
陆宝麟，等. 中国动物志 昆虫纲：第九卷 双翅目 蚊科：下卷 [M]. 北京：科学出版社，1997.
马忠余，薛万琦，冯炎. 中国动物志 昆虫纲：第二十六卷 双翅目 蝇科（二）棘蝇亚科（Ⅰ）[M]. 北京：科学出版社，2002.
梁广勤. 实蝇 [M]. 北京：中国农业出版社，2011.
王遵明. 中国经济昆虫志：第二十六册 双翅目 虻科 [M]. 北京：科学出版社，1983.
王遵明. 中国经济昆虫志：第四十五册 双翅目 虻科（二）[M]. 北京：科学出版社，1994.
吴佳教，梁帆，梁广勤. 实蝇类重要害虫鉴定图册 [M]. 广州：广东科技出版社，2009.

薛万琦，赵建铭．中国蝇类：上、下册 [M]．沈阳：辽宁科学技术出版社，1996.
杨定．中国动物志 昆虫纲：第五十三卷 双翅目 长足虻科 [M]．北京：科学出版社，2011.
杨定，杨集昆．中国动物志 昆虫纲：第三十四卷 双翅目 舞虻科 螳舞虻亚科 驼舞虻亚科 [M]．北京：科学出版社，2004.
杨定，姚刚，崔维娜．中国蜂虻科志 [M]．北京：中国农业大学出版社，2012.
赵建铭，梁恩义，史永善，等．中国动物志 昆虫纲：第二十三卷 双翅目 寄蝇科（一）[M]．北京：科学出版社，2001.
Marshall, S. A. Flies: The Natural History and Diversity of Diptera [M]. Firefly Books Ltd, 2012.

长翅目 Mecoptera

黄蓬英．中国长翅目昆虫系统研究 [D]．西安：西北农林科技大学博士学位论文，2005：218.

蚤目 Siphonaptera

吴厚永．中国动物志 昆虫纲：第一卷 蚤目 [M]．2 版．北京：科学出版社，2007.

毛翅目 Trichoptera

田立新，杨莲芳，李佑文．中国经济昆虫志：第四十九册 毛翅目（一）[M]．北京：科学出版社，1996.
Ames, T. Caddisflies: A Guide to Eastern Species for Angler's and Other Naturalists [M]. Stackpole Books, 2009.

鳞翅目 Lepidoptera

陈一心．中国动物志 昆虫纲：第十六卷 鳞翅目 夜蛾科 [M]．北京：科学出版社，1999.
方承莱．中国动物志 昆虫纲：第十九卷 鳞翅目 灯蛾科 [M]．北京：科学出版社，2000.
韩红香，薛大勇．中国动物志 昆虫纲：第五十四卷 鳞翅目 尺蛾科 尺蛾亚科 [M]．北京：科学出版社，2011.
黄灏，张巍巍．常见蝴蝶野外识别手册 [M]．2 版．重庆：重庆大学出版社，2009.
李后魂，等．秦岭小蛾类 [M]．北京：科学出版社，2012.
李后魂，任应党，等．河南昆虫志 鳞翅目：螟蛾总科 [M]．北京：科学出版社，2009.
刘友樵，李广武．中国动物志 昆虫纲：第二十七卷 鳞翅目 卷蛾科 [M]．北京：科学出版社，2002.
刘友樵，武春生．中国动物志 昆虫纲：第四十七卷 鳞翅目 枯叶蛾科 [M]．北京：科学出版社，2006.
王敏，岸田泰则．广东南岭国家级自然保护区蛾类 [M]. Keltern: Goecke & Evers, 2011.
王敏，范骁凌．中国灰蝶志 [M]．郑州：河南科学技术出版社，2002.

武春生. 中国动物志 昆虫纲：第七卷 鳞翅目 祝蛾科 [M]. 北京：科学出版社，1997.
武春生. 中国动物志 昆虫纲：第二十五卷 鳞翅目 凤蝶科 [M]. 北京：科学出版社，2001.
武春生. 中国动物志 昆虫纲：第五十二卷 鳞翅目 粉蝶科 [M]. 北京：科学出版社，2010.
武春生，方承莱. 中国动物志 昆虫纲：第三十一卷 鳞翅目 舟蛾科 [M]. 北京：科学出版社，2003.
薛大勇，朱弘复. 中国动物志 昆虫纲：第十五卷 鳞翅目 尺蛾科 花尺蛾亚科 [M]. 北京：科学出版社，1999.
赵仲苓. 中国动物志 昆虫纲：第三十卷 鳞翅目 毒蛾科 [M]. 北京：科学出版社，2003.
赵仲苓. 中国动物志 昆虫纲：第三十六卷 鳞翅目 波纹蛾科 [M]. 北京：科学出版社，2004.
中国科学院动物研究所. 中国蛾类图鉴（Ⅰ—Ⅳ）[M]. 北京：科学出版社，1983—1986.
周尧. 中国蝶类志：上、下册 [M]. 修订本 . 郑州：河南科学技术出版社，2000.
朱弘复，王林瑶. 中国动物志 昆虫纲：第三卷 鳞翅目 圆钩蛾科、钩蛾科 [M]. 北京：科学出版社，1991.
朱弘复，王林瑶. 中国动物志 昆虫纲：第五卷 鳞翅目 蚕蛾科、大蚕蛾科、网蛾科 [M]. 北京：科学出版社，1996.
朱弘复，王林瑶. 中国动物志 昆虫纲：第十一卷 鳞翅目 天蛾科 [M]. 北京：科学出版社，1997.
朱弘复，王林瑶，韩红香. 中国动物志 昆虫纲：第三十八卷 鳞翅目 蝙蝠蛾科 蛱蛾科 [M]. 北京：科学出版社，2004.
Beadle, D & Leckie, S. Peterson Field Guide to Moths of Northeastern North America [M]. Houghton Mifflin Harcourt, 2012.
Lampe, R E J. Saturniidae of the World [M]. Munchen: Verlag Dr. Friedrich Pfeil, 2010.
Lang, S Y. The Nymphalidae of China (Lepidoptera, Rhopalocera) Part Ⅰ [M]. Pardubice: Tshikolovets Publications, 2012.
Peigler, R S & Naumann, S. A Revision of the Silkmoth Genus *Samia* [M]. San Antonio: University of the Incarnate Word, 2003.
Zborowski, P & Edwards, T. A Guide to Australian Moths [M]. Collingwood: Csiro publishing, 2007.

膜翅目 Hymenoptera

陈家骅，杨建全. 中国动物志 昆虫纲：第四十六卷 膜翅目 茧蜂科（四）窄径茧蜂亚科 [M]. 北京：科学出版社，2006.
何俊华，等. 浙江蜂类志 [M]. 北京：科学出版社，2004.
何俊华，等. 中国动物志 昆虫纲：第十八卷 膜翅目 茧蜂科（一）[M]. 北京：科学出版社，2000.
何俊华，陈学新，马云. 中国动物志 昆虫纲：第三十七卷 膜翅目 茧蜂科（二）[M]. 北京：科学出版社，2004.
何俊华，陈学新，马云. 中国经济昆虫志：第五十一册 膜翅目 姬蜂科 [M]. 北京：科学出版杜，1996.
何俊华，许再福. 中国动物志 昆虫纲：第二十九卷 膜翅目 螯蜂科 [M]. 北京：科学出版社，2002.
黄大卫，肖晖. 中国动物志 昆虫纲：第四十二卷 膜翅目 金小蜂科 [M]. 北京：科学出版社，2005.
李铁生. 中国经济昆虫志：第三十册 膜翅目：胡蜂总科 [M]. 北京：科学出版杜，1985.

廖定熹，李学骝，庞雄飞，等．中国经济昆虫志：第三十四册 膜翅目 小蜂总科（一）[M]．北京：科学出版社，1987.

魏美才，聂海燕．膜翅目叶蜂总科昆虫生物地理研究Ⅳ．东亚特有属的分布式样及迁移路线 [J]．昆虫分类学报，1997，19, sul.: 145-157.

吴燕如．中国动物志 昆虫纲：第二十卷 膜翅目 准蜂科 蜜蜂科 [M]．北京：科学出版社，2000.

吴燕如．中国动物志 昆虫纲：第四十四卷 膜翅目 切叶蜂科 [M]．北京：科学出版社，2006.

吴燕如，周勤．中国经济昆虫志：第五十二册 膜翅目：泥蜂科 [M]．北京：科学出版杜，1996.

徐正会．西双版纳自然保护区蚁科昆虫生物多样性研究 [M]．昆明：云南科技出版社，2002.

田仲義弘．狩蜂生態図鑑ーハンティング行動を写真で解く [M]．東京：全国農村教育協会，2012.

Charles, D M. The Bees of the World [M]. 2nd ed. Baltimore: The Johns Hopkins University Press, 2007.

图鉴系列

中国昆虫生态大图鉴（第 2 版） 张巍巍 李元胜
中国鸟类生态大图鉴 郭冬生 张正旺
中国蜘蛛生态大图鉴 张志升 王露雨
中国蜻蜓大图鉴 张浩淼
青藏高原野花大图鉴 牛 洋 王 辰 彭建生
中国蝴蝶生活史图鉴 朱建青 谷 宇 陈志兵 陈嘉霖
常见园林植物识别图鉴（第 2 版） 吴棣飞 尤志勉
药用植物生态图鉴 赵素云
凝固的时空——琥珀中的昆虫及其他无脊椎动物 张巍巍

野外识别手册系列

常见昆虫野外识别手册 张巍巍
常见鸟类野外识别手册（第 2 版） 郭冬生
常见植物野外识别手册 刘全儒 王 辰
常见蝴蝶野外识别手册 黄 灏 张巍巍
常见蘑菇野外识别手册 肖 波 范宇光
常见蜘蛛野外识别手册（第 2 版） 王露雨 张志升
常见南方野花识别手册 江 珊
常见天牛野外识别手册 林美英
常见蜗牛野外识别手册 吴 岷
常见海滨动物野外识别手册 刘文亮 严 莹
常见爬行动物野外识别手册 齐 硕
常见蜻蜓野外识别手册 张浩淼
常见螽斯蟋蟀野外识别手册 何祝清
常见两栖动物野外识别手册 史静耸
常见椿象野外识别手册 王建赟 陈 卓
常见海贝野外识别手册 陈志云
常见螳螂野外识别手册 吴 超

中国植物园图鉴系列

华南植物园导赏图鉴 徐晔春 龚 理 杨凤玺

自然观察手册系列

云与大气现象 张 超 王燕平 王 辰
天体与天象 朱 江
中国常见古生物化石 唐永刚 邢立达
矿物与宝石 朱 江
岩石与地貌 朱 江

好奇心单本

昆虫之美：精灵物语（第 4 版） 李元胜
昆虫之美：雨林秘境（第 2 版） 李元胜
昆虫之美：勐海寻虫记 李元胜
昆虫家谱 张巍巍
与万物同行 李元胜
旷野的诗意：李元胜博物旅行笔记 李元胜
夜色中的精灵 钟 茗 奚劲梅
蜜蜂邮花 王荫长 张巍巍 缪晓青
嘎嘎老师的昆虫观察记 林义祥（嘎嘎）
尊贵的雪花 王燕平 张 超